高等学校微电子类"十三五"规划教材

U0394514

微电子物理基础

刘文楷　张　静　王文武　编著

西安电子科技大学出版社

内 容 简 介

　　本书是微电子专业课程"半导体物理学"和"电子器件"的先导课程教材，主要内容融汇了"量子力学"和"固体物理"的相关知识，将两者有机地结合起来，并增加了"半导体物理学"的初步知识。

　　书中涵盖了"量子力学"的基本知识点和"固体物理"中的晶体结构及能带理论，重点讲解了量子理论的内涵和量子力学方程的应用。对"半导体物理学"中所要求掌握的理论物理知识进行了全覆盖。将量子力学理论与固体物理理论结合起来是本书的一大特点。

　　本书可作为高等院校微电子、电子、通信、自动化等相关专业的教材。

图书在版编目(CIP)数据

微电子物理基础/刘文楷，张静，王文武编著. —西安：西安电子科技大学出版社，2018.10

ISBN 978 - 7 - 5606 - 5001 - 2

Ⅰ. ① 微…　Ⅱ. ① 刘… ② 张… ③ 王…　Ⅲ. ① 微电子学　Ⅳ. ① TN4

中国版本图书馆 CIP 数据核字(2018)第 170734 号

策划编辑	刘小莉
责任编辑	王　静

出版发行　西安电子科技大学出版社(西安市太白南路 2 号)

电　　话　(029)88242885　88201467　　　邮　编　710071

网　　址　www.xduph.com　　　　　　电子邮箱　xdupfxb001@163.com

经　　销　新华书店

印刷单位　陕西天意印务有限责任公司

版　　次　2018 年 10 月第 1 版　　2018 年 10 月第 1 次印刷

开　　本　787 毫米×1092 毫米　1/16　印张　12.5

字　　数　292 千字

印　　数　1～2000 册

定　　价　29.00 元

ISBN 978 - 7 - 5606 - 5001 - 2 / TN

XDUP 5303001 - 1

＊＊＊如有印装问题可调换＊＊＊

前　　言

　　本书是微电子学专业基础类教材，主要集中了"量子力学"和"固体物理"两大基础课程的内容，整个内容架构是为满足半导体材料物理特性的学习需求而设计的。

　　本书是在教学改革的基础上，根据高等学校微电子等专业学生的培养目标编写而成的，可作为微电子专业的课程教材，也可作为电气、电子、通信、材料、机械等专业的教材，还可作为电子技术工程人员的参考书。

　　对于微电子专业的学生来说，学习物理类专业基础课有一定难度。目前通用的量子力学和固体物理教材的难度较大，理论性强，并不适合工程类学生使用。编者在多年的教学中发现，学生学习"半导体物理"类基础学科存在一定的困难，对理论理解不够透彻。如果单独去学习量子力学和固体物理，难度又偏大。本书就是针对这一现状编写的，编写思路重点向工程应用方向倾斜。

　　本书共6章，分为三大部分：第一部分（第1章）为固体物理部分，着重介绍晶体结构、结合性质；第二部分（第2、3章）重点讲授量子力学中的量子理论基础，并将晶体结构和能带理论结合起来进行论述；第三部分（第4、5、6章）主要是半导体物理内容，包括杂质半导体性质、平衡半导体和载流子的漂移扩散运动等知识。

　　本书主要有以下几个特色：

　　（1）围绕半导体材料的物理特性，理清其物理理论来源。

　　（2）理论部分简单明了。

　　（3）有相应的配套习题，学生可进行练习。

　　由于水平有限，书中不妥之处在所难免，恳请读者批评、指正。

编　者

2018 年 6 月

目　　录

第 1 章　晶体结构 ………………………………………………………… 1

1.1　半导体材料的特性 ………………………………………………… 1

1.2　晶体结构 …………………………………………………………… 1

    1.2.1　晶体的共性 ………………………………………………… 2

    1.2.2　晶体的周期性 ……………………………………………… 4

1.3　晶列、晶面、倒格子 ……………………………………………… 9

    1.3.1　基矢、晶胞 ………………………………………………… 9

    1.3.2　Miller 指数 ………………………………………………… 9

    1.3.3　倒格子 ……………………………………………………… 12

    1.3.4　布里渊区 …………………………………………………… 15

1.4　晶体的对称性 ……………………………………………………… 18

    1.4.1　晶体的对称操作 …………………………………………… 19

    1.4.2　晶格结构的分类 …………………………………………… 22

1.5　晶体的结合 ………………………………………………………… 23

    1.5.1　晶体的结合力 ……………………………………………… 24

    1.5.2　金刚石结构和共价结合 …………………………………… 29

    1.5.3　闪锌矿结构和结合性质 …………………………………… 30

    1.5.4　纤锌矿结构和结合性质 …………………………………… 30

习题 …………………………………………………………………… 31

第 2 章　量子理论基础 ………………………………………………… 34

2.1　经典物理学的困难 ………………………………………………… 34

    2.1.1　黑体辐射 …………………………………………………… 34

    2.1.2　光电效应 …………………………………………………… 35

    2.1.3　原子结构的玻耳(Bohr)理论 ……………………………… 36

2.2　波函数和薛定谔方程 ……………………………………………… 37

    2.2.1　薛定谔(Schrödinger)方程 ………………………………… 37

    2.2.2　波函数的性质 ……………………………………………… 39

    2.2.3　量子力学基本理论 ………………………………………… 44

    2.2.4　定态薛定谔方程 …………………………………………… 50

2.3　定态薛定谔方程的应用 …………………………………………… 52

    2.3.1　一维无限势阱模型 ………………………………………… 52

    2.3.2　一维有限势阱模型 ………………………………………… 55

    2.3.3　一维线性谐振子 …………………………………………… 57

2.3.4 势垒贯穿 ·· 60
2.4 中心力场问题的薛定谔方程的求解 ································· 64
2.4.1 动量算符、角动量算符 ··· 64
2.4.2 电子在库仑场中的运动 ··· 67
2.5 微扰理论 ··· 70
2.5.1 非简并微扰理论 ··· 70
2.5.2 简并定态微扰 ··· 74
习题 ··· 78

第3章 能带理论基础 ··· 81
3.1 周期场中电子的波函数——布洛赫函数 ·························· 81
3.1.1 一维布洛赫定理的证明 ··· 82
3.1.2 三维布洛赫定理的证明 ··· 84
3.1.3 简约布里渊区 ··· 85
3.2 一维分析近似 ··· 86
3.2.1 克龙尼克-潘纳(Kronig-Penny)模型 ··················· 86
3.2.2 近自由电子模型 ··· 89
3.2.3 紧束缚近似 ··· 94
3.2.4 导体、半导体、绝缘体的能带论解释 ··················· 97
3.3 半导体中电子的运动 ··· 102
3.3.1 半导体中的能带和布里渊区 ································· 102
3.3.2 电子在能带极值附近的近似 $E(k)-k$ 关系和有效质量 ··· 103
3.3.3 半导体中电子的平均速度、加速度 ····················· 104
3.3.4 本征半导体的导电机构、空穴 ····························· 105
3.4 三维扩展模型——硅、锗的能带结构 ······························ 106
3.4.1 半导体能带极值附近的能带结构 ·························· 106
3.4.2 半导体能带极值附近有效质量的确定、回旋共振 ····· 107
3.4.3 Si、Ge 的能带结构 ··· 107
3.5 Ⅲ-Ⅴ族化合物半导体的能带结构 ····································· 109
3.5.1 GaAs 的能带结构 ·· 110
3.5.2 GaP 晶体的能带结构特点 ···································· 110
3.5.3 $GaAs_{1-x}P_x$ 的能带结构 ··································· 110
习题 ··· 111

第4章 半导体中的杂质和缺陷能级 ································· 113
4.1 半导体中的浅能级杂质 ·· 113
4.1.1 半导体中的两类杂质 ··· 113
4.1.2 Ge 和 Si 中的浅能级杂质 ···································· 114
4.1.3 Ⅲ-Ⅴ族半导体(GaAs、GaP 等)中的浅能级杂质 ··· 116
4.1.4 Ⅱ-Ⅵ族半导体(CdTe、ZnS 等)中的浅能级杂质 ··· 116
4.2 浅能级杂质电离能的简单计算 ··· 117
4.2.1 类氢模型 ··· 117

　　　　4.2.2　类氢模型的合理性 ·· 118
　　4.3　半导体中的杂质补偿效应 ·· 119
　　　　4.3.1　杂质的补偿作用 ··· 119
　　　　4.3.2　强补偿半导体的特殊性质 ··· 120
　　　　4.3.3　重掺杂效应 ·· 120
　　4.4　半导体中的深能级杂质 ·· 120
　　　　4.4.1　Ge 和 Si 中的深能级杂质 ··· 120
　　　　4.4.2　Ge 和 Si 中的 Au 能级 ·· 121
　　　　4.4.3　Ⅲ-Ⅴ族半导体中的深能级杂质 ·································· 122
　　　　4.4.4　等电子陷阱 ·· 123
　　4.5　缺陷、位错能级 ·· 124
　　　　4.5.1　半导体中的点缺陷能级 ·· 124
　　　　4.5.2　半导体中的位错 ·· 125
　　　　习题 ··· 126

第 5 章　载流子的统计分布 ·· 128
　　5.1　电子的分布函数 ·· 128
　　　　5.1.1　F-D 分布函数 ·· 128
　　　　5.1.2　M-B 分布函数 ··· 130
　　5.2　半导体能带极值附近的能态密度 ··· 132
　　　　5.2.1　k 空间的状态密度 ··· 132
　　　　5.2.2　半导体导带底附近和价带顶附近的状态密度 ··················· 135
　　　　5.2.3　热平衡载流子浓度(非简并半导体) ····························· 137
　　5.3　本征半导体中的载流子浓度 ·· 141
　　　　5.3.1　本征载流子浓度 n_i 和 p_i ·· 141
　　　　5.3.2　本征载流子浓度随温度的变化曲线图 ·························· 143
　　　　5.3.3　半导体器件的工作温度范围 ······································ 143
　　5.4　非简并掺杂半导体中的杂质和电荷 ······································ 144
　　　　5.4.1　半导体中杂质的电离情况(非简并情况) ······················ 144
　　　　5.4.2　n 型非简并半导体中的载流子浓度 ···························· 145
　　　　5.4.3　补偿半导体 ··· 149
　　　　5.4.4　利用掺杂半导体的载流子浓度与温度的关系来确定器件工作温区 153
　　5.5　简并半导体 ·· 154
　　　　5.5.1　简并半导体中的载流子浓度 ······································ 154
　　　　5.5.2　简并化条件 ··· 154
　　　　5.5.3　简并化效应 ··· 155
　　5.6　过剩载流子的注入与复合 ·· 155
　　　　5.6.1　非平衡载流子的产生 ·· 155
　　　　5.6.2　非平衡载流子的特性 ·· 156
　　　　5.6.3　非平衡载流子的寿命 ·· 157
　　　　5.6.4　准费米能级和非平衡载流子浓度 ································· 158

5.7 非平衡载流子的复合理论 ……………………………………………… 159
  5.7.1 非平衡载流子复合的机理 ………………………………………… 159
  5.7.2 复合的分类 ………………………………………………………… 160
5.8 陷阱效应 ………………………………………………………………… 161
习题 …………………………………………………………………………… 162

第6章 半导体的输运性质 ……………………………………………… 164
6.1 载流子迁移率和半导体电导率 ………………………………………… 164
  6.1.1 漂移电流和迁移率 ………………………………………………… 164
  6.1.2 半导体的电导率 …………………………………………………… 166
6.2 半导体中载流子的散射 ………………………………………………… 166
  6.2.1 载流子散射的概念 ………………………………………………… 166
  6.2.2 半导体中载流子遭受散射的机构 ………………………………… 167
  6.2.3 晶格热振动的规律 ………………………………………………… 168
6.3 电阻率与杂质浓度和温度的关系 ……………………………………… 170
  6.3.1 电导率、迁移率与平均自由时间的关系 ………………………… 170
  6.3.2 迁移率与杂质浓度、温度的关系 ………………………………… 172
  6.3.3 半导体电阻率及其与杂质浓度和温度的关系 …………………… 173
  6.3.4 四探针法测电阻率 ………………………………………………… 173
6.4 半导体的Boltzmann输运方程 ………………………………………… 174
  6.4.1 分析载流子输运的分布函数法 …………………………………… 174
  6.4.2 Boltzmann方程 …………………………………………………… 175
  6.4.3 Boltzmann输运方程的弛豫时间近似 …………………………… 176
  6.4.4 半导体电导率的统计计算 ………………………………………… 176
  6.4.5 球形等能面均匀半导体在弱电场和无温度梯度时的电导率 …… 177
6.5 强电场效应 ……………………………………………………………… 179
  6.5.1 强电场/窄尺寸效应 ……………………………………………… 179
  6.5.2 多能谷散射 ………………………………………………………… 181
6.6 载流子的扩散运动 ……………………………………………………… 183
  6.6.1 载流子的扩散运动 ………………………………………………… 183
  6.6.2 扩散电流 …………………………………………………………… 184
  6.6.3 爱因斯坦关系式 …………………………………………………… 184
6.7 半导体的磁阻效应 ……………………………………………………… 185
  6.7.1 半导体的Hall效应 ……………………………………………… 185
  6.7.2 半导体的磁阻效应 ………………………………………………… 187
  6.7.3 半导体的热传导 …………………………………………………… 187
  6.7.4 半导体的热电效应 ………………………………………………… 188
  6.7.5 半导体的热磁效应 ………………………………………………… 190
习题 …………………………………………………………………………… 191

参考文献 ……………………………………………………………………… 192

第 1 章 晶 体 结 构

本章主要介绍半导体材料和半导体物理的基本性质。

1.1 半导体材料的特性

1947 年晶体管被发明以后,半导体材料作为一个独立的材料领域得到了很大的发展,并成为电子工业和高新技术领域中不可缺少的材料。半导体材料是室温下导电性介于导电材料和绝缘材料之间的一类功能材料,室温时电阻率一般在 $10^{-3} \sim 10^{9} \; \Omega \cdot cm$ 之间。

半导体具有的一些重要的特性:

(1) 电阻率与温度的关系密切,而且电阻率一般具有负温度系数。在室温条件下,温度每增加 80℃,纯净半导体 Si 的电阻率就降低约一半;温度每增加 120℃,纯净半导体 Ge 的电阻率就降低约一半。而金属的电阻率总是随着温度的上升而升高。

(2) 电阻率与掺杂(杂质种类和浓度)和缺陷有很大关系。例如,在 Si 中掺入百万分之一(浓度大约为 $5 \times 10^{16} \; cm^{-3}$)的 As 杂质时,电阻率将降低 100 万倍。一般,在 Si 中掺入施主(P、As、Sb)或受主(B、Ga、In)杂质后,电阻率将大大降低;若掺入 Cu、Fe 等杂质后,对半导体电阻率的影响不大,但对半导体的其他性能影响却特别大。而且半导体掺杂后,在一定温度范围内可呈现出与金属类似的正的电阻温度系数。

(3) 存在两种(正、负电荷)载流子。金属中只有电子一种载流子,半导体中除了电子以外,还有一种带正电的载流子——空穴。电子导电为主的半导体称为 n 型半导体;空穴导电为主的半导体称为 p 型半导体。在 n 型半导体中,电子是多数载流子,空穴是少数载流子;在 p 型半导体中,空穴是多数载流子,而电子是少数载流子。

(4) 具有较高的光电导等光敏性。在适当波长的光照射下,半导体的电阻率会发生变化,出现光电导。半导体的导电能力还随电场、磁场等的改变而改变。

半导体材料的性质容易受到温度、掺杂、缺陷、光照以及电磁场等因素的影响,正是因为半导体材料具有这些独特的物理特性,所以获得了广泛的应用。通常的半导体材料都是单晶材料,为了更好地研究和利用半导体的这些特性,本章主要介绍晶体的结构,阐明晶体中原子排列的结合规则以及原子间是如何通过相互作用互相结合为晶体的。

1.2 晶 体 结 构

固体分为晶体和非晶体。我们知道,材料的宏观物理化学性质取决于构成材料的元素种类,更取决于组成元素的原子是以何种形态(原子、离子、分子或它们的集团)、以何种方式排列于材料之中的。这是研究固体的宏观性质所要解决的首要问题。

晶体的性质与其内部原子的排列有很大的关系。晶体中原子排列的方式是研究其宏观性质和各种微观过程的基础。晶体外形的规则性使得早期的研究者相信，晶体是相同体积的"积木块"有规则地重复堆积而成的。19 世纪由劳埃等提出的 X 射线衍射方法，从实验上证实了这一结论。随着晶体原子模型的建立，物理学家更进一步地对其进行了研究。

1.2.1 晶体的共性

一个理想的晶体是由全同的结构单元在空间无限重复而构成的。不同原子构成的晶体，其性质有很大差别，比如 Al 是良好的导电体，而 Al_2O_3 是良好的绝缘体；即使是同种原子构成的晶体，若结构不同，其性质也会有很大差异，例如金刚石和石墨都是由碳原子构成的，但其性质相差甚远，前者硬度很高，不能导电，后者质地疏松，有良好的导电性。除具有各自的特性外，不同的晶体还具有一些共同的性质。

1. 长程有序

长程有序是晶体最突出的特点。晶体中的原子都是按一定规则排列的，这种至少在微米量级范围的有序排列，称为长程有序。晶体分为单晶体和多晶体，多晶体是由许许多多小晶体（晶粒）构成的。对于单晶体，在整个范围内原子都是规则排列的。对于多晶体，在各晶粒范围内，原子是有序排列的。

2. 自限性

晶体具有自发地形成封闭几何多晶面体的特性，称为晶体的自限性。这一特性是晶体内部原子的规则排列在晶体宏观形态上的反映。

在不同热力学条件下生长的同一品种的晶体外形可能不同。图 1.1 是石英晶体的理想外形，图 1.2 是人造石英晶体（与 m 面平行的轴为 c 轴，通常作直角坐标系的 Z 轴）。这表明晶体的大小和形状受晶体生长时外界条件的影响，它们不是晶体品种的特征因素。

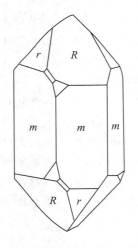

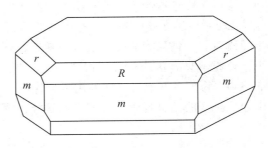

图 1.1　石英晶体的理想外形　　　　图 1.2　一种人造石英晶体

晶体外形中不受外界条件影响的因素是晶面夹角守恒，即属于同一种类的晶体，两个对应的晶面间夹角恒定不变，称为晶面夹角守恒定律。比如，石英晶体的 mm 两面夹角为 $60°0'$，mR 两面的夹角为 $38°13'$，mr 两面的夹角为 $38°13'$。

3. 各向异性

晶体的物理性质是各向异性的。例如，平行石英的 c 轴入射单色光，不产生双折射；而沿其他方向入射单色光，会产生双折射。晶体常具有某些确定方位的晶面发生劈裂的现象，方解石和云母就是最好的例子。晶体的这一解理性也是各向异性的表现。晶体的各向异性从外形上也能体现出来，比如某一方位的晶面的形状和大小会与另一方位不同。有些晶面的交线（又称晶棱）互相平行，这些晶面称为一个晶带，晶棱的方向称为带轴。如石英晶体的 m 面构成一个晶带，这个晶带的带轴是石英的一个晶轴，即 c 轴。

正因为晶体的物理性质是各向异性的，因此有些物理常数一般不能用一个数值来表示。例如，弹性常数、压电常数、介电常数及电导率等一般需要用张量来描述。需要指出的是，晶体的各向异性是晶体区别于非晶体的重要特性。

4. 密堆积

在 19 世纪以前，人们认为晶体是由实心的"基石"堆砌而成的。这一设想虽然粗浅，但它形象、直观地描述了晶体的内部规则排列这一特点。直到现在，人们仍沿用这种堆积方式形象地描述晶体的简单晶格结构。

把原子看作刚性小球，在一个平面内最简单的规则堆积便是正方排列，如图 1.3 所示，任一球与同一平面内的四个相邻的球相切。如果把这样的排列层层重合堆积起来，就构成了简单立方结构。用黑点代表球心，图 1.4 便是简单立方结构单元。

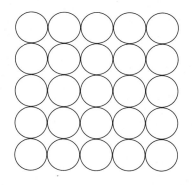 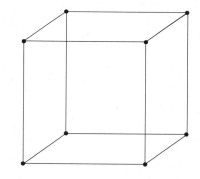

图 1.3 原子球的正方堆积　　　　图 1.4 简单立方结构单元

设想上述简单立方堆积的原子球均匀地散开一些，而恰好在原子球的空隙内能放入一个全同的原子球，使空隙内的原子球与相邻的八个原子相切，便构成了如图 1.5 所示的体心立方堆积方式。图 1.6 便是由几何点来表示的体心立方结构单元。有相当多的金属，如 Li、Na、K、Rb、Cs、Fe 等具有体心立方结构单元。

以上两种堆积并不是最紧密的堆积方式。原子球若要构成最紧密的堆积方式，必须与同一平面内相邻的 6 个原子同时相切，如图 1.7 所示，如此排列的一层原子面称为密排面。要达到最紧密堆积，相邻原子层也必须是密排面，而且原子球心必须与相邻原子层的空隙相重合。若第三层的原子球心落在第二层的空隙上，且与第一层平行对应，便构成了如图 1.8 所示的六角密排方式。若第三层的球心落在第二层的空隙上，且该空隙也与第一层原子空隙重合，而第四层又恢复成第一层的排列，这便构成了立方密排方式。图 1.9 所示为立方密排结构单元，阴影平面对应密排面。

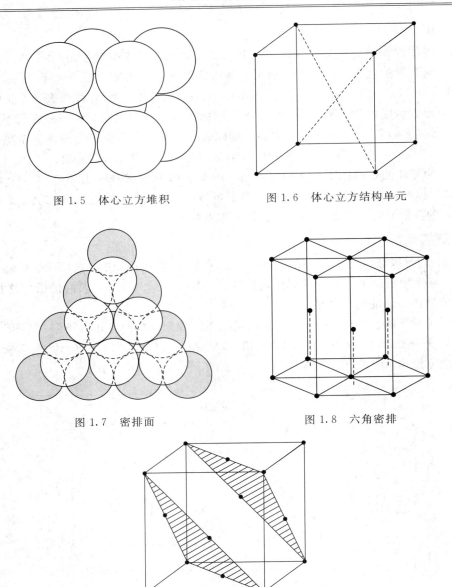

图 1.5　体心立方堆积　　　　　　　　图 1.6　体心立方结构单元

图 1.7　密排面　　　　　　　　　　　图 1.8　六角密排

图 1.9　立方密排结构单元

　　一个原子周围最近邻的原子数，称为该晶体的配位数，可以用来表征原子排列的紧密程度。最紧密的堆积称密堆积，密堆积对应最大的配位数。对于体心立方，晶格原子的配位数为 8，相邻原子间存在一定的间隙，容易证明：相邻原子间的间隙 $\Delta = 0.31 r_0$（r_0 为原子球的半径）。对于六角密积和立方密积，晶体的配位数都是 12，即一个原子与最邻近的 12 个原子相切。

1.2.2　晶体的周期性

　　上面介绍了由同种原子构成的晶体的一些结构。但实际晶体并不一定是由同一种原子构成，而往往是由多种不同种原子构成的。晶体中原子种类越多，晶体的实际结构就越复杂。不论晶体实际结构多么复杂,长程有序的共性是一定要遵守的。如何描述晶体中原子排列的有序性呢? 17 世纪及 18 世纪时,在研究方解石解理的过程中,阿羽依等认为晶体由一些相同的"基石"重复地规则排列而成,并发现了结晶学中重要的有理指数定律,但这种理论显然和物质结构的微粒性抵触;后来关于晶体结构的学说,从坚实的"基石"逐步演变为"微粒在空间按一定方式排列成为晶体"的空间点阵学说。

1. 空间点阵

空间点阵学说出现于 19 世纪(由布喇菲提出),按这个学说,晶体的内部结构可以概括为是由一些相同的点在空间有规则地作周期性的无限分布,这些点的总体称为点阵。空间点阵学说正确地反映了晶体内在结构的长程有序性,它的正确性为后来的 X 射线工作所证明。其后空间群理论又充实了空间点阵学说。需要指出,这一学说是对实际晶体结构的数学抽象,它只反映出了晶体结构的周期性。

下面对空间点阵学说加以解释和说明:

(1)空间点阵学说中所称的点子代表结构中相同的位置,称作节点。如果晶体是由完全相同的一种原子组成的话,节点可以是原子本身的位置。若晶体中含有数种原子,这数种原子构成基本的结构单元(称为基元),则节点可以代表基元的重心;当然节点也可以取在基元的其他点上,只要保持节点在基元中的位置都相同即可。

(2)空间点阵学说概括了晶体结构的周期性。晶体中所有基元都是相同的。整个晶体的结构,都可以看作由这种基元沿空间三个不同的方向,各按一定的距离周期性地平移而成。每次平移的距离称为一个周期。因此在一定的方向有着一定的周期;不同的方向上周期一般不同。每个节点周围的情况都相同,实际上,任何基元中相应原子周围的情况都是相同的,而每个基元中各个原子周围的情况当然是不同的。这里,我们认为格子在空间是无限延伸的,而不管实际晶体的体积总是有限的事实。节点的周期性,即代表了基元的周期性。图 1.10 分别示出了二维晶体结构、基元及其点阵。

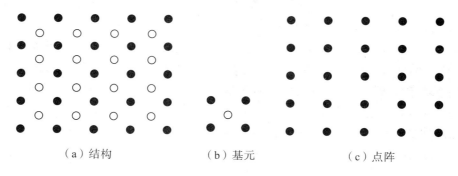

　　(a)结构　　　　　　　(b)基元　　　　　　(c)点阵

图 1.10　二维晶体结构、基元及其点阵

(3)沿三个不同方向通过点阵中的节点作平行直线簇,把节点包括无遗,点阵便构成一个三维网格。这种三维网格称为晶格,又称布喇菲格子,节点又称格点,如图 1.11 所示。

(4)某一方向相邻节点的距离称为该方向上的周期。以一节点为定点,以三个不同方向的周期为边长的平行六面体可作为晶体的一个重复单元,称为原胞或固体物理学原胞,它能反映晶格的周期性。原胞的选取不是唯一的,但它们的体积都相等。图 1.12 给出了几个形状不同的原胞。

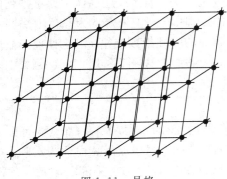

图 1.11　晶格

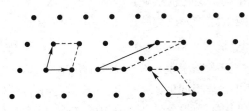

图 1.12　原胞选取示意图

2. 晶格的周期性

为了同时反映晶体的对称性，结晶学上所取的重复单元，体积不一定最小，节点不仅可以在原胞的顶角上，而且也可以在体心或面心上。在结晶学中，原胞的边在晶轴方向，边长等于该方向上的一个周期，代表原胞的三个边的矢量称为结晶学原胞（简称晶胞）的基矢。

在固体物理学中，通常只选取反映晶格周期性的原胞，原胞自然是最小的重复单元。因此，对于布喇菲格子，固体物理学中的原胞就只包含一个原子。对于复式格子，原胞中所包含原子的数目正是基元中原子的数目。

三维格子的重复单元是平行六面体，最小重复单元的节点只在顶角上。如果没有其他的规定，最小重复单元的三边的取向和长度可以是多种多样的。设 r 为重复单元中任意一处的位矢、Γ 代表晶格任意物理量，晶格的周期性可用下式表述：

$$\Gamma(\boldsymbol{r}) = \Gamma(\boldsymbol{r} + l_1\boldsymbol{a}_1 + l_2\boldsymbol{a}_2 + l_3\boldsymbol{a}_3) \tag{1.1.1}$$

式中，l_1，l_2，l_3 是整数，$\boldsymbol{a}_1$，$\boldsymbol{a}_2$，$\boldsymbol{a}_3$ 是重复单元的边长矢量，也就是有关方向上的周期矢量。式(1.1.1)表示一个重复单元中任一处 r 的物理性质和另一个重复单元相应处的物理性质相同。这里没有把 $\boldsymbol{a}_1$，$\boldsymbol{a}_2$，$\boldsymbol{a}_3$ 理解为基矢，因为任意的重复单元不一定是所要求的原胞。结晶学中的原胞是按对称性的特点来选取的，基矢在晶轴方向。固体物理学中的原胞也不是任意的重复单元，其在基矢的方向和晶轴的方向是有一定的相对取向的。如果重复单元不是任意的，而是原胞，那么式(1.1.1)中的 $\boldsymbol{a}_1$，$\boldsymbol{a}_2$，$\boldsymbol{a}_3$ 就是基矢。下面用 $\boldsymbol{a}_1$，$\boldsymbol{a}_2$，$\boldsymbol{a}_3$ 表示固体物理学中的基矢，而用 a，b，c 表示结晶学原胞的基矢。

3. 立方晶系

在结晶学中，属于立方晶系的布喇菲原胞有简立方、体心立方和面心立方三种。

（1）简立方。原子球在一个平面内呈现正方排列，这样的原子层层叠加起来得到简单立方格子，如图 1.13 所示。对于简单立方，原胞和晶胞是统一的，即

$$a_1 = a, \ a_2 = b, \ a_3 = c \tag{1.1.2}$$

一个角顶为 8 个原胞所共有，也就是说，角顶上的

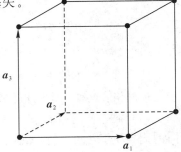

图 1.13　简单立方原胞（晶胞）

一个格点对一个原胞的贡献是 1/8，8 个角顶上的格点对一个原胞的贡献正好等于一个格点的贡献。这就是说，一个简立方原胞对应点阵中一个节点。

（2）体心立方。图 1.14 给出了体心立方原胞基矢的一种选取方式，容易得出

$$a_1 = \frac{-a+b+c}{2}, \quad a_2 = \frac{a-b+c}{2}, \quad a_3 = \frac{a+b-c}{2} \tag{1.1.3}$$

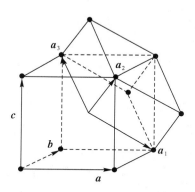

图 1.14　体心立方原胞

原胞的体积为 $\Omega = a_1 \cdot (a_2 \times a_3) = a^3/2$，$a$ 是晶胞的边长，又称晶格常数，可见，原胞体积是晶胞体积的一半。一个晶胞对应两个格点，一个原胞只对应一个格点。

（3）面心立方。如图 1.15 所示，原胞基矢与晶胞基矢的关系是

$$a_1 = \frac{b+c}{2}, \quad a_2 = \frac{c+a}{2}, \quad a_3 = \frac{a+b}{2} \tag{1.1.4}$$

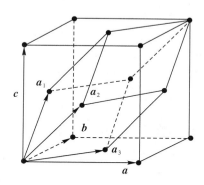

图 1.15　面心立方原胞

除顶角上有原子外，在立方体的 6 个面的中心还有 6 个原子，故称面心立方，每个面心上的原子为相邻的两个原胞所共有，于是每个面心原子只有 1/2 是属于一个原胞，6 个面心原子实际上只有 3 个是属于这个原胞的，再加上顶角格点的贡献，因此面心立方的布喇菲原胞只有 4 个原子，也就是有 4 个格点。原胞的体积 $\Omega = a_1 \cdot (a_2 \times a_3) = a^3/4$，为晶胞体积的 1/4。

4. 复式格子

再看几种常遇到的实际晶体结构——复式格子。

（1）氯化钠结构、氯化铯结构。

氯化钠由钠离子（Na⁺）和氯离子（Cl⁻）结合而成，是一种典型的离子晶体，它的结晶学原胞如图 1.16 所示（钠离子和氯离子分别用圆圈○和圆点●表示）。从图中可以看出，钠离子和氯离子周围的情况都相同，因此可以把格点选在任意一种离子上。如果只看钠离子，它构成面心立方格子；同样，氯离子也构成面心立方格子。这两个面心立方格子各自的原胞具有相同的基矢，只不过互相有一定位移。氯化钠结构的固体物理学原胞的取法，可以按 Na⁺ 的面心立方格子选基矢，新取的原胞的顶角上为 Na⁺，而内部包含一个 Cl⁻，所以这个原胞中包含一个 Na⁺ 和一个 Cl⁻。如果按 Cl⁻ 的面心立方格子选基矢，其结果是一样的。

氯化铯是另一种典型的离子晶体结构，它的结晶学原胞如图 1.17 所示。在立方体的顶角上是 Cl⁻，在体心上是 Cs⁺（如取立方体，顶角上是 Cs⁺，体心上是 Cl⁻，也是一样的），但 Cl⁻ 或 Cs⁺ 则各自组成简立方结构的子晶格。氯化铯结构是由两个简立方的子晶格彼此沿立方体空间对角线位移 1/2 的长度套构而成的。氯化铯是典型的复式格子，它的固体物理学原胞是简立方，不过每个原胞中包含两个原子（离子），但不把它的结构说成是"体心立方"。

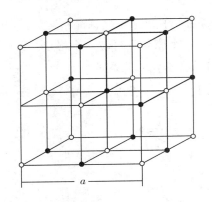

图 1.16　NaCl 结晶学原胞

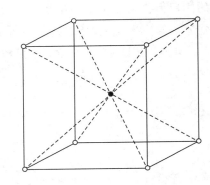

图 1.17　CsCl 结晶学原胞

这里需要强调：按固体物理的观点，复式格子总是由若干相同的子晶格互相位移套构而成的；结构、取原胞都是对布喇菲格子而言的，因此氯化钠型的结构是面心立方（而不是简立方），氯化铯型的结构是简立方（而不是体心立方）。

（2）金刚石结构。

金刚石结构是典型的原子晶体，原子间以共价键结合。每个原子有四个最近邻原子，这四个原子处在正四面体的顶角上，正四面体中心上的碳原子和顶角上每个碳原子共有两个电子。图 1.18 画出了金刚石的一个晶胞。原子间的连线代表共价键，从图中可以看出，晶胞内的原子的共价键的取向都相同。若将最近邻的原子都考虑在内，可以发现，晶胞顶角上的原子的共价键的取向都相同，但与晶胞内原子的共价键的取向不同。这说明这两种原子周围的情况不同，因此空间点阵的节点只能取在其中的一种碳原子上。由于金刚石的布喇菲格子是面心立方结构，所以称金刚石的结构是面心立方格子。晶胞内处在空间对角线 1/4 处的碳原子，再加上顶角和面心上原子的贡献，一个晶胞内包含八个原子。

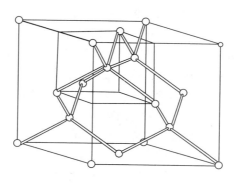

图 1.18　金刚石的一个晶胞

半导体材料,如锗、硅等都有四个价电子,它们的晶体结构和金刚石的结构相同。立方系的硫化锌也具有和金刚石类似的结构,其中硫和锌分别组成面心立方结构的子晶格,沿空间对角线位移 1/4 的长度套构而成。这样的结构通称闪锌矿结构。许多重要的化合物半导体如锑化铟、砷化镓等都是闪锌矿结构,在集成光学上很重要的磷化铟也是闪锌矿结构。

1.3　晶列、晶面、倒格子

1.3.1　基矢、晶胞

根据空间点阵学说,晶体结构可以用晶格来描述,晶体结构＝基元＋空间点阵。但是,采用晶格来描述晶体很不方便,也不直观,为了更方便地描述晶体结构,常采用原胞和基矢来描述。

每个方向上一定的平移距离称为点阵在该方向上的周期,在一定方向上有一定的周期,不同方向上的周期大小一般不相同,于是可选用三个不共面方向上的最小周期作为这三个不共面方向上的天然长度单位,并选取任一阵点作为原点。由此原点引出这三个方向上的天然长度单位以构成三个初级平移矢量 a_1、a_2、a_3,形成一个坐标系统,这样一个坐标系统便可用来描述整个空间点阵。这空间点阵可用矢量 R_n 来描述:

$$R_n = n_1 a_1 + n_2 a_2 + n_3 a_3$$

a_1、a_2、a_3 通常称为基矢。

原胞能反映晶格的周期性,它是晶格的最小周期性单元,其选取也不是唯一的,但它们的体积都相等。在有些情况下,原胞不能反映出晶体的对称性,为了同时反映晶体对称的特性,结晶学上所取的重复单元,体积不一定最小,节点不仅可以在顶角上,还可以是面心或体心,这种重复单元称为晶胞或单胞。晶胞在有些情况下是原胞,在另外一些情况下则不是原胞。沿晶胞的三个棱所作的三个矢量通常称为晶胞的基矢。

1.3.2　Miller 指数

1. 晶列

由于晶体的周期性,在晶体内部所有的原子或离子都可以看成是排在一系列彼此平行的直线上。这样的直线称为晶列(见图 1.19),亦即晶体外表上所见的晶棱。晶列最突出的特点是:晶列上的格点具有一定的周期性。由于所有格点周围的情况都是一样的,因此通过任何其他格点都有一晶列和原来的晶列平行,而且具有相同的周期。这些平行的晶列把所有的格点包括无遗。在一平面中,相邻晶列之间的距离相等。此外,通过一格点可以有无限多个晶列,其中每一晶列都有一簇平行的晶列与之对应,所以共有无限多簇的平行晶列。同样地,通过任一格点,可以作全同的晶面和一晶面平行,构成一簇平行晶面,所有的格点都在一簇平行的晶面上而无遗漏。这样一簇晶面不仅平行,而且等距,各晶面上格点分布情况相同。晶格中有无限多簇平行的晶面,如图 1.20 所示。由于每一簇中晶列互相平行,并且完全同等,一簇晶列的特点是晶列的取向,称为晶向。同样,在每一簇中晶面也是互相平行,并且完全同等,晶面的特点也由取向决定,因此无论对于晶列或晶面,只需标识其取向。为明确起见,下面只讨论布喇菲格子。

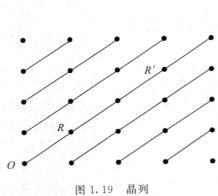

图 1.19 晶列

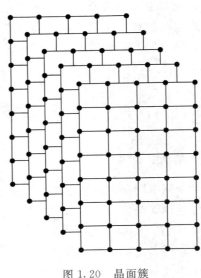

图 1.20 晶面簇

2. 晶列指数

下面先叙述晶列的表示方法。设 a_1、a_2、a_3 为原胞的基矢,取某格点 O 为原点,则晶格中其他任一点 R 的位矢为

$$R = l_1 a_1 + l_2 a_2 + l_3 a_3 \qquad (1.3.1)$$

式中,l_1、l_2、l_3 是整数。若 l_1、l_2、l_3 是互质的,就直接用它们来表征晶列 OR 的方向,这样的三个互质整数称为晶列的指数,记为 $[l_1 l_2 l_3]$。如果 l_1、l_2、l_3 不是互质的,也可以简约为互质的。在晶胞基矢坐标系中任一格点 R' 的位矢为

$$R' = m'a + n'b + p'c \qquad (1.3.2)$$

m'、n'、p' 是有理数,若 $m':n':p' = m:n:p$,且 m、n 和 p 为互质整数,则 OR 晶列的指数为 $[mnp]$。

3. 晶面指数

要描写一个平面的方位,就应给出在一个坐标系中表示该平面的法线的方向余弦;或者表示出该平面在三个坐标轴上的截距。表示面心晶面方位的情形也是如此:选取某一个

格点作为原点，原胞的三个基矢 a_1、a_2、a_3 为坐标系的三个轴，这三个轴不一定互相正交。晶格中一族的晶面不仅平行，而且等距。设某一族晶面的面间距为 d，它的法线方向的单位矢量为 n，则这族晶面中，离原点的距离等于 μd 的晶面方程为

$$x \cdot n = \mu d \tag{1.3.3}$$

其中，μ 为整数；x 是晶面上任意点的位矢。设此晶面与三个坐标轴的交点的位矢分别为 ra_1、sa_2 和 ta_3，代入式(1.3.3)得到

$$\left.\begin{array}{c} ra_1\cos(a_1,\,n) = \mu d \\ sa_2\cos(a_2,\,n) = \mu d \\ ta_3\cos(a_3,\,n) = \mu d \end{array}\right\} \tag{1.3.4}$$

取 a_1、a_2、a_3 为沿三个轴的自然单位，则有

$$\cos(a_1,\,n):\cos(a_2,\,n):\cos(a_3,\,n) = \frac{1}{r}:\frac{1}{s}:\frac{1}{t} \tag{1.3.5}$$

所以，晶面的法线方向 n 与三个坐标轴的夹角的余弦之比等于晶面在三个坐标轴上的截距的倒数之比。

因为一族晶面必包含所有的格点，因此，在三个基矢末端的格点必分别落在该族晶面的不同晶面上，设 a_1、a_2、a_3 的末端上的格点分别在离原点的距离为 $h_1 d$、$h_2 d$ 和 $h_3 d$ 的晶面上，这里 h_1、h_2 和 h_3 都是整数。根据式(1.3.3)，对这三个晶面分别有

$$a_1 \cdot n = h_1 d, \ a_2 \cdot n = h_2 d, \ a_3 \cdot n = h_3 d$$

于是有

$$\left.\begin{array}{c} a_1\cos(a_1,\,n) = h_1 d \\ a_2\cos(a_2,\,n) = h_2 d \\ a_3\cos(a_3,\,n) = h_3 d \end{array}\right\} \tag{1.3.6}$$

$$\cos(a_1,\,n):\cos(a_2,\,n):\cos(a_3,\,n) = \frac{h_1}{a_1}:\frac{h_2}{a_2}:\frac{h_3}{a_3} \tag{1.3.7}$$

在使用自然长度单位后，上式变为

$$\cos(a_1,\,n):\cos(a_2,\,n):\cos(a_3,\,n) = h_1:h_2:h_3 \tag{1.3.8}$$

晶体结构一定，a_1、a_2、a_3 为已知。由上式可以看出，若 h_1、h_2、h_3 已知，则晶面族法线矢量的方向余弦，即晶面在空间的方位即可确定。因此，可用 h_1、h_2、h_3 来表征晶面方位，称 h_1、h_2、h_3 为晶面指数，并记作 $(h_1 h_2 h_3)$。可以证明，h_1、h_2、h_3 是互质的。由 h_1、h_2、h_3 的定义还可以知道，晶面族 $(h_1 h_2 h_3)$ 将基矢 a_1、a_2、a_3 分别截成 $|h_1|$、$|h_2|$、$|h_3|$ 等份。式(1.3.7)与式(1.3.8)比较有

$$h_1:h_2:h_3 = \frac{1}{r}:\frac{1}{s}:\frac{1}{t} \tag{1.3.9}$$

上式说明，任一晶面族的面指数，可由晶面族中任一晶面在基矢坐标轴上截距的系数的倒数来求得。面指数可正可负，当晶面在基矢坐标轴正方向相截时，截距系数为正，在负方向相截时，截距系数为负。

以简单立方晶格为例，图 1.21 中画出了立方原胞。显然立方边 OA 的晶列指数为 $[100]$；面对角线 OB 的晶列指数为 $[110]$；体对角线 OC 的晶列指数为 $[111]$。图 1.22 画出了简单立方晶体中三个不同的晶面。

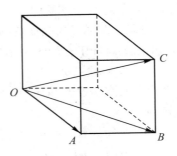

图 1.21　立方原胞中的[100]、[110]、[111]晶列

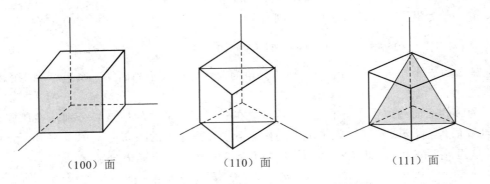

（100）面　　　　　　　　（110）面　　　　　　　　（111）面

图 1.22　立方晶体中的（100）、（110）、（111）面

1.3.3　倒格子

在固体物理学的研究中，很多情形都要用到倒格子，要在倒格空间里分析处理问题。在前面的章节中可以看到，虽然真实空间里基矢的选取不是唯一的，但它却能唯一地确定空间格子（以下称为正格子），这对倒格子也是适用的。倒格子也可由其基矢表达，因此，我们先给出倒格子的基矢，然后介绍倒格子的其他性质。

1. 倒格矢

由于晶格具有周期性，晶格中 x 点和 $x+l_1 a_1+l_2 a_2+l_3 a_3$ 点的情况完全相同，因为它们表示两个原胞中相对应的点。图 1.23 中给出了二维示意图，如果 $V(x)$ 表示 x 点某一物

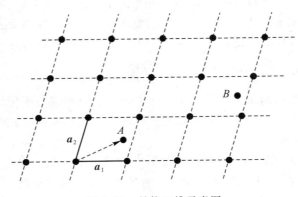

图 1.23　晶格二维示意图

理量,例如静电势能、电子云密度等,则有

$$\Gamma(\boldsymbol{r}) = \Gamma(\boldsymbol{r} + l_1\boldsymbol{a}_1 + l_2\boldsymbol{a}_2 + l_3\boldsymbol{a}_3) \tag{1.3.10}$$

式(1.3.10)表示 $V(\boldsymbol{x})$ 以 $\boldsymbol{a}_1$、$\boldsymbol{a}_2$、$\boldsymbol{a}_3$ 为周期的三维函数,引入倒格子后,可以方便地将上述三维周期函数展开成傅里叶级数。

根据基矢 $\boldsymbol{a}_1$、$\boldsymbol{a}_2$、$\boldsymbol{a}_3$ 定义三个新的矢量:

$$\begin{cases} \boldsymbol{b}_1 = 2\pi \dfrac{\boldsymbol{a}_2 \times \boldsymbol{a}_3}{\boldsymbol{a}_1 \cdot (\boldsymbol{a}_2 \times \boldsymbol{a}_3)} \\[2mm] \boldsymbol{b}_2 = 2\pi \dfrac{\boldsymbol{a}_3 \times \boldsymbol{a}_1}{\boldsymbol{a}_1 \cdot (\boldsymbol{a}_2 \times \boldsymbol{a}_3)} \\[2mm] \boldsymbol{b}_3 = 2\pi \dfrac{\boldsymbol{a}_1 \times \boldsymbol{a}_2}{\boldsymbol{a}_1 \cdot (\boldsymbol{a}_2 \times \boldsymbol{a}_3)} \end{cases} \tag{1.3.11}$$

称为倒格子基矢。正如 $\boldsymbol{a}_1$、$\boldsymbol{a}_2$、$\boldsymbol{a}_3$ 为基矢可以构成布喇菲格子一样,以 $\boldsymbol{b}_1$、$\boldsymbol{b}_2$、$\boldsymbol{b}_3$ 为基矢也可以构成一个倒格子,倒格子每个格点的位置为

$$\boldsymbol{K}_n = n_1\boldsymbol{b}_1 + n_2\boldsymbol{b}_2 + n_3\boldsymbol{b}_3 \tag{1.3.12}$$

其中,n_1、n_2、n_3 为一组整数。$\boldsymbol{K}_n$ 称为倒格子矢量,简称倒格矢。由倒格子基矢的定义很容易验证它们具有下列基本性质:

$$\boldsymbol{a}_i \cdot \boldsymbol{b}_j = 2\pi\delta_{ij} = \begin{cases} 0, & i \neq j \\ 2\pi, & i = j \end{cases} \quad (i, j = 1, 2, 3) \tag{1.3.13}$$

值得指出的是,倒格子基矢的量纲是 $[长度]^{-1}$,与波数矢量具有相同的量纲。若把晶格中任意一点 $\boldsymbol{x}$ 用基矢表示,写成

$$\boldsymbol{x} = \xi_1\boldsymbol{a}_1 + \xi_2\boldsymbol{a}_2 + \xi_3\boldsymbol{a}_3 \tag{1.3.14}$$

则一个具有晶格周期性的函数

$$V(\boldsymbol{x}) = V(\boldsymbol{x} + l_1\boldsymbol{a}_1 + l_2\boldsymbol{a}_2 + l_3\boldsymbol{a}_3) \tag{1.3.15}$$

可以看成是以 ξ_1、ξ_2、ξ_3 为变量,周期为 1 的周期函数;因此可以展开成傅里叶级数:

$$V(\xi_1, \xi_2, \xi_3) = \sum_{h_1 h_2 h_3} V_{h_1 h_2 h_3} e^{2\pi i(h_1\xi_1 + h_2\xi_2 + h_3\xi_3)} \tag{1.3.16}$$

h_1、h_2、h_3 为整数,其中系数为

$$V_{h_1 h_2 h_3} = \int \mathrm{d}\xi_1 \int \mathrm{d}\xi_2 \int \mathrm{d}\xi_3 e^{-2\pi i(h_1\xi_1 + h_2\xi_2 + h_3\xi_3)} V(\xi_1, \xi_2, \xi_3) \tag{1.3.17}$$

根据式(1.3.14),分量 ξ_1、ξ_2、ξ_3 可以简便地用倒格子基矢写出

$$\xi_1 = \frac{1}{2\pi}\boldsymbol{b}_1 \cdot \boldsymbol{x}, \quad \xi_2 = \frac{1}{2\pi}\boldsymbol{b}_2 \cdot \boldsymbol{x}, \quad \xi_3 = \frac{1}{2\pi}\boldsymbol{b}_3 \cdot \boldsymbol{x} \tag{1.3.18}$$

代入式(1.3.16),傅里叶级数可以直接用 $\boldsymbol{x}$ 表示出来,即

$$V(\boldsymbol{x}) = \sum_{h_1 h_2 h_3} V_{h_1 h_2 h_3} e^{i(h_1\boldsymbol{b}_1 + h_2\boldsymbol{b}_2 + h_3\boldsymbol{b}_3) \cdot \boldsymbol{x}} \tag{1.3.19}$$

系数也可以相应地写成

$$V_{h_1 h_2 h_3} = \int \mathrm{d}\boldsymbol{x} e^{-i(h_1\boldsymbol{b}_1 + h_2\boldsymbol{b}_2 + h_3\boldsymbol{b}_3) \cdot \boldsymbol{x}} V(\boldsymbol{x}) \tag{1.3.20}$$

积分为一个原胞内的体积分,傅里叶级数中指数上的矢量 $h_1\boldsymbol{b}_1 + h_2\boldsymbol{b}_2 + h_3\boldsymbol{b}_3$ 就是倒格矢。

2. 倒格子和正格子的关系

（1）正格子原胞体积与倒格子原胞体积之积等于$(2\pi)^3$。设倒格子原胞体积为Ω^*，则

$$\Omega^* = \boldsymbol{b}_1 \cdot (\boldsymbol{b}_2 \times \boldsymbol{b}_3) = \frac{(2\pi)^3}{\Omega^3}[\boldsymbol{a}_2 \times \boldsymbol{a}_3] \cdot \{[\boldsymbol{a}_3 \times \boldsymbol{a}_1] \cdot [\boldsymbol{a}_1 \times \boldsymbol{a}_2]\}$$

利用

$$\boldsymbol{A} \times (\boldsymbol{B} \times \boldsymbol{C}) = (\boldsymbol{A} \cdot \boldsymbol{C})\boldsymbol{B} - (\boldsymbol{A} \cdot \boldsymbol{B})\boldsymbol{C}$$

得到

$$[\boldsymbol{a}_3 \times \boldsymbol{a}_1] \cdot [\boldsymbol{a}_1 \times \boldsymbol{a}_2] = \Omega \boldsymbol{a}_1$$

所以

$$\Omega^* = \frac{(2\pi)^3}{\Omega^3}[\boldsymbol{a}_2 \times \boldsymbol{a}_3] \cdot \Omega \boldsymbol{a}_1 = \frac{(2\pi)^3}{\Omega} \qquad (1.3.21)$$

（2）正格子与倒格子互为对方的倒格子。按照式(1.3.10)的定义，倒格子的倒格基矢为

$$\boldsymbol{b}_1^* = 2\pi \frac{\boldsymbol{b}_2 \times \boldsymbol{b}_3}{\boldsymbol{b}_1 \cdot (\boldsymbol{b}_2 \times \boldsymbol{b}_3)} = \frac{2\pi}{\Omega^*} \cdot \left(\frac{2\pi}{\Omega}\right)^2 \cdot \Omega \boldsymbol{a}_1 = \boldsymbol{a}_1$$

同理可以证明

$$\boldsymbol{b}_2^* = \boldsymbol{a}_2, \ \boldsymbol{b}_3^* = \boldsymbol{a}_3$$

这说明倒格子的倒格子是正格子。

（3）倒格矢 $\boldsymbol{K}_h = h_1\boldsymbol{b}_1 + h_2\boldsymbol{b}_2 + h_3\boldsymbol{b}_3$ 与正格子晶面族$(h_1 h_2 h_3)$正交。如图 1.24 所示，ABC 是离原点最近的晶面。

$$\boldsymbol{K}_h \cdot \overrightarrow{AC} = (h_1\boldsymbol{b}_1 + h_2\boldsymbol{b}_2 + h_3\boldsymbol{b}_3) \cdot \left(\frac{\boldsymbol{a}_3}{h_3} - \frac{\boldsymbol{a}_1}{h_1}\right) = 0$$

$$\boldsymbol{K}_h \cdot \overrightarrow{AB} = (h_1\boldsymbol{b}_1 + h_2\boldsymbol{b}_2 + h_3\boldsymbol{b}_3) \cdot \left(\frac{\boldsymbol{a}_2}{h_2} - \frac{\boldsymbol{a}_1}{h_1}\right) = 0$$

即倒格矢与晶面指数为$(h_1 h_2 h_3)$的晶面正交，也就与晶面族$(h_1 h_2 h_3)$正交。

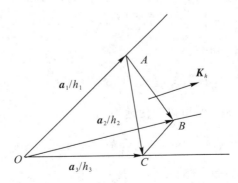

图 1.24

（4）格矢 $\boldsymbol{K}_h$ 的模与晶面族$(h_1 h_2 h_3)$的面间距成反比。

设 $d_{h_1 h_2 h_3}$ 是晶面族$(h_1 h_2 h_3)$的面间距，由图 1.24 可知

$$d_{h_1 h_2 h_3} = \frac{\boldsymbol{a}_1}{h_1} \cdot \frac{\boldsymbol{K}_h}{|\boldsymbol{K}_h|} = \frac{\boldsymbol{a}_1}{h_1} \cdot \frac{h_1\boldsymbol{b}_1 + h_2\boldsymbol{b}_2 + h_3\boldsymbol{b}_3}{|h_1\boldsymbol{b}_1 + h_2\boldsymbol{b}_2 + h_3\boldsymbol{b}_3|} = \frac{2\pi}{|\boldsymbol{K}_h|}$$

1.3.4　布里渊区

下面先介绍维格纳-塞茨原胞（WS 原胞）的概念。以某个格点为中心，作其与近邻格点连线的垂直平分面，这些平分面即构成 WS 原胞。WS 原胞与一般的原胞具有相同的体积，并且也只包含一个格点。由于在构成 WS 原胞时不涉及对基矢的选取方法，故 WS 原胞与布拉菲格子具有相同的对称性，也称为对称化原胞。

倒易空间中的 WS 原胞称为第一布里渊区。在倒格子空间中，做某一倒格点到它最近邻和次近邻倒格点连线的垂直平分面，由这些垂直平分面所围成的多面体的体积等于倒格子原胞的体积。该多面体所围成的区域称为第一布里渊区，第一布里渊区也称为简约布里渊区。除第一布里渊区之外，还有第二布里渊区、第三布里渊区以及更高阶的布里渊区。

1. 二维方格子

设方格子的原胞基矢为

$$\boldsymbol{a}_1 = a\boldsymbol{i}, \quad \boldsymbol{a}_2 = a\boldsymbol{j}$$

则倒格子原胞的基矢为

$$\boldsymbol{b}_1 = \frac{2\pi}{a}\boldsymbol{i}, \quad \boldsymbol{b}_2 = \frac{2\pi}{a}\boldsymbol{j}$$

如图 1.25 所示，离原点最近的倒格点有四个：$\boldsymbol{b}_1$，$-\boldsymbol{b}_1$，$\boldsymbol{b}_2$，$-\boldsymbol{b}_2$。

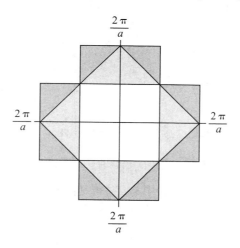

图 1.25　二维方格子的布里渊区

它们的垂直平分线围成的区域就是简约布里渊区，即第一布里渊区。显然，第一布里渊区是一个正方形，面积为

$$S^* = \frac{(2\pi)^2}{a^2}$$

离原点次近的 4 个倒格点分别是

$$\boldsymbol{b}_1 + \boldsymbol{b}_2, \; -(\boldsymbol{b}_1 + \boldsymbol{b}_2), \; \boldsymbol{b}_1 - \boldsymbol{b}_2, \; -(\boldsymbol{b}_1 - \boldsymbol{b}_2)$$

它们的垂直平分线与第一布里渊区边界所围的区域为第二布里渊区。由图可知，该区域是由 4 块分离的区域所围成的。

离原点再远一点的倒格点也是 4 个，分别是

$$2\boldsymbol{b}_1 , -2\boldsymbol{b}_1 , 2\boldsymbol{b}_2 , -2\boldsymbol{b}_2$$

它们的垂直平分线与第一、第二布里渊区的边界所围成的区域称为第三布里渊区。由图 1.25 可以看到，第三布里渊区是由 8 块分离的区域所构成的。

其他布里渊区可以用类似方法画出。能预料到，布里渊区的序号越大，分离的区域数目就越多。但是，不论分离的区域数目是多少，各布里渊区的面积是相等的。高序号的各区域可以通过平移适当的倒格矢而移入第一布里渊区。

2. 简单立方格子

正格子基矢为

$$\boldsymbol{a}_1 = a\boldsymbol{i} , \quad \boldsymbol{a}_2 = a\boldsymbol{j} , \quad \boldsymbol{a}_3 = a\boldsymbol{k}$$

倒格子基矢为

$$\boldsymbol{b}_1 = \frac{2\pi}{a}\boldsymbol{i} , \quad \boldsymbol{b}_2 = \frac{2\pi}{a}\boldsymbol{j} , \quad \boldsymbol{b}_3 = \frac{2\pi}{a}\boldsymbol{k}$$

离原点最近的有 6 个倒格点，它们是

$$\boldsymbol{b}_1 , -\boldsymbol{b}_1 , \boldsymbol{b}_2 , -\boldsymbol{b}_2 , \boldsymbol{b}_3 , -\boldsymbol{b}_3$$

它们的垂直平分面围成的区域，便是第一布里渊区。容易得出，它是一个立方体，体积为

$$\Omega^* = \left(\frac{2\pi}{a}\right)^3$$

次近邻的倒格点有 12 个：

$$\pm \boldsymbol{b}_1 \pm \boldsymbol{b}_2 = \pm \frac{2\pi}{a}\boldsymbol{i} \pm \frac{2\pi}{a}\boldsymbol{j}$$

$$\pm \boldsymbol{b}_2 \pm \boldsymbol{b}_3 = \pm \frac{2\pi}{a}\boldsymbol{j} \pm \frac{2\pi}{a}\boldsymbol{k}$$

$$\pm \boldsymbol{b}_1 \pm \boldsymbol{b}_3 = \pm \frac{2\pi}{a}\boldsymbol{i} \pm \frac{2\pi}{a}\boldsymbol{k}$$

这 12 个倒格矢的中垂面围成了一个菱形 12 面体，如图 1.26 所示。容易验证，该菱形的体积为 $2\left(\frac{2\pi}{a}\right)^3$，从菱形 12 面体中减去第一布里渊区，便是第二布里渊区，它是由 6 个分离的四棱锥构成的，显然它们的体积和等于第一布里渊区体积。

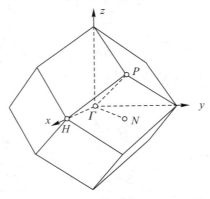

图 1.26　菱形 12 面体

3. 体心立方格子

取体心立方格子原胞的基矢为

$$\boldsymbol{a}_1 = \frac{a(-\boldsymbol{i}+\boldsymbol{j}+\boldsymbol{k})}{2}, \quad \boldsymbol{a}_2 = \frac{a(\boldsymbol{i}-\boldsymbol{j}+\boldsymbol{k})}{2}, \quad \boldsymbol{a}_3 = \frac{a(\boldsymbol{i}+\boldsymbol{j}-\boldsymbol{k})}{2}$$

则倒格子的基矢为

$$\boldsymbol{b}_1 = \frac{2\pi(\boldsymbol{j}+\boldsymbol{k})}{a}, \quad \boldsymbol{b}_2 = \frac{2\pi(\boldsymbol{i}+\boldsymbol{k})}{a}, \quad \boldsymbol{b}_3 = \frac{2\pi(\boldsymbol{j}+\boldsymbol{i})}{a}$$

因为倒格子是面心立方结构,所以离原点最近的有 12 个倒格点,它们是

$$\left.\begin{array}{l} \pm \boldsymbol{b}_3 \\ \pm(\boldsymbol{b}_1-\boldsymbol{b}_2) \end{array}\right\} \pm \frac{2\pi}{a}\boldsymbol{i} \pm \frac{2\pi}{a}\boldsymbol{j}$$

$$\left.\begin{array}{l} \pm \boldsymbol{b}_1 \\ \pm(\boldsymbol{b}_2-\boldsymbol{b}_3) \end{array}\right\} \pm \frac{2\pi}{a}\boldsymbol{j} \pm \frac{2\pi}{a}\boldsymbol{k}$$

$$\left.\begin{array}{l} \pm \boldsymbol{b}_2 \\ \pm(\boldsymbol{b}_3-\boldsymbol{b}_1) \end{array}\right\} \pm \frac{2\pi}{a}\boldsymbol{k} \pm \frac{2\pi}{a}\boldsymbol{i}$$

这 12 个倒格矢的中垂面围成的区域就是第一布里渊区。将体心立方格子的 12 个最邻近倒格点,与简立方格子的 12 个次近邻倒格点比较发现,它们的直角坐标完全相同。由此得出体心立方格子的第一布里渊区是如图 1.26 所示的菱形 12 面体,体积为

$$\Omega^* = 2\left(\frac{2\pi}{a}\right)^3$$

第一布里渊区中典型对称点的坐标为

$$\begin{array}{cccc} \Gamma & H & N & P \\ \frac{2\pi}{a}(0,0,0) & \frac{2\pi}{a}(1,0,0) & \frac{2\pi}{a}\left(\frac{1}{2},\frac{1}{2},0\right) & \frac{2\pi}{a}\left(\frac{1}{2},\frac{1}{2},\frac{1}{2}\right) \end{array}$$

4. 面心立方格子

取面心立方正格子的原胞基矢为

$$\boldsymbol{a}_1 = \frac{a(\boldsymbol{j}+\boldsymbol{k})}{2}, \quad \boldsymbol{a}_2 = \frac{a(\boldsymbol{i}+\boldsymbol{k})}{2}, \quad \boldsymbol{a}_3 = \frac{a(\boldsymbol{i}+\boldsymbol{j})}{2}$$

则倒格子原胞基矢为

$$\boldsymbol{b}_1 = \frac{2\pi(-\boldsymbol{i}+\boldsymbol{j}+\boldsymbol{k})}{a}, \quad \boldsymbol{b}_2 = \frac{2\pi(\boldsymbol{i}-\boldsymbol{j}+\boldsymbol{k})}{a}, \quad \boldsymbol{b}_3 = \frac{2\pi(\boldsymbol{i}+\boldsymbol{j}-\boldsymbol{k})}{a}$$

倒格子原胞的体积,即布里渊区的体积为

$$\Omega^* = 4\left(\frac{2\pi}{a}\right)^3$$

因为倒格子为体心立方结构,因此离原点最近的倒格点有 8 个。它们是

$$\pm \boldsymbol{b}_1, \pm \boldsymbol{b}_2, \pm \boldsymbol{b}_3, \pm(\boldsymbol{b}_1+\boldsymbol{b}_2+\boldsymbol{b}_3)$$

用直角坐标表示,它们为

$$\frac{2\pi}{a}(-1,1,1),\ \frac{2\pi}{a}(1,-1,-1),\ \frac{2\pi}{a}(1,-1,1),\ \frac{2\pi}{a}(-1,1,-1)$$

$$\frac{2\pi}{a}(1,1,-1),\ \frac{2\pi}{a}(-1,-1,1),\ \frac{2\pi}{a}(1,1,1),\ \frac{2\pi}{a}(-1,-1,-1)$$

由这 8 个倒格点的中垂面围成的是一个正八面体,原点到每个面的垂直距离是上述倒格矢模的一半,即 $\sqrt{3}\pi/a$。可以算出,这个正八面体的体积为 $\frac{9}{2}\left(\frac{2\pi}{a}\right)^3$。可见,此正八面体不是第一布里渊区,因为它比布里渊区体积大 $\frac{1}{2}\left(\frac{2\pi}{a}\right)^3$。因此必须计及次近邻倒格点。次近邻倒格点有 6 个,它们是

$$\pm(\boldsymbol{b}_2+\boldsymbol{b}_3):\pm\frac{2\pi}{a}(\pm2,0,0),$$

$$\pm(\boldsymbol{b}_3+\boldsymbol{b}_1):\pm\frac{2\pi}{a}(0,\pm2,0),$$

$$\pm(\boldsymbol{b}_1+\boldsymbol{b}_2):\pm\frac{2\pi}{a}(0,0,\pm2)$$

它们的中垂面截去了正八面体的 6 个顶角,截去的体积恰好是 $\frac{1}{2}\left(\frac{2\pi}{a}\right)^3$。因此,面心立方正格子的第一布里渊区是一个 14 面体,它有 8 个正六边形和 6 个正方形,常称截角八面体,图 1.27 是这个八面体的形状。第一布里渊区中典型对称点的坐标为

$$\begin{array}{cccc}\Gamma & X & K & L\\ \frac{2\pi}{a}(0,0,0), & \frac{2\pi}{a}(1,0,0), & \frac{2\pi}{a}\left(\frac{3}{4},\frac{3}{4},0\right), & \frac{2\pi}{a}\left(\frac{1}{2},\frac{1}{2},\frac{1}{2}\right)\end{array}$$

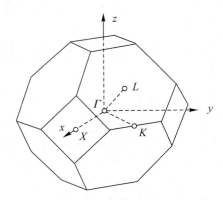

图 1.27 面心立方正格子第一布里渊区

1.4 晶体的对称性

晶体在外观上呈现出来的对称性称为晶体的宏观对称性。晶体外形上的这种对称性,是晶体内在结构规律性的体现。早期人们对内在结构规律性的推断,就是从晶体外形上的对称性开始的。

图 1.1 所示的石英晶体,绕其光轴(C 轴)每转 120°,晶体自身重合。这说明在垂直于 c 轴的平面内,相隔 120°方向上的晶格的周期性是相同的。表现在宏观性质上,可以推断出,相隔 120°方向上的物理性质是一样的,或者说,在垂直于 c 轴平面内,石英晶体是三重对称的。

1.4.1　晶体的对称操作

如何描述和找出晶体的对称性呢?人们发现,采用像转动这样的变换来研究晶体的对称性是行之有效的。人们定义:一个晶体在某一变换后,晶格在空间的分布保持不变,这一变换称为对称操作。

为了描述晶体对称性的高低,必须找出它们的全部对称操作。对称操作的数目越多,晶体的对称性越高。由于受晶格周期性的限制,晶体的对称类型是由少数基本的对称操作组合而成的。若包括平移,有 230 种对称操作,这些操作称为点群。

在研究晶体结构时,人们视晶体为刚体,在对称操作变换中,晶体两点间的距离保持不变。数学上称这种变换为正交变换。在研究晶体的对称性时,有以下三种正交变换。

1. 转动

如图 1.28 所示,使晶体绕直角坐标 x_1 轴转动 θ 角,则晶体中的点(x_1,x_2,x_3)变为(x_1',x_2',x_3')。变换关系用矩阵表示,则为

$$\begin{bmatrix} x_1' \\ x_2' \\ x_3' \end{bmatrix} = \begin{bmatrix} 1 & 0 & 0 \\ 0 & \cos\theta & -\sin\theta \\ 0 & \sin\theta & \cos\theta \end{bmatrix} \begin{bmatrix} x_1 \\ x_2 \\ x_3 \end{bmatrix}$$

我们可以利用变换矩阵

$$A = \begin{bmatrix} 1 & 0 & 0 \\ 0 & \cos\theta & -\sin\theta \\ 0 & \sin\theta & \cos\theta \end{bmatrix}$$

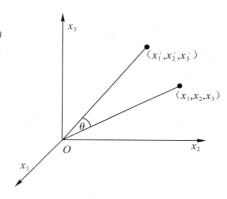

图 1.28　直角坐标的转动

具体代表这一转动操作。

2. 中心反演

将任意点(x_1,x_2,x_3)变成($-x_1$,$-x_2$,$-x_3$)的变换称为中心反演。用矩阵形式表示,则为

$$\begin{bmatrix} x_1' \\ x_2' \\ x_3' \end{bmatrix} = \begin{bmatrix} -1 & 0 & 0 \\ 0 & -1 & 0 \\ 0 & 0 & -1 \end{bmatrix} \begin{bmatrix} x_1 \\ x_2 \\ x_3 \end{bmatrix}$$

可以用变换矩阵

$$A = \begin{bmatrix} -1 & 0 & 0 \\ 0 & -1 & 0 \\ 0 & 0 & -1 \end{bmatrix}$$

来代表中心反演操作。

3. 镜像(镜面)

以 $x_1 = 0$ 的平面为镜面,将任意一点(x_1, x_2, x_3)变成$(-x_1, x_2, x_3)$,这一变换称为镜像变换或镜面变换,其变换矩阵为

$$\mathbf{A} = \begin{bmatrix} -1 & 0 & 0 \\ 0 & 1 & 0 \\ 0 & 0 & 1 \end{bmatrix}$$

容易验证,以上三种变换都是正交变换,$\mathbf{A}$ 的转置矩阵 $\mathbf{A}'$ 即是 $\mathbf{A}$ 的逆矩阵 $\mathbf{A}^{-1}$。

在讨论基本对称操作之前,还必须弄清楚,在晶体周期性的限制下,晶体到底有哪些允许的转动操作。如图 1.29 所示,A、B 是同一晶列上 O 格点的两个最近邻的格点。如果绕通过 O 点并垂直于纸面的转轴逆时针转动 θ 角后,B 格点转到 B' 点,若此时晶格本身重合,B' 处原来必定有一格点。如果再绕通过 O 点的转轴顺时针转动 θ 角,晶格又恢复到未转动时的

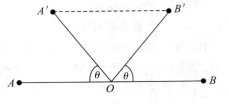

图 1.29   一晶面上的晶列

状态。但顺时针转动 θ 角,A 处格点转到 A' 处,则可知 A' 处原来必定有一格点。可以把格点想象或分布在一族相互平行的晶列上。由图 1.29 可知,$A'B'$ 晶列与 AB 晶列平行,平行的晶列具有相同的周期,若设周期为 a,则有

$$A'B' = 2a|\cos\theta| = ma$$

其中,m 为整数。由上式及其余弦的取值范围可得

$$|\cos\theta| = \frac{m}{2} \leqslant 1$$

不难得出

$m = 0$ 时,$\theta = \dfrac{\pi}{2}, \dfrac{3}{2}\pi$;

$m = 1$ 时,$\theta = \dfrac{\pi}{3}, \dfrac{2\pi}{3}, \dfrac{4\pi}{3}, \dfrac{5\pi}{3}$;

$m = 2$ 时,$\theta = \pi, 2\pi$。

因为顺时针(或逆时针)旋转 $\dfrac{3\pi}{2}$、$\dfrac{4\pi}{3}$、$\dfrac{5\pi}{3}$ 分别等价于逆时针(或顺时针)旋转 $\dfrac{\pi}{2}$、$\dfrac{2\pi}{3}$、$\dfrac{\pi}{3}$,所以晶格对称所允许的独立转角为 2π,π,$\dfrac{2\pi}{3}$,$\dfrac{\pi}{2}$,$\dfrac{\pi}{3}$。对称转动旋转角可写成 $\dfrac{2\pi}{n}$,$n = 1, 2, 3, 4, 6$,n 称为转轴的度数。可见,晶格的周期性不允许有 5 度旋转对称轴。

下面讨论晶体的基本对称操作。

(1)n 度旋转对称轴。晶体绕某一对称轴旋转 $\theta = 2\pi/n$ 度以后自身重合,则称该轴为 n 度旋转对称轴。如上所述,n 只能取 1、2、3、4、6,不存在 5 度旋转对称轴。

(2)n 度旋转反演。若绕某一对称轴旋转 $\theta = 2\pi/n$ 度后,再经过中心反演,晶体能够自身重合,则称该轴为晶体的 n 度旋转-反演轴,常标以 $\bar{n}$。

$\bar{1}$:即中心反演,该操作称为对称心,常用符号 i 来表示。

$\overline{2}$：这种对称操作完全等价于垂直于该轴的镜像操作，记作 m，即 $\overline{2} = m$。

$\overline{3}$：$\overline{3}$ 不是基本的对称操作，它等价于 3 度旋转再加上对称心 I，如图 1.30 所示，转 120° 后，格点 1 转到 1'，再经中心反演到达格点 2，再转 120° 后，格点 2 到达 2'，再经反演后到达格点 3，如此类推。由图 1.30 可以看出，$\overline{3}$ 的对称操作与 3° 转动加对称心的操作总的效果是一样的。

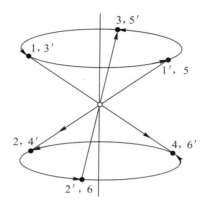

图 1.30　$\overline{3}$ 的对称性

$\overline{4}$：4 度旋转-反演对称操作是基本对称操作。

$\overline{6}$：$\overline{6}$ 不是独立的基本操作，它与 3° 旋转加上垂直该轴的镜面操作是等价的，读者可仿效图 1.30 的形式验证。

概括起来，晶体的宏观对称操作一共有 8 种，即 1、2、3、4、6、i、m、$\overline{4}$。

由这些基本对称操作的组合，可以得到 32 种宏观对称类型，数学上称为 32 点群。

最后应当指出，晶体的对称性在确定晶体物理常数的独立个数上有重要的意义，它可以简化物理常数的测量。在确定物理常数独立个数时，通常不是让晶格旋转，而是让坐标旋转。

对于晶体，晶体中的电位移和电场强度的关系为

$$D = \varepsilon E$$

其中，介电常数矩阵为

$$\varepsilon = \begin{bmatrix} \varepsilon_{11} & \varepsilon_{12} & \varepsilon_{13} \\ \varepsilon_{21} & \varepsilon_{22} & \varepsilon_{23} \\ \varepsilon_{31} & \varepsilon_{32} & \varepsilon_{33} \end{bmatrix}$$

坐标旋转后，各物理量在新、旧坐标系中的关系是

$$D' = \varepsilon' E', \; D' = AD, \; E' = AE$$

若旋转后，在新坐标系中的晶格分布与未转动前的一样，是对称操作，则有 $D' = \varepsilon E'$。将上式中的后两式代入此式得到

$$D = A^{-1}\varepsilon AE = A'\varepsilon AE$$

比较得到

$$\varepsilon = A^t \varepsilon A$$

1.4.2　晶格结构的分类

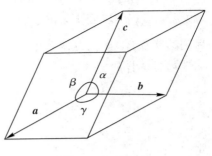

图 1.31　晶胞

考虑到对称性，结晶学上选取的重复单元——晶胞不一定是最小的重复单元。晶胞的基矢方向，便是晶体的晶轴方向。晶轴上的周期就是基矢的模，称为晶格常数。按晶胞基矢的特征，晶体可分为七大晶系。按晶胞上格点的分布特点，晶体结构又分成 14 种布喇菲格子。图 1.31 给出了晶胞的参量：基矢 a、b、c 和它们的夹角 α、β、γ。表 1.1 列出了七大晶系的基本特点。

表 1.1　七大晶系的基本特点

级别	晶系	晶胞特征	独有的对称性	布喇菲格子	点群符号
高级	立方	$a = b = c$ $\alpha = \beta = \gamma = 90°$	4 个 3 度轴	简单立方 体心立方 面心立方	23、m3、432、 −43m、m3m
中级	六角	$a = b \neq c$ $\alpha = \beta = 90°$ $\gamma = 120°$	1 个 6 度轴	六角	6、−6、6/m、622、 6mm、−6m2、6/mmm
中级	四方	$a = b \neq c$ $\alpha = \beta = \gamma = 90°$	1 个 4 度轴	简单立方 体心立方	4、−4、4/m、422、 4mm、4m2、4/mmm
中级	三角	$a = b = c$ $\alpha = \beta = \gamma \neq 90°$	1 个 3 度轴	三角	3、−3、32、 3m、−32/m
低级	正交	$a \neq b \neq c$ $\alpha = \beta = \gamma = 90°$	3 个互相垂直的 2 度轴或 2 个正 交的对称面	简单正交 底心正交 体心正交 面心正交	222、mm2、mmm
低级	单斜	$a \neq b \neq c$ $\alpha = \beta = 90°$ $\gamma > 90°$	1 个 2 度轴或 1 个对称面	简单单斜 底心单斜	2、m、m/2
低级	三斜	$a \neq b \neq c$ $\alpha \neq \beta \neq \gamma$	无对称轴 又无对称面	简单三斜	1、−1

图 1.32 示出了 14 种布喇菲格子的晶胞。对称性由低级到高级，依次是（1）简单三斜；
（2）简单单斜；（3）底心单斜；（4）简单正交；（5）底心正交；（6）体心正交；（7）面心正
交；（8）六角；（9）三角；（10）简单立方；（11）体心立方；（12）简单立方；（13）体心立方；
（14）面心立方。三角、六角有时也称三方、六方。

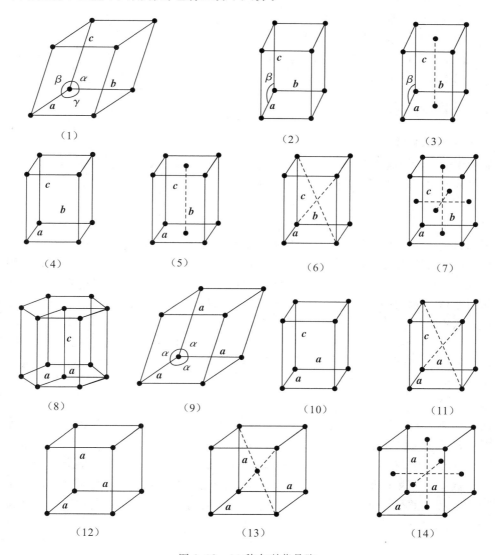

图 1.32　14 种布喇菲晶胞

1.5　晶体的结合

到底是什么使晶体结合在一起并形成结构、性能上如此大差别的各种各样的晶体？在
自然界存在的四大相互作用中，与固体内原子相互作用有关的只有一种，即电磁相互
作用。

原子结合成晶体时，原子的外层电子要做重新分布，外层电子的不同分别产生了不同

类型的结合力,导致了晶体结合的类型不同。典型的晶体结合类型有:共价结合、离子结合、金属结合、分子结合和氢键结合。尽管晶体结合类型不同,但结合力有其共性:库仑吸引是原子结合的动力,它是长程力;晶体原子间还存在排斥力,它是短程力;在平衡时,吸引力与排斥力相等,同一种原子,在不同结合类型中有不同的电子云分布,因此呈现不同的原子半径和离子半径。

原子间存在吸引和排斥的宏观反应,就是固体有弹性。固体的弹性形变服从胡克定律。因为固体不仅存在压缩(或膨胀)应变,也存在切应变。所以,固体中不仅能传播纵波,也能传播切变波。一个方向上一般有三种波动模式,一种纵波,两种切变波。

1.5.1　晶体的结合力

1. 原子的电负性

原来中性的原子能够结合成晶体,除了外界的压力和温度等条件的作用外,主要取决于原子最外层电子的作用。晶体结合类型都是与原子的电性有关的。

1)原子的电子分布

原子的电子组态,通常用字母 s、p、d、…来表征角量子数 l=0,1,2,…,字母的左边的数字是轨道主量子数,右上标表示该轨道的电子数目。如氧的电子组态为 $1s^2 2s^2 2p^4$。

核外电子分布服从泡利不相容原理、能量最低原理和洪特规则。泡利不相容原理是:包括自旋在内,不可能存在量子态全同的两个电子。能量最低原理是自然界中普遍规律,即任何稳定体系其能量最低。洪特规则可以看成能量最低原理的一个细则,即电子依能量由低到高依次进入轨道并优先单一自旋平行地占据尽量多的等价(n、l 相同)轨道。

在同族中,虽然原子的电子层数不同,但却有相同的价电子,它们的性质是相近的,Ⅰ族和Ⅱ族原子容易失去最外层的电子,Ⅵ族和Ⅶ族的原子不容易失去电子,而是容易获得电子。

2)电离能

使原子失去一个电子所需要的能量称为原子的电离能,从原子中移去第一个电子所需要的能量称为第一电离能。从 +1 价离子中再移去一个电子所需要的能量称为第二电离能。不难得出,第二电离能一定大于第一电离能。表 1.2 列出了两个周期原子的第一电离能的实验数值。从表中可以看出,在一个周期内从左到右,电离能不断增加。电离能的大小可用来度量原子对价电子的束缚强弱。另一个可以用来表示原子对价电子束缚程度的是电子亲和能。

表 1.2　电　离　能　　　　　　　　(单位:eV)

元素	Na	Mg	Al	Si	P	S	Cl	Ar
电离能	5.138	7.644	5.984	8.149	10.55	10.357	13.01	15.755
元素	K	Ca	Ga	Ge	As	Se	Br	Kr
电离能	4.399	6.111	6.00	7.88	9.87	9.750	11.84	13.996

3)电子亲和能

一个中性原子获得一个电子成为负离子所释放出的能量叫电子亲和能。亲和过程不能看成是电离过程的逆过程。第一次电离过程是中性原子失去一个电子变成+1价离子所需的能量，其逆过程是+1价离子获得一个电子成为中性原子。表1.3是部分元素的电子亲和能。电子亲和能一般随原子半径的减小而增大。因为原子半径小，核电荷对电子的吸引力较强，对应较大的互作用势（是负值），所以当原子获得一个电子时，相应释放出较大的能量。

表 1.3 部分元素的电子亲和能 （单位：kJ/mol）

元素	理论值	实验值	元素	理论值	实验值
H	72.66	72.9	Na	52	52.9
He	−21	<0	Mg	−230	<0
Li	59.8	59.0	Al	48	44
Be	240	<0	Si	134	120
B	29	23	P	75	74
C	113	122	S	205	200.4
N	−58	0±20	Cl	343	348.7
O	120	141	Ar	−35	<0
F	312−325	322	K	45	48.4
Ne	−29	<0	Ca	−156	<0

4）电负性

如何统一地衡量不同原子得失电子的难易程度呢？为此，人们提出了原子的电负性的概念，用电负性来度量原子吸引电子的能力。由于原子吸引电子的能力只能相对而言，所以一般选定某原子的电负性为参考值，把其他原子的电负性与此参考值比较。电负性有几种不同的定义。最简单的定义是 R. S. Mulliken 提出的，他定义：

$$原子的电负性=0.18(电离能+电子亲和能)$$

所取计算单位为电子伏特。选取系数 0.18 是为了使 Li 的电负性为 1。目前较通用的是鲍林提出的电负性的计算办法。设 x_A 核 x_B 是原子 A 和原子 B 的电负性，$E(A-B)$，$E(A-A)$，$E(B-B)$ 分别是双原子分子 AB，AA，BB 的离解能，利用关系式：

$$E(A-B)=[E(A-A)\times E(B-B)]^{1/2}+96.5(x_A-x_B)$$

即可求得 A 原子和 B 原子的电负性之差。规定氟的电负性为 4.0，其他原子的电负性即可相应求出。采用的计量单位为 kJ/mol。表1.4列出了部分元素的电负性。从表中数据可以看出：① 鲍林与 R. S. Mulliken 所定义的电负性相当接近；② 同一周期内原子自左至右电负性增大。如果把所有元素的电负性都列出，还可发现：① 周期表由上往下，元素的电负性逐渐减小；② 一个周期内重元素的电负性差别较小。

通常把元素易于失去电子的倾向称为元素的金属性，把元素易于获得电子的倾向称为元素的非金属性。因此，电负性小的是金属性元素，电负性大的是非金属性元素。

表 1.4　部分元素的电负性

元素	鲍林值	R. S. Mulliken 值	元素	鲍林值	R. S. Mulliken 值
H	2.2	—	Na	0.93	0.93
He	—	—	Mg	1.31	1.32
Li	0.98	0.94	Al	1.61	1.81
Be	1.57	1.46	Si	1.90	2.44
B	2.04	2.01	P	2.19	1.81
C	2.55	2.63	S	2.58	2.41
N	3.04	2.33	Cl	3.16	3.00
O	3.44	3.17	Ar	—	—
F	3.98	3.91	K	0.82	0.80
Ne	—	—	Ca	1.0	

2. 结合力及结合能

1) 结合力的共性

原子结合成晶体时，不同的原子对电子的争夺能量不同，使得原子外层的电子要作重新分布。也就是说，原子的电负性决定了结合力的类型。按结合力的性质和特点，晶体结合类型可分为五种：共价结合、离子结合、金属结合、分子结合和氢键结合。不论哪种结合类型，晶体中原子间的相互作用力可分为两类，一类是吸引力，另一类是排斥力。在原子由分散无规则的中性原子结合成规则排列的晶体过程中，吸引力起到了主要作用。但若只有吸引力而无排斥力，晶体不会形成稳定结构。在吸引力作用下，原子间的距离缩小到一定程度，原子间才会出现排斥力。两原子闭合壳层电子云重叠时，两原子产生巨大的排斥力。两原子间的相互作用势能可以用幂级数来表示：

$$u(r) = -\frac{A}{r^m} + \frac{B}{r^n} \tag{1.5.1}$$

式中，r 是两原子间的距离，A、B、m、n 均为大于零的常数。第一项表示吸引势，第二项表示排斥势。设 r_0 为两原子处于平衡状态时的距离，相应于 r_0 处，能量取极小值，即

$$\left(\frac{\mathrm{d}u}{\mathrm{d}r}\right)_{r=r_0} = 0, \qquad \left(\frac{\mathrm{d}^2 u}{\mathrm{d}r^2}\right)_{r=r_0} > 0$$

由 $\left(\dfrac{\mathrm{d}u}{\mathrm{d}r}\right)_{r=r_0} = 0$ 得

$$r_0 = \left(\frac{n}{m}\frac{B}{A}\right)^{1/(n-m)}$$

将 r_0 代入 $\left(\dfrac{\mathrm{d}^2 u}{\mathrm{d}r^2}\right)_{r=r_0} > 0$，得

$$\left(\frac{\mathrm{d}^2 u}{\mathrm{d}r^2}\right)_{r=r_0} = -\frac{m(m+1)A}{r_0^{m+2}} + \frac{n(n+1)}{r_0^{n+2}} = \frac{m(m+1)A}{r_0^{m+2}}\frac{n-m}{m+1} > 0$$

由上式可知，$n > m$。$n > m$ 表明，随着距离的增大，排斥势要比吸引势更快地减小，即排斥作用是短程效应。

由式(1.5.1)可以求出两原子的互相作用力为

$$f(r) = -\frac{\mathrm{d}u}{\mathrm{d}r} = -\left(\frac{mA}{r^{m+1}} - \frac{nB}{r^{n-1}}\right) \tag{1.5.2}$$

图 1.33 给出了两原子的互作用势及互作用力。从图中可以看出，当两原子距离很远时，相互作用力为零；当两原子逐渐靠近，原子间出现吸引力；当 $r = r_m$ 时吸引力达到最大；当距离再缩小，排斥力起主导作用；当 $r = r_0$ 时，排斥力与吸引力相等，互作用力为零，当 $r < r_0$ 时排斥力迅速增大，相互作用主要由排斥作用决定。

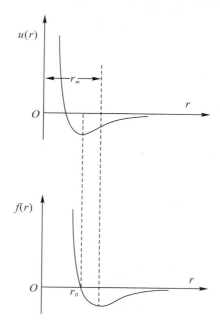

图 1.33　原子间的相互作用

由于 $r > r_m$ 时两原子间的吸引作用随距离的增大而逐渐减小，所以可以认为 r_m 是两原子分子开始解体的临界距离。

2）结合能

若两原子的互作用势能的具体形式已知，则由 N 个原子构成的晶体，原子总的互作用势能可以由下式求得：

$$U = \frac{1}{2}\sum_i \sum_j{}' u(r_{ij}) \tag{1.5.3}$$

式中，对 j 求和时，$j \neq i$。式中因子 1/2 是由于 $u(r_{ij})$ 与 $u(r_{ji})$ 是同一个相互作用势，但在求和时两项都出现。

一个原子与周围原子的相互作用势因距离而异，但相互作用势能的主要部分是与最近邻原子的相互作用，相距几个原子间距的两原子的相互作用已经变得很小了。因此，我们可以认为晶体内部的任何一个原子与所有其他原子相互作用势能之和都是相等的。另外，晶体表面层的一个原子与其他原子的相互作用势之和肯定不等于晶体内部的一个原子与其他原子的相互作用势之和。但由于晶体表面层的原子数目与晶体内部原子数目相比少得多，忽略掉相互作用势得这一差异也无妨。因此，式(1.5.3)可简化成

$$U = \frac{N}{2} \sum_j{}' u(r_{ij}) \tag{1.5.4}$$

自由粒子结合成晶体的过程中释放出的能量，或者把晶体拆散成一个个自由粒子所提供的能量，称为晶体的结合能。显然，原子的动能加原子间的相互作用势能之和的绝对值应等于结合能。在绝对零度时，原子只有零点振动能，原子的动能与相互作用势能的绝对值相比小得多。所以在 0K 时，晶体的结合能可近似等于原子相互作用势能的绝对值。有些教科书干脆称原子间的相互作用势能就是晶体的结合能。

由式(1.5.4)可知，原子相互作用势能的大小由两个因素决定：一个是原子的数目，二是原子的距离。这两个因素合并成一个因素便是：原子相互作用势能是晶体体积的函数。因此，若已知原子相互作用势能的具体形式，我们可以利用势能求出与体积相关的有关常数。最常用的是晶体的压缩系数和体积弹性模量。

由热力学可知，压缩系数的定义是：单位压强引起的体积的相对变化，即

$$k = -\frac{1}{V} \left(\frac{\partial V}{\partial P}\right)_T \tag{1.5.5}$$

而体积弹性模量等于压缩系数的倒数：

$$K = \frac{1}{k} = -V \left(\frac{\partial P}{\partial V}\right)_T \tag{1.5.6}$$

在绝热近似下，晶体体积增大，晶体对外做功，对外做的功等于内能的减少，即

$$P\mathrm{d}V = -\mathrm{d}U$$

也就是

$$P = -\frac{\partial U}{\partial V} \tag{1.5.7}$$

将式(1.5.7)代入式(1.5.6)得

$$K = -V_0 \left(\frac{\partial^2 U}{\partial V^2}\right)_{V_0} \tag{1.5.8}$$

上式是晶体平衡时的体积弹性模量，V_0 是晶体在平衡状态下的体积，我们可以将式(1.5.7)在平衡点附近展开成级数：

$$P = -\frac{\partial U}{\partial V} = -\left(\frac{\partial U}{\partial V}\right)_{V_0} - \left(\frac{\partial^2 U}{\partial V^2}\right)_{V_0} \Delta V + \cdots$$

在平衡点，晶体的势能最小，即

$$\left(\frac{\partial U}{\partial V}\right)_{V_0} = 0 \tag{1.5.9}$$

若取线性项，则有

$$P = -\left(\frac{\partial^2 U}{\partial V^2}\right)_{V_0} \Delta V = -K \frac{\Delta V}{V_0} \tag{1.5.10}$$

在真空中，晶体的体积与一个大气压下晶体的体积相差无几。这说明，当周围环境的压强不太大时，压强 P 可视为一个微分小量。因此，式(1.5.10)可化为

$$\frac{\partial P}{\partial V} = -\frac{K}{V_0} \tag{1.5.11}$$

因为晶格具有周期性，晶体的体积总可化成

$$V = \lambda R^3 \tag{1.5.12}$$

的形式，其中 R 是最近邻两原子的距离。比如，对于面心立方简单晶格，$\sqrt{2}a = 2R$，$V = Na^3/4$，所以 $\lambda = \sqrt{2}N/2$。这样一来，势能就化成 R 的函数。在平衡点，势能取极小值，即

$$\left(\frac{\mathrm{d}U}{\mathrm{d}R}\right)_{R_0} = 0 \qquad (1.5.13)$$

利用上式可得

$$\left(\frac{\partial^2 U}{\partial V^2}\right)_{V_0} = \frac{R_0^2}{9V_0^2}\left(\frac{\partial^2 U}{\partial R^2}\right)_{R_0}$$

于是式(1.5.8)化成：

$$K = \frac{R_0^2}{9V_0^2}\left(\frac{\partial^2 U}{\partial R^2}\right)_{R_0} \qquad (1.5.14)$$

1.5.2　金刚石结构和共价结合

重要的半导体材料硅、锗等在化学元素周期表中都属于第Ⅳ族元素，原子的最外层都具有 4 个价电子。大量的硅、锗原子组合成晶体靠的是共价键结合，它们的晶格结构与碳原子组成的金刚石晶格都属于金刚石型结构。

金刚石结构的空间点阵是面心立方。它包含两个面心立方晶格，沿大对角线位移 1/4 互相套构而成。金刚石结构四面体点对称，是各向同性的，即它们承受外力时的反应或表现与外力方向无关，除非外力非常之大以至于造成其中的原子从其稳定的位置上移动而破坏了立方对称性。

电负性较大的原子倾向于俘获电子难以失去电子。因此，由电负性较大的同种原子结合成晶体时，最外层的电子不会脱离原来原子，这类晶体称为原子晶体。电子不脱离原来的原子，那到底原子晶体的结合力是如何形成的？现在已清楚，原子晶体是靠共价键结合的。电子虽不能脱离电负性大的原子，但靠近的两个电负性大的原子可以各出一个电子，形成共享的形式，即一对电子的主要活动范围处于两个原子之间，把两个原子联结起来。这一对电子的自旋是相反的，称为配对电子。电子配对的方式称为共价键。Ⅳ族元素 C、Si、Ge 的最外层有 4 个电子，一个原子与最近邻的 4 个原子各出一个电子，形成共价键。这就是说，Ⅳ族元素的晶体，任一个原子有 4 个最近邻。实验证明，若取某原子为四面体的中心，4 个最近邻处在正四面体的顶角上，如图 1.34 所示。除Ⅳ族元素能结合成最典型的共价结合晶体外，其次是Ⅴ族、Ⅵ族和Ⅶ族元素，它们的元素晶体也是共价晶体。

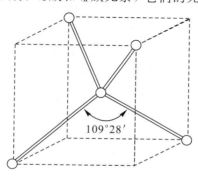

图 1.34　金刚石结构中的正四面体

　　共价键的共同特点是饱和性和方向性。设 N 为价电子数，对于 Ⅳ、Ⅴ、Ⅵ、Ⅶ 族元素，价电子壳层共有 8 个量子态，最多能接纳 $8-N$ 个电子，形成 $8-N$ 个共价键。$8-N$ 便是饱和的共价键数。共价键的方向性是指原子只能在特定的方向上形成共价键，该方向是配对电子的波函数的对称轴。

　　共价结合使两个原子核间出现一个电子云密集区，降低了两核间的正电排斥，使体系的势能降低，形成稳定的结构。共价晶体的硬度高（比如金刚石是最硬的晶体）、熔点高、热膨胀系数小，导电性差。

　　实验证明，金刚石中碳原子有四个等同的共价键，键与键之间的夹角为 $109°28'$。对碳原子的成键并不是一下就能认识清楚的。首先，形成金刚石结构时，碳原子的电子组态发生了变化，直到 1931 年鲍林和斯莱特提出杂化规道理论，对这一问题才算有了一个合理的解释。2s 电子激发到 2p 轨道需要能量，但多形成的两个价键放出的能量比激发态能量大，使系统能量最小，晶体结构稳定。

1.5.3　闪锌矿结构和结合性质

　　由化学元素周期表中的 Ⅲ 族元素铝、镓、铟和 Ⅴ 族元素磷、砷、锑合成的 Ⅲ-Ⅴ 族化合物，都是半导体材料，它们绝大多数具有闪锌矿型结构。闪锌矿结构和金刚石结构有相同的集合图像，其不同之处在于闪锌矿结构是由两类不同的原子组成的。图 1.35 表示闪锌矿型结构的晶胞。它由两类原子各自组成一套面心立方晶格，沿空间对角线位移四分之一空间对角线程度套构而成。每个原子被四个异族原子包围。例如，如果角顶上和面心上的原子是 Ⅲ 族原子，则晶胞内部 4 个原子就是 Ⅴ 族原子，反之亦然。角顶上的 8 个原子和面心上的 6 个原子可以认为共有 4 个原子属于某个晶胞，因此每一个晶胞中有 4 个 Ⅲ 族原子和 4 个 Ⅴ 族原子，共有 8 个原子。它们也是依靠共价键结合，但有一定的离子键成分。

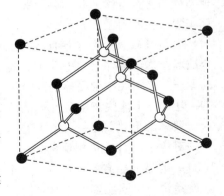

图 1.35　闪锌矿型结构的晶胞

　　与 Ⅳ 族元素半导体的情况类似，这类共价性的化合物半导体中，共价键也是以 sp^3 杂化轨道为基础。但是，与 Ⅳ 族元素半导体相比有一个重要区别：共价性化合物半导体中，结合的性质具有不同程度的离子性，常称这类半导体为极性半导体。例如，重要的 Ⅲ-Ⅴ 族化合物半导体材料砷化镓，相邻砷化镓所共有的价电子实际上并不是对等地分配在砷和镓的附近。由于砷具有较强的电负性，成键的电子更集中地分布在砷原子附近，因而在共价化合物中，电负性强的原子平均来说带有负电，电负性弱的原子平均来说带有正电，正、负电荷之间的库仑作用对结合能有一定的贡献。在共价结合占优势的情况下，这种化合物倾向于构成闪锌矿型结构。

1.5.4　纤锌矿结构和结合性质

　　纤锌矿型结构和闪锌矿型结构相近，它也是以正四面体结构为基础构成的，但是它具有六方对称性，而不是立方对称性，图 1.36 为纤锌矿型结构示意图，它是由两类原子各自组成的六方排列的双原子层堆积而成的，但它只有两种类型的六方原子层，它的(001)面规则地按 ABABA 顺序堆积，从而构成纤锌矿型结构。硫化锌、硒化锌、硫化镉、硒化镉等都可以闪锌矿型和纤锌矿型两种方式结晶。

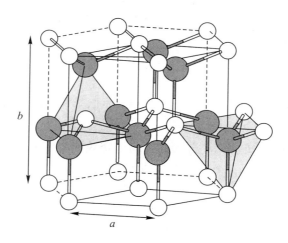

图 1.36　纤锌矿型结构的晶胞

与Ⅲ-Ⅴ族化合物类似，这种共价性化合物晶体中，其结合的性质也具有离子性，但这两种元素的电负性差别较大，如果离子性结合占优势的话，就倾向于构成纤锌矿型结构。

习　　题

一、简答题

1. 以堆积模型计算由同种原子构成的同体积的体心和面心立方晶体中的原子数之比。

2. 解理面是指面指数低的晶面还是指面指数高的晶面？为什么？

3. 基矢为 $a_1 = ai$，$a_2 = aj$，$a_3 = a(i+j+k)/2$ 的晶体为何种结构？若 $a_3 = a(j+k)/2 + 3ai/2$，又为何种结构？为什么？

4. 若 $R_{l_1 l_2 l_3}$ 与 R_{hkl} 平行，R_{hkl} 是否是 $R_{l_1 l_2 l_3}$ 的整数倍？以体心立方和面心立方结构证明之。

5. 晶面指数为(123)的晶面 ABC 是离原点 O 最近的晶面，OA、OB 和 OC 分别与基矢 a_1，a_2，a_3 重合，除 O 点外，OA、OB 和 OC 上是否有格点？若 ABC 面的指数为(234)，情况又如何？

6. 验证晶面 $(\bar{2}10)$、$(\bar{1}11)$、(012) 是否属于同一晶带。若是同一晶带，其带轴方向的晶列指数是什么？

7. 带轴为[001]的晶带各晶面，其面指数有何特点？

8. 与晶列 $[l_1 l_2 l_3]$ 垂直的倒格面的面指数是什么？

9. 六角密积属于何种晶系？一个晶胞中含有几个原子？

10. 体心立方元素晶体，[111]方向上的结晶学周期为多大？实际周期为多大？

11. 面心立方元素晶体中最小的晶列周期为多大？该晶列在哪些晶面内？

12. 是否有与库仑力无关的晶体结合类型？

13. 怎样理解库仑力是原子结合的动力？

14. 体的结合能、晶体的内能、原子间的相互作用势能有何区别？

15. 原子间的排斥作用取决于什么因素？

16. 原子间的排斥和吸引作用有何关系？起主导的范围是什么？

17. 共价结合为什么有"饱和性"和"方向性"？

18. 共价结合，两原子电子云交叠产生吸引，而原子靠近时，电子云交叠会产生巨大排斥力，如何解释？

19. 试解释一个中性原子吸收一个电子一定要释放能量的现象。

20. 如何理解电负性可用电离能加亲和能来表征？

21. 一维周期势函数的傅里叶级数

$$V(x) = \sum_n V_n \exp\left(\frac{2\mathrm{i}n\pi x}{a}\right)$$

中指数函数的形式是由什么条件决定的？

22. 布里渊区边界上电子的能带有何特点？

二、计算题

1. 以刚性原子球堆积模型，计算以下格结构的致密度分别为

(1) 简立方，$\pi/6$；(2) 体心立方，$\sqrt{3}\pi/8$；(3) 面心立方，$\sqrt{2}\pi/6$；

(4) 六角密积，$\sqrt{2}\pi/6$；(5) 金刚石结构，$\sqrt{3}\pi/16$。

2. 在立方晶胞中，画出 (101)、(021)、($1\bar{2}2$) 和 ($\bar{2}10$) 晶面。

3. 如题图所示，在六角晶系中，晶面指数常用 ($hklm$) 表示，它们代表一晶面在基矢 a_1，a_2，a_3 上的截距分别为 a_1/h、a_2/k、a_3/l，在 c 轴上的截距为 c/m。证明：$h+k=-l$，并求出 $O'A_1A_3$、$A_1A_3B_3B_1$、$A_2B_2B_5A_5$ 和 $A_1A_3A_5$ 四个晶面的面指数。

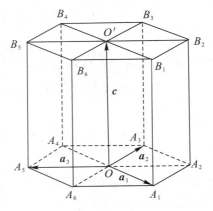

题 3 图

4. 设某一晶面族的间距为 d，三个基矢 $\boldsymbol{a}_1$、$\boldsymbol{a}_2$、$\boldsymbol{a}_3$ 的末端分别落在离原点的距离为 $h_1 d$、$h_2 d$、$h_3 d$ 的晶面上，试用反证法证明：h_1、h_2、h_3 是互质的。

5. 证明在立方晶系中，晶列 $[hkl]$ 与晶面 (hkl) 正交。

6. 试证明面心立方的倒格子是体心立方；体心立方的倒格子是面心立方。

7. 六角晶胞的基矢：

$$\boldsymbol{a} = \frac{\sqrt{3}a}{2}\boldsymbol{i} + \frac{a}{2}\boldsymbol{j}, \quad \boldsymbol{b} = \frac{-\sqrt{3}a}{2}\boldsymbol{i} + \frac{a}{2}\boldsymbol{j}, \quad \boldsymbol{c} = c\boldsymbol{k}$$

求其倒格基矢。

8. 证明以下结构晶面族的面间距：

（1）立方晶系：$d_{hkl} = a\left[h^2 + k^2 + l^2\right]^{-1/2}$；

（2）正交晶系：$d_{hkl} = \left[\left(\frac{h}{a}\right)^2 + \left(\frac{k}{b}\right)^2 + \left(\frac{l}{c}\right)^2\right]^{-1/2}$；

（3）六角晶系：$d_{hkl} = \left[\frac{4}{3}\left(\frac{h^2 + k^2 + hk}{a^2}\right)^2 + \left(\frac{l}{c}\right)^2\right]^{-1/2}$。

9. 求晶格常数为 a 的面心立方和体心立方晶体晶面族 $(h_1 h_2 h_3)$ 的面间距。

10. 证明晶面 $(h_1 h_2 h_3)$、$(h'_1 h'_2 h'_3)$ 及 $(h''_1 h''_2 h''_3)$ 属于同一晶带的条件是：

$$\begin{vmatrix} h_1 & h_2 & h_3 \\ h'_1 & h'_2 & h'_3 \\ h''_1 & h''_2 & h''_3 \end{vmatrix} = 0$$

11. 二维金属晶格，晶胞为简单矩形，晶格常数 $a = 0.2\ \mathrm{nm}$，$b = 0.4\ \mathrm{nm}$，原子为单价的，试画出其第一、第二布里渊区。

12. 对于六角密积结构，六角形的两对边的间距为 a，基矢为

$$\boldsymbol{a}_1 = \frac{a}{2}\boldsymbol{i} + \frac{\sqrt{3}}{2}a\boldsymbol{j}, \quad \boldsymbol{a}_2 = -\frac{a}{2}\boldsymbol{i} + \frac{\sqrt{3}}{2}a\boldsymbol{j}, \quad \boldsymbol{a}_3 = c\boldsymbol{k}$$

试画出此晶格的第一布里渊区。

第2章 量子理论基础

由于微观粒子具有波粒二象性，微观粒子状态的描述方式与经典粒子不同，它需要用波函数来描写。量子力学中微观粒子的力学量（如坐标、动量、角动量、能量等）的性质也不同于经典力学中的力学量。经典粒子在任何状态下它的力学量都有确定值，微观粒子由于它的波粒二象性，首先是坐标和动量就不能同时有确定值。由于这种差别的存在，使得我们不得不用和经典力学不同的方式，即用算符来表示微观粒子的力学量。本章将讨论力学量怎样用算符来表示，以及算符引入后，量子力学规律所取的一般形式。

2.1 经典物理学的困难

2.1.1 黑体辐射

黑体：如果一个物体能够全部吸收投射到它上面的辐射而无反射（完全吸收），则称该物体为黑体。

黑体辐射问题：研究辐射与周围物体处于平衡态时的能量按波长（或频率）的分布。

一个空腔可以看做是一个黑体，当空腔与其内的辐射处于热平衡状态时，腔壁单位面积所发出的辐射能量和它所吸收的能量相等。

辐射本领：单位时间内从辐射体表面的单位面积上发射出的辐射能量的频率分布，以 $E(\nu, T)$ 表示，称为辐射的能量密度。所以，在 Δt 时间内，从 Δs 面积上发射出频率在 $\nu \sim \nu + \Delta \nu$ 范围内的能量为

$$E(\nu, T)\Delta t \Delta s \Delta \nu$$

$E(\nu, T)$ 的单位为 $\dfrac{能量}{秒 \dfrac{1}{秒} \cdot 米^2} =$ 焦耳 / 米^2。

实验测得的辐射能量密度 $E(\nu, T)$ 随 ν 的变化曲线如图 2.1 所示，图中圆圈代表实验

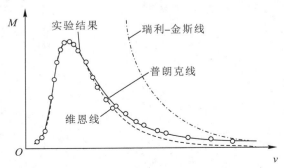

图 2.1 辐射能量密度 $E(\nu, T)$ 随 λ 的变化曲线

数据，虚线代表维恩线，点画线代表瑞利-金斯线。

（1）维恩（Wein）根据热力学第二定律及一些假设得出维恩公式：

$$E(\nu, T) = c_1 \nu^3 \exp\left(\frac{-c_2 \nu}{T}\right) \tag{2.1.1}$$

其中，c_1，c_2 为常数。由图中可以看出，维恩公式在长波长（低频部分）符合的不是很好。

（2）瑞利-金斯（Rayleigh-Jeans）根据电动力学及统计力学严格导出辐射本领。

$$E(\nu, T) = \frac{8\pi}{c^2} k_B T \nu^2 \tag{2.1.2}$$

其中，c 为光速，k_B 为玻耳兹曼（Boltzmann）常数。此公式在低频部分与实验曲线符合得还比较好。但当 $\nu \to \infty$ 时，$E(\nu, T) \to \infty$，是发散的，与实验明显不符（导致所谓"紫外灾难"）。

如何解决这些问题呢？

（3）普朗克（Planck）大胆假设：无论是黑体辐射，还是固体中原子振动，它们都是以分立的能量 $nh\nu$ 显示的，换而言之，吸收或发射电磁辐射只能以"量子"方式进行，每个"量子"的能量为

$$\varepsilon = \hbar\omega \tag{2.1.3}$$

（$h = 6.626 \cdot 10^{-34}$ 焦耳·秒，$\hbar = 1.0545 \cdot 10^{-34}$ 焦耳·秒 ）

这种用吸收或发射电磁辐射能量的不连续的概念，在经典力学中是无法理解的。他用电动力学和统计力学导出的黑体辐射的公式为

$$E(\nu, T) = \frac{c_3 \nu^3}{\exp(c_4 \nu / T) - 1} \tag{2.1.4}$$

其中，$c_3 = 8\pi h / c^3$，$c_4 = h/k$。

不难看出，当 $\nu \to \infty$ 时，普朗克公式（2.1.4）趋近于维恩公式（2.1.1）；当 $\nu \to 0$ 时，普朗克公式（2.1.4）趋近于瑞利-金斯公式（2.1.2）。

普朗克理论开始突破了经典物理学在微观领域的束缚，打开了光的粒子性的大门。

2.1.2　光电效应

1. 光电效应的定义

光电效应可分为内光电效应和外光电效应。外光电效应是指当光照射到金属表面时，使电子从金属中逃逸的现象。内光电效应指光照射在某些半导体材料上时，将被吸收，从而激发出导电的载流子（电子、空穴对）使材料的导电率增加；或由于光生载流子的运动造成电荷的积累使材料两面产生一定的电势差（光生伏特）。光电效应是 H. Herz 首先发现的，H. Herz 后来总结得出以下三个规律：

（1）对一定的金属存在一个临界频率 ν_0，当入射光的频率 $\upsilon < \nu_0$ 时，不论多强的光照射，也不会观测到光电子。

（2）每个光电子的能量只与照射光的频率有关，而与光强无关；光强只影响到光电流的强度，即光电子的数目。

（3）不论光强多么微弱，只要 $\nu > \nu_0$，即可（$\sim 10^{-9}$ s）观测到光电子。

按经典电磁理论，光是电磁波，入射光应是连续地向金属中的电子提供能量，金属中的电子也是连续地吸收入射光的能量。入射光越强，电子得到的能量越多，只要电子积累

了足够的能量，就能从金属表面逃逸，因此各种频率的光应该都能使金属发射光电子。以上规律是经典理论所无法解释的。

2. 爱因斯坦的光子假说

爱因斯坦认为，光束和物质相互作用时，其能量并不像波动理论所想象的那样连续分布，而是集中在一些叫光子(photon)或光量子(light quantum)的粒子上。但这种粒子确含有频率或波长的特性，且光子的能量正比于其频率，即

$$\varepsilon = h\nu \tag{2.1.5}$$

当光照射到金属上时，光子一个个地打在它上面。金属中的电子要么完全吸收一个光子，要么完全不吸收。能量为 $h\nu$ 的光子被电子吸收，其中能量的一部分用来克服金属表面的吸引力，另一部分就是电子逃逸后的动能，因此有

$$\frac{1}{2}mV^2 = h\nu - A \tag{2.1.6}$$

A 为逸出功，m 是电子的质量，V 是电子逃逸后的速度。如果 $v < \nu_0 = A/h$，电子不能逃逸。光越强，只表明单位时间内入射到金属表面的光子越多，单位时间内产生的光电子的数目也越多，所以光强只决定于光子的数目。

3. 康普顿散射(Compton Scattering)

光的粒子性的更直接的证明来自康普顿的散射实验(1923 年)。当用波长为 λ 的 X 射线照射原子中的电子时，发现散射波的波长变为 λ'，$\lambda' > \lambda$，而且 $\Delta\lambda = \lambda' - \lambda$ 随入射角的增加而增加。

经典电磁理论无法解释这一实验结果，因为按经典理论，入射 X 光使原子产生受迫振动，这一振动引起的波就是散射波。由于受迫振动的频率与入射光的频率相同，因此散射波的频率应等于入射 X 光的频率，即散射波的波长应等于入射波的波长。这一结论与上述实验不符。

康普顿从光的量子理论和狭义相对论出发，将 X 射线的散射看成光子粒子与电子粒子之间的碰撞，碰撞过程中服从能量和动量守恒，就可以说明实验结果。把光子作为有一定能量和动量的粒子处理，而且又是用体现粒子典型特性的碰撞过程来处理的，所以康普顿散射实验证实了光的微粒特性。

光的粒子性虽然被康普顿实验和其他许多实验所证实，但并不能否认光的波动性，因为光的波动性长期以来被大量的干涉和衍射实验所证实，所以光的波动性和粒子性都有坚实的实验基础。这样我们必须承认光具有波动性和粒子性。光的这双重属性称为光的波粒二象性。

2.1.3　原子结构的玻耳(Bohr)理论

经典理论在原子结构问题上也遇到不可克服的困难。

氢原子的光谱由许多分立的谱线组成，这是很早就发现了的。氢原子光谱中谱线频率的经验公式是

$$\nu = R_H\left(\frac{1}{n'^2} - \frac{1}{n^2}\right), \binom{n' = 1, 2, 3, \cdots}{n = 2, 3, 4, \cdots}(n > n') \tag{2.1.7}$$

上式称为巴耳末公式，$R_H = 1.096\,78 \times 10^9\,\mathrm{m}^{-1}$，是氢的里德伯常数。

经典理论无法从氢原子的结构来解释氢原子光谱的这些规律性。首先，经典理论不能建立一个稳定的原子模型。根据经典电动力学，电子绕原子核的运动是加速运动，因而不断以辐射的方式发射出能量，电子运动轨道的半径也就不断减小，电子最后将落到原子核中去。此外，加速电子所产生的辐射，其频率是连续分布的，这与原子光谱是分立的谱线不符。按经典理论，如果一个体系发射出频率为 ν 的波，则它也可能发射出各种频率是 ν 的整数倍的谐波，这也不符合光谱实验结果。

玻耳把普朗克和爱因斯坦光量子概念创造性地运用于解释原子结构和原子光谱的问题，提出了他的原子的量子论。

（1）原子能够而且只能够稳定地存在于与分立的能量（E_1，E_2，E_3，$\cdots$）相对应的一系列状态中。这些状态称为定态（stationary state）。因此原子能量的任何改变，包括吸收和发射电磁辐射，都必须在两个定态之间以跃迁（transition）的方式进行。

（2）原子在两个定态（分别属于能级 E_n 和 E_m，设 $E_n > E_m$）之间跃迁时，吸收或发射的辐射的频率 ν 是唯一的，由

$$h\nu = E_n - E_m \quad （频率条件）$$

给出。

简单地讲，玻耳的理论有两点：一是原子具有能量不连续的定态；二是两个定态之间的跃迁的概念及频率条件。

2.2　波函数和薛定谔方程

2.2.1　薛定谔（Schrödinger）方程

在经典力学中，质点的状态用动量和位置来描述，如果已知某一时刻质点的状态 (r, V)，则由牛顿运动方程可以求得以后任一时刻质点的状态。在量子力学中，微观粒子的状态用波函数来描写，当已知某一时刻微观粒子的波函数，如何才能求得任一时刻的波函数？薛定谔方程的建立给我们提供了一个工具。

1. 薛定谔方程应满足的条件

（1）薛定谔方程应是线性方程。

根据态的叠加原理，如果 $\psi_1(r)$、$\psi_2(r)$ 是方程的解，则其线性叠加 $c_1\psi_1(r) + c_2\psi_2(r)$ 也应是方程的解。

（2）薛定谔方程中不应包含状态的参量，如 p、E。因为如果包含状态参量，则方程只能被粒子的部分状态所满足。

（3）薛定谔方程是关于 r 和 t 的偏微分方程，微分方程不高于二阶。因为当边界条件和初始条件确定之后，二阶微分方程的解是唯一确定的。

（4）这个方程必须满足对应原理，当普朗克常数趋近于零时，它能过渡到经典极限。

（5）对于自由粒子的情况，它的解应当是一平面波。

2. 薛定谔方程的建立

根据条件（5）将自由粒子的波函数 $\psi = A\exp[\mathrm{i}(p \cdot r - Et)/\hbar]$ 分别对时间和 x, y, z 求

微商得到

$$\frac{\partial \psi}{\partial t} = -\frac{i}{\hbar} E A \exp\left[\frac{i(\boldsymbol{p} \cdot \boldsymbol{r} - Et)}{\hbar}\right] = -\frac{i}{\hbar} E \psi$$

$$i\hbar \frac{\partial \psi}{\partial t} = E \psi \tag{2.2.1}$$

$$\frac{\partial \psi}{\partial x} = \frac{i}{\hbar} p_x A \exp\left[\frac{i(\boldsymbol{p} \cdot \boldsymbol{r} - Et)}{\hbar}\right] = \frac{i}{\hbar} p_x \psi$$

$$\frac{\partial^2 \psi}{\partial x^2} = -\frac{1}{\hbar} p_x^2 A \exp\left[\frac{i(\boldsymbol{p} \cdot \boldsymbol{r} - Et)}{\hbar}\right] = -\frac{1}{\hbar^2} p_x^2 \psi$$

$$-\hbar^2 \frac{\partial^2 \psi}{\partial x^2} = p_x^2 \psi \tag{2.2.2}$$

同理

$$-\hbar^2 \frac{\partial^2 \psi}{\partial y^2} = p_y^2 \psi \tag{2.2.3}$$

$$-\hbar^2 \frac{\partial^2 \psi}{\partial z^2} = p_z^2 \psi \tag{2.2.4}$$

由以上三式可得

$$-\hbar^2 \left(\frac{\partial^2 \psi}{\partial x^2} + \frac{\partial^2 \psi}{\partial y^2} + \frac{\partial^2 \psi}{\partial z^2}\right) = (p_x^2 + p_y^2 + p_z^2)\psi \tag{2.2.5}$$

$$\left(\frac{\partial^2 \psi}{\partial x^2} + \frac{\partial^2 \psi}{\partial y^2} + \frac{\partial^2 \psi}{\partial z^2}\right) = -\frac{\boldsymbol{p}^2}{\hbar^2}\psi \tag{2.2.6}$$

令 $\nabla^2 = \frac{\partial^2}{\partial x^2} + \frac{\partial^2}{\partial y^2} + \frac{\partial^2}{\partial z^2}$，有

$$-\hbar^2 \nabla^2 \psi = \boldsymbol{p}^2 \psi \tag{2.2.7}$$

自由粒子的能量：

$$E = \frac{\boldsymbol{p}^2}{2m}$$

得到自由粒子波函数所满足的微分方程为

$$i\hbar \frac{\partial \psi}{\partial t} = -\frac{\hbar^2}{2m} \nabla^2 \psi \tag{2.2.8}$$

它满足前面所述的条件。

将式(2.2.6)改写为如下形式：

$$(\boldsymbol{p} \cdot \boldsymbol{p})\psi = (-i\hbar \nabla) \cdot (-i\hbar \nabla)\psi \tag{2.2.9}$$

式中 $\nabla = x\frac{\partial}{\partial x} + y\frac{\partial}{\partial y} + z\frac{\partial}{\partial z}$ 称为劈形算符。

由式(2.2.9)和式(2.2.1)可以看出，粒子能量 E 和动量 $\boldsymbol{p}$ 各与下列作用在波函数上的算符相当：

$$E \rightarrow i\hbar \frac{\partial}{\partial t}, \quad \boldsymbol{p} \rightarrow -i\hbar \nabla \tag{2.2.10}$$

这两个算符依次称为能量算符和动量算符。

当粒子在势场中运动时，其势能为 $U(\boldsymbol{r})$。在这种情况下，粒子的能量是

$$E = \frac{\boldsymbol{p}^2}{2m} + U(\boldsymbol{r}) \tag{2.2.11}$$

将上式两边乘以波函数 $\psi(\boldsymbol{r})$，并以式(2.2.10)代入，即得到 $\psi(\boldsymbol{r}, t)$ 所满足的微分方程：

$$i\hbar \frac{\partial \psi(\boldsymbol{r}, t)}{\partial t} = -\frac{\hbar^2}{2m} \nabla^2 \psi(\boldsymbol{r}, t) + U(\boldsymbol{r})\psi(\boldsymbol{r}, t) \tag{2.2.12}$$

这个方程称为薛定谔波动方程或薛定谔方程，也常简称为波动方程，它描写在势场 $U(r)$ 中粒子状态随时间变化的情况。微观粒子的波函数遵从薛定谔方程是量子力学的一个基本原理，它在量子力学中的地位类似于牛顿方程在经典力学中的地位，它的正确性只能靠实验来检验。

上面所讨论的体系只含有一个粒子。我们可以把它推广到多个粒子的情况。

如果所讨论的体系不只含有一个粒子，而是 N 个粒子，我们称这个体系为多粒子体系。以 r_1，r_2，$\cdots$，r_N 表示 N 个粒子的坐标，那么描写体系状态的波函数 ψ 是 r_1，r_2，$\cdots$，r_N 的函数。体系的能量写成

$$E = \sum_{i=1}^{N} \frac{p_i^2}{2m_i} + U(r_1, r_2, \cdots, r_N) \tag{2.2.13}$$

式中，m_i 是第 i 个粒子的质量，p_i 是第 i 个粒子的动量，$U(r_1, r_2, \cdots, r_N)$ 是体系的势能，它包括体系在外场中的能量和粒子间的相互作用能量。用上式两端乘波函数 $\psi(r_1, r_2, \cdots, r_N)$，并作代换：

$$E \to i\hbar \frac{\partial}{\partial t}, \quad p_i \to -i\hbar \nabla_i \tag{2.2.14}$$

其中，∇_i 是对第 i 个粒子坐标的微商算符，

$$\nabla_i = x \frac{\partial}{\partial x_i} + y \frac{\partial}{\partial y_i} + z \frac{\partial}{\partial z_i}$$

于是得到

$$i\hbar \frac{\partial \psi(\boldsymbol{r}, t)}{\partial t} = -\sum_{i=1}^{N} \frac{\hbar^2}{2m_i} \nabla_i^2 \psi + U\psi \tag{2.2.15}$$

这就是多粒子体系的薛定谔方程。

2.2.2　波函数的性质

玻耳的原子理论虽然在解释氢原子和类氢原子上取得一定成功，但对多电子体系、半整数角动量等无能为力，只能求出谱线的频率不能求出谱线的强度，特别是人为量子化，并未从根本上解决不连续的本质。因此，要求有崭新的基础来说明客观存在与经典物理学矛盾的事实。

1. 物质波的提出

在光的波粒二象性和玻耳理论的启发下，德布罗意(de Broglie，1892—1987 年)仔细分析了几何光学和经典粒子的力学相似性，于 1923 年提出了德布罗意假说：一切微观粒子都具有波粒二象性。对于电磁辐射，过去人们只看到它的波动性，否认其粒子性，因而出现困难；对于实物粒子，过去人们认为它们只有粒子性，不具有波动性。所以，德布罗意认为，经典物理学在微观粒子领域出现的困难是否就在于否认它们具有波动属性呢？德布罗意设想实物粒子的波动性和粒子性通过下面两式联系起来：

$$E = h\nu = \hbar\omega \tag{2.2.16}$$

$$p = \hbar \boldsymbol{k} \ , \ |\boldsymbol{k}| = \frac{2\pi}{\lambda} \tag{2.2.17}$$

上两式中 E 为粒子的能量，$\boldsymbol{p}$ 为粒子动量，式(2.2.17)将粒子的动量和粒子的波长联系起来，称为德布罗意关系或德布罗意公式。

自由粒子的能量和动量都是常量，所以由德布罗意关系可知：与自由粒子联系的波，它的频率和波长都不改变，即它是一平面波。

频率为 ν，波长为 λ，沿 x 方向传播的平面波可用下面的式子表示：

$$\psi = A\cos\left[2\pi\left(\frac{x}{\lambda} - \nu t\right) \right] \tag{2.2.18}$$

如果波沿单位矢量 $\boldsymbol{n}$ 的方向传播，则

$$\psi = A\cos\left[2\pi\left(\frac{\boldsymbol{r} \cdot \boldsymbol{n}}{\lambda} - \nu t\right) \right] = A\cos(\boldsymbol{k} \cdot \boldsymbol{r} - \omega t) \tag{2.2.19}$$

式中，$\nu = \omega/2\pi$，$\boldsymbol{k} = 2\pi/\lambda \boldsymbol{n}$。

将上式写成复数形式：

$$\psi = A\exp[i(\boldsymbol{k} \cdot \boldsymbol{r} - \omega t)]$$

将式(2.2.16)和式(2.2.17)代入上式，我们得到与自由粒子相联系的平面波，或者说，描写自由粒子的平面波：

$$\psi = A\exp\left[\frac{i}{\hbar}(\boldsymbol{p} \cdot \boldsymbol{r} - Et) \right] \tag{2.2.20}$$

这种波称为德布罗意波。量子力学中描写自由粒子的平面波必须用复数形式而不能用实数形式，其原因将在后面说明。

物质波假设提出以后，人们自然会问，物质粒子既然是波，为什么人们在过去长期实践中把它们看成经典粒子，却没有犯什么错误呢？为此，追溯一下人类对光的认识的发展是有意义的。在十七世纪，牛顿认为光由粒子组成，并作直线传播。直到十九世纪肯定了光的干涉和衍射现象之后，光的波动性才为人们确认，而光的干涉和衍射现象只有当仪器的特征长度与光波波长可相比拟的情况下才明显，例如，对比一下光的针孔成像和圆孔衍射实验是有趣的。针孔成像可以用光的直线传播来说明，即几何光学来处理是恰当的。但平常所谓的针孔，其大小比可见光的波长仍然大很多。如果把针孔半径不断缩小，当针孔半径与光波波长相近时，此时将出现圆孔衍射花样。这时用几何光学处理就不恰当，而波动光学就称为必须了。

德布罗意认为，物质粒子的波动性与光波有相似之处。但由于普朗克常数是一个很小的量，实物粒子的波长实际上是很短的。在一般宏观条件下，波动性不会表现出来（粒子性是主要矛盾方面），所以用经典力学来处理是恰当的。

但是到了原子世界中（原子大小约为 10^{-10}m 量级），物质粒子的波动性便会明显表现出来。此时，经典力学就无能为力了，正如几何光学不能用来处理光的干涉和衍射现象一样。因此，处理原子世界中粒子的运动，就需要一种新的力学规律——波动力学。这个问题是由薛定谔在 1926 年解决的。

例如，Brown 运动所用液体中悬浮的微粒直径为 μm 量级，质量 m 为 10^{-12}g，其热运动能量为 0.4×10^{-13}erg，其物质波的波长 $\lambda = h/\sqrt{2mE} \sim 5 \times 10^{-6}$Å。比粒子的直径小很多，波动性不明显。

设自由电子的动能为 E，其的速度远小于光速，则 $E = p^2/(2m)$，德布罗意波长为 $\lambda = h/p = h/\sqrt{2mE}$，如果电子被 V 伏特的电压加速，则 $E = eV$，e 是电子电荷的大小，可得 $\lambda = h/p = h/\sqrt{2meV} \approx 12.25/\sqrt{V}\,\text{Å}$，如果 $V = 100$ V，$\lambda = 1\text{Å}$；如果 $V = 1000$ V，则 $\lambda = 0.122\text{Å}$。因此观测微观粒子的波动性是很困难的。直到 1927 年，微观粒子的干涉和衍射现象才被实验所证实。

2. 物质粒子波动性的实验证据

如图 2.2 所示，当可变电子束（30 ～ 600 eV）照射到抛光的镍单晶上时，A. 戴维逊、革末（Davisson and Germer）发现在某角度 ϕ 方向有强的反射（即有较多电子波吸收），而 ϕ 满足

$$a\sin\phi = \frac{nh}{p}$$

若 $\lambda = h/p$，则上式与 Bragg 光栅衍射公式相同（$a\sin\phi = n\lambda$），它证明了，电子入射到晶体表面发生散射，具有波动性，而相应波长 $\lambda = h/p$。这现象无法用粒子的图像来解释。

B. G. P. Thomson 实验（1927 年）（J. J. Thomson 1897 年测定 e/m_e）（见图 2.3）。

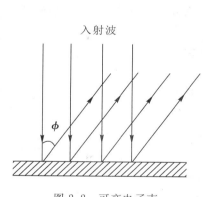

图 2.2　可变电子束

图 2.3　B. G. P. Thomson 实验

电子通过单晶粉末，出现衍射图像，这一衍射图像反映了电子的波动性（10 ～ 40 keV，所以波长约为 0.4 ～ 0.06 Å，可穿透厚度为 1000 Å 的箔）。如像 X 射线照到单晶粉末压成的金箔上，满足 $2d\sin\theta = n\lambda$ 一样，电子入射满足 $2d\sin\theta = nh/p$，而产生衍射（注意现在不是明暗相间，而是电子数多少）。

注意，这是小晶粒（金属箔）组成，所以晶面方向是无规的，总有一些晶粒的面与入射电子夹角满足衍射条件 $2d\sin\theta = n\lambda$，而又由于是无规的（因此，对绕入射束一周，而又保持晶面与入射束的夹角不变的晶粒总是存在）。所以，形成衍射环。

这一特点，不仅电子有，后来热中子试验都有，即物质粒子还有波动性，当然，经典物理学是无法解释的。

3. 波函数的统计解释

为了表示微观粒子的波粒二象性，可以用平面波来描写自由粒子、平面波的频率和波

长与自由粒子的能量和动量是由德布罗意关系联系起来的。平面波的频率和波矢都不随时间或位置改变，这和自由粒子的能量和动量不随时间或位置改变相对应。如果粒子受到随时间或位置变化的力场的作用，它的动量和能量不再是常量，这时粒子就不能用平面波来描写，而必须用复杂的波函数来描写。在一般情况下，我们用一个函数来描写粒子的波，并称这个函数为波函数。它是一个复数。描写自由粒子的德布罗意平面波是波函数的一个特例。

那么究竟怎样理解波和它所描写的粒子之间的关系呢？电子究竟是什么东西？是粒子？还是波？"电子既不是粒子，也不是波"，更确切地讲，它既不是经典粒子，也不是经典的波。但我们也可以说，电子既是粒子，也是波，它是粒子和波动两重性的统一。这个波不再是经典概念下的波，粒子也不是经典概念下的粒子。为了更清楚地了解这一点，我们简要回顾一下经典粒子和波的概念。

在谈到经典粒子时，意味着这样一个客体，它具有一定质量、电荷等属性，此即物质的"颗粒性"或"原子性"。但与此同时，还按照日常生活中的经验，认为它具有一定的位置，并且在空间运动时有一条确切的轨迹，即每时每刻有一定的位置与速度。物质粒子的原子性是为实验所证实了的，但"粒子有完全确定轨道"只局限于牛顿力学理论体系的概念中。在宏观世界中，这概念是一个很好的近似，但这概念从来没有无限精确地被实验所证实过。

在经典力学中谈到一个波动时，意味着某种实际的物理量的空间分布做周期性的变化。干涉与衍射的本质在于波的相干性叠加。

在经典概念下，粒子与波的确难以统一到一个客体上去，我们究竟怎样正确理解粒子与波动两重性呢？

人们对物质粒子波动性的理解，曾经历过一场激烈的争论，包括波动力学的创始人薛定谔、德布罗意在内的许多学者对物质粒子的波动性都有不同的看法。

仔细分析一下实验可以看出，电子所呈现出来的粒子性，只是经典粒子概念中的"原子性"或"颗粒性"，即总是以具有一定的质量和电荷等属性的客体出现在实验中的，但不与"粒子有确切的轨道"的概念有什么必然的联系。而电子呈现出的波动性，也只不过是波动中最本质的东西——波的"叠加性"，并不是一定要与某种实际的物理量在空间的分布联系在一起。

把微观粒子的波动性和粒子性统一起来，更确切地说，把微观粒子的"原子性"与波的"叠加性"统一起来，形成波恩提出的几率波。

为了说明波恩的解释，我们考察粒子的衍射实验。如果入射电子流的强度很大，即单位时间内有许多电子被晶体反射，则照片上很快就出现衍射图样。如果入射电子流强度很小，电子一个一个地从晶体表面上反射，这时照片上就出现一个一个的点子，显示出电子的"原子性"。这些点子在照片上的位置并不都是重合在一起的。开始时，它们看起来似乎是毫无规律地散布着，随着时间的延长，点子数目的增多，它们在照片上的分布就形成了衍射图样，显示出电子的波动性。由此可见，实验所显示的电子的波动性是许多电子在同一实验中的统计结果，或者是一个电子在多次相同实验中的统计结果。波函数正是描写粒子的这种行为而引进的。波恩在此基础上提出了波函数的统计解释，即波函数在空间某一点的强度（振幅绝对值的平方）和在该点找到粒子的几率成正比。按照这种解释，描写粒子的波乃是几率波。

　　现在我们根据波函数的这种统计解释再来看看衍射实验。粒子被晶体衍射后，描写粒子的波发生衍射，在照片的衍射图样中，有许多衍射极大和极小的地方。在衍射极大的地方，波的强度大，每个粒子投射到这里的几率也大，因而投射到这里的粒子多；在衍射极小的地方，波的强度很小或等于零，粒子投射到这里的几率也很小或等于零，因而投射到这里的粒子很少或没有。

　　按照玻恩的统计解释，波的强度 $|\psi(r)|^2 = \psi^*(r)\psi(r)$ 的意义与经典波根本不同，它是用来刻画电子出现在 r 点附近的几率大小的一个量。更确切地讲，$|\psi(r)|^2 d\tau$ 代表在 r 点附近的体积元 $d\tau$ 中找到粒子的几率。玻恩提出的统计解释是量子力学的基本原理之一。微观粒子呈现出的波动性反映了微观客体运动的一种规律性。波函数 $\psi(r)$ 也称为几率波幅。以后我们将看到，由波函数还可以得出体系的各种性质，因此称波函数描写体系的量子状态（简称量子态或态）。

　　根据波函数的统计解释，自然要求该粒子在全空间各点出现的几率之和为 1，即要求 $\psi(r)$ 满足下列条件：

$$\int_\infty |\psi(r)|^2 d\tau = \int_\infty \psi^*(r)\psi(r)d\tau = 1 \qquad (2.2.21)$$

上式称为波函数的归一化条件。

　　但应该强调，对几率分布来说，重要的是相对几率分布。不难看出，$\psi(r)$ 与 $C\psi(r)$（C 为常数）所描述的相对几率分布是相同的。例如，在空间点 r_1 与点 r_2 的相对几率，在波函数为 $C\psi(r)$ 情况下是

$$\frac{|C\psi(r_1)|^2}{|C\psi(r_2)|^2} = \frac{|\psi(r_1)|^2}{|\psi(r_2)|^2} \qquad (2.2.22)$$

与波函数为 $\psi(r)$ 情况下的相对几率完全相同。换而言之，$C\psi(r)$ 与 $\psi(r)$ 所描述的几率波是完全一样的。所以，波函数有常数因子不定性，在这一点上，几率波与经典波有本质的区别。经典波的波幅增加一倍，则相应的波动的能量将为原来的 4 倍，因此代表了完全不同的波动状态。这一点是几率波和经典波的原子性区别。几率波有归一化概念，而经典波则根本上谈不到归一化。

　　根据上述分析，波函数的归一化条件式(2.2.21)就相当于波函数的平方可积条件，即

$$\int_\infty |\psi(r)|^2 d\tau = \int_\infty \psi^*(r)\psi(r)d\tau = A > 0 \quad （A 为常数） \qquad (2.2.23)$$

因为假设 $\psi(r)$ 满足上式，则显然

$$\int_\infty \left|\frac{\psi(r)}{\sqrt A}\right|^2 d\tau = 1 \qquad (2.2.24)$$

即 $\psi(r)/\sqrt A$ 将是归一化的，$1/\sqrt A$ 称为归一化因子。但无论是 $\psi(r)$，还是 $\psi(r)/\sqrt A$，它们所描述的几率波是完全一样的。

　　波函数在归一化后也还不是完全确定的。我们可以用一个常数 $e^{i\delta}$（δ 为常数）去乘波函数，这样既不影响空间各点找到粒子的几率，也不影响波函数的归一化；因为 $|e^{i\delta}|^2 = 1$，如果 $|\psi(r)|^2$ 对整个空间积分等于 1，则 $|e^{i\delta}\psi(r)|^2$ 对整个空间积分也等于 1，$e^{i\delta}$ 称为相因子。归一化波函数可以含有一任意相因子。

4. 波函数满足的条件

到目前为止，我们只提到粒子的状态可以用波函数来描写，至于怎样的函数才能作为波函数，或者波函数一般应满足哪些条件则未提及。现在，在建立了薛定谔方程和证明了粒子数守恒定律之后，就可以对这个问题进行讨论了。由于几率密度和几率流密度应当是连续的，所以波函数必须在变量变化的全部区域内是有限的和连续的，并且有连续的微商。此外，由于几率密度是粒子出现的几率，波函数应是坐标和时间的单值函数，这样才能使粒子的几率在时刻 t、在 r 点有唯一的确定值。由以上讨论可知，波函数在变化的全部区域内通常应满足三个条件：有限性、连续性和单值性。这三个条件称为波函数的标准条件。以后我们将看到，波函数的标准条件在解决量子力学问题中占有很重要的地位。

2.2.3 量子力学基本理论

1. 态叠加原理

经典力学中，通常用坐标和动量来描写物质的状态。质点的其他物理量如能量等，是坐标和动量的函数，当坐标和动量确定后，其他物理量也就随之确定了。在量子力学中，用波函数描写微观粒子的量子状态。一般情况下，当粒子处于波函数 $\psi(r)$ 所描写的量子状态时，粒子的力学量如坐标、动量等可以有许多可能值，每个可能值各自以一定的几率出现。

量子力学中描写微观粒子的量子状态的方式和经典力学完全不同。其根本原因在于微观粒子的波粒二象性，微观粒子的波粒二象性还通过量子力学中关于状态的基本原理——态叠加原理表现出来。在讲述叠加原理之前，我们先回顾经典力学中的干涉现象。

1) 经典波的干涉现象

如图 2.4 所示，在一浅水槽中，由一马达带动振源上下振动发出水波，后面有一堵开双缝的墙，其后是一道能吸收波的后障，其上布满"探测器"，可测出到达后障各处波的强度 I。做实验时，我们先将缝 2 遮住，让水波只从缝 1 中通过，我们得到后障上振幅分布 I_1。将缝 1 遮住，让水波通过缝 2，我们得到强度分布 I_2。最后将两个缝都打开，得到强度分布 I_{12}，$I_1 + I_2 \neq I_{12}$。我们如何解释这干涉现象呢？根据波动理论：通过缝 1 时，水波以

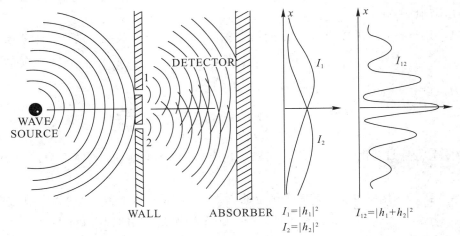

图 2.4　水波的干涉

$h_1 \mathrm{e}^{-\mathrm{i}\omega t}$ 描述。通过缝 2 时，水波以 $h_2 \mathrm{e}^{-\mathrm{i}\omega t}$ 描述。通过缝 1、2 时，则以 $(h_1 + h_2)\mathrm{e}^{-\mathrm{i}\omega t}$ 描述，故

$$I_1 = |h_1|^2, \qquad I_2 = |h_2|^2$$

$$I_{12} = |h_1 + h_2|^2 = |h_1|^2 + |h_2|^2 + (h_1 h_2^* + h_1^* h_2)$$

$$= I_1 + I_2 + 2\sqrt{I_1 I_2}\cos\delta$$

$$(\, h_1 = |h_1|\mathrm{e}^{\mathrm{i}\delta_1},\ h_2 = |h_2|\mathrm{e}^{\mathrm{i}\delta_2},\ \delta = \delta_1 - \delta_2 \,)$$

$2\sqrt{I_1 I_2}\cos\delta$ 即为干涉项。

2）态的叠加原理

以图 2.5 所示的电子的衍射实验为例。用 $\psi_1(r)$ 表示电子穿过缝 1 到达探测器平面的状态，$\psi_2(r)$ 表示电子穿过缝 2 到达探测器平面的状态，再用 $\psi(r)$ 表示电子穿过两个缝到达探测器平面的状态。那么 $\psi(r)$ 可以写为 $\psi_1(r)$ 和 $\psi_2(r)$ 的线性叠加。

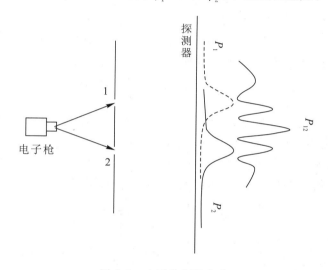

图 2.5　电子的衍射实验

对于一般的情况，如果 $\psi_1(r)$ 和 $\psi_2(r)$ 是体系的可能状态，那么，它们的线性叠加

$$\psi(r) = c_1\psi_1(r) + c_2\psi_2(r)$$

也是这个体系的可能状态，这就是量子力学的一个基本原理——态叠加原理。

将上式推广到更一般的情况，$\psi(r)$ 可以表示为许多态 $\psi_1(r)$，$\cdots$，$\psi_2(r)$，$\cdots$，$\psi_n(r)$ 的线性叠加，即

$$\psi(r) = c_1\psi_1(r) + c_2\psi_2(r) + \cdots + c_n\psi_n(r) = \sum_n c_n\psi_n(r)$$

其中，c_1，c_2，$\cdots$，c_n 为复数。这时态叠加原理表示如下：当 $\psi_1(r)$，$\psi_2(r)$，$\cdots$，$\psi_n(r)$ 是体系的可能状态时，它们的线性叠加也是系统的可能状态。

按照态叠加原理，电子在探测器平面上一点出现的几率是

$$|\psi(r)|^2 = |c_1\psi_1(r) + c_2\psi_2(r)|^2$$

$$P_{12} = P_1 + P_2 + 干涉项$$

3）力学量的平均值

设厄米算符 $\hat{A}$ 的本征函数为 ψ_1，ψ_2，$\cdots$，ψ_n，相应的本征值为 λ_1，λ_2，$\cdots$，λ_n，当体系处

于算符 $\hat{A}$ 的某一本征态 ψ_n 时，力学量 A 有确定的值 λ_n，绝不会是别的值。

$\hat{A}$ 的本征态 ψ_n 应满足：

$$\hat{A}\psi_n = \lambda_n\psi_n$$

上式两边乘 ψ_n^*，并对 r 变化的整个空间积分：

$$\int\psi_n^*(\boldsymbol{r})\hat{A}\psi_n(\boldsymbol{r})\mathrm{d}\tau = \lambda_n\int\psi_n^*(\boldsymbol{r})\psi_n(\boldsymbol{r})\mathrm{d}\tau$$

当 ψ_n 已归一化，得

$$\lambda_n = \int\psi_n^*(\boldsymbol{r})\hat{A}\psi_n(\boldsymbol{r})\mathrm{d}\tau$$

这是在算符 $\hat{A}$ 的本征态 ψ_n 中，对 A 值测量结果的数学表达式。如果已知 $\hat{A}$ 的一本征态 ψ_n，就可以利用上式求得 ψ_n 中 A 的取值 λ_n。

但是，当体系处于 $\hat{A}$ 的非本征态 $\psi(\boldsymbol{r})$ 时，力学量又取什么值？按式（2.2.24），粒子的任一可能态 $\psi(\boldsymbol{r})$ 可以表示为本征态的叠加，即

$$\psi(\boldsymbol{r}) = \sum_{n=1}^{\infty}c_n\boldsymbol{\Psi}_n(\boldsymbol{r})$$

可见，处于 $\psi(\boldsymbol{r})$ 态的体系实际上处于 ψ_1，ψ_2，$\cdots$，ψ_n 各本征态的可能性都有，因而其 A 值取 λ_1，λ_2，$\cdots$，λ_n 各本征值的可能性都有。

那么，对处于 $\psi(\boldsymbol{r})$ 态的粒子进行 A 值测量时，会得到什么结果？

按几率求平均值的法则，可以求得力学量 A 在 $\psi(\boldsymbol{r})$ 态中的平均值是

$$\begin{aligned}
\int\psi_n^*(\boldsymbol{r})\hat{A}\psi(\boldsymbol{r})\mathrm{d}\tau &= \int\Big(\sum_{m=1}^{\infty}c_m^*\psi_m^*\Big)\hat{A}\Big(\sum_{n=1}^{\infty}c_n\psi_n\Big)\mathrm{d}\tau \\
&= \int\Big(\sum_{n=1}^{\infty}c_n^*\psi_m^*\Big)\Big(\sum_{n=1}^{\infty}c_n\hat{A}\psi_n\Big)\mathrm{d}\tau = \int\Big(\sum_{m=1}^{\infty}c_m^*\psi_m^*\Big)\Big(\sum_{n=1}^{\infty}c_n\psi_n\Big)\mathrm{d}\tau \\
&= \int\sum_{m=1}^{\infty}\sum_{n=1}^{\infty}c_m^*c_n\lambda_n\psi_m^*\psi_n\mathrm{d}\tau = \sum_{m=1}^{\infty}\sum_{n=1}^{\infty}c_m^*c_n\lambda_n\int\psi_m^*\psi_n\mathrm{d}\tau \\
&= \sum_{m=1}^{\infty}\Big(\sum_{n=1}^{\infty}c_m^*c_n\lambda_n\delta_{mn}\Big) = \sum_{n=1}^{\infty}c_n^*c_n\lambda_n = \sum_{n=1}^{\infty}|c_n|^2\lambda_n \\
&= |c_1|^2\lambda_1 + |c_2|^2\lambda_2 + \cdots + |c_n|^2\lambda_n
\end{aligned} \tag{2.2.25}$$

上式是求力学量平均值的一般公式，用它可以直接从表示力学量的算符和体系所处的状态得出力学量在这个状态的平均值。

再来看 $\psi(\boldsymbol{r})$ 的归一化条件：

$$\int\psi^*(\boldsymbol{r})\psi(\boldsymbol{r})\mathrm{d}\tau = 1$$

将 $\psi(\boldsymbol{r}) = \sum_{n=1}^{\infty}c_n\psi_n(\boldsymbol{r})$ 代入上式有

$$\begin{aligned}
\int\Big(\sum_{m=1}^{\infty}c_m^*\psi_m^*\Big)\Big(\sum_{n=1}^{\infty}c_n\psi_n\Big)\mathrm{d}\tau &= \int\sum_{m=1}^{\infty}\sum_{n=1}^{\infty}c_m^*c_n\psi_m^*\psi_n\mathrm{d}\tau = \sum_{m=1}^{\infty}\Big(\sum_{n=1}^{\infty}c_m^*c_n\int\psi_m^*\psi_n\mathrm{d}\tau\Big) \\
&= \sum_{m=1}^{\infty}\Big(\sum_{n=1}^{\infty}c_m^*c_n\delta_{mn}\Big) = \sum_{n=1}^{\infty}c_n^*c_n\lambda_n = \sum_{n=1}^{\infty}|c_n|^2 = 1
\end{aligned}$$

即归一化条件变为

$$|c_1|^2 + |c_2|^2 + \cdots + |c_n|^2 = 1 \tag{2.2.26}$$

上式左边由积分 $\int \psi^*(\boldsymbol{r})\psi(\boldsymbol{r})\mathrm{d}\tau$ 而得，是几率总和，所以 $|c_n|^2$ 的含义与几率有关。$|c_n|^2$ 是在态 $\psi(\boldsymbol{r})$ 中，A 取 λ_n 的几率。

2. 不确定关系

衍射按照波恩的统计解释，归一化波函数 $\psi(\boldsymbol{r})$ 的模的平方 $|\psi(\boldsymbol{r})|^2$ 给出 t 时刻粒子的空间几率分布。在量子力学中，除了可讨论粒子空间几率分布，还可以讨论动量。考察如图 2.6 所示的电子的单缝衍射实验，电子通过狭缝 A 打在探测器平面并呈现出衍射图样。

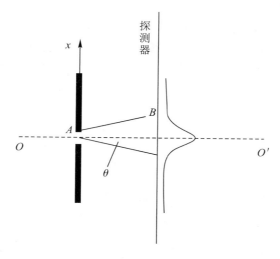

图 2.6　电子的单缝衍射实验

假设某一次我们在探测器平面上观察到一个电子，由于电子从缝 A 出来后，是在自由空间中运动，因此可以认为这一次观察到的电子从缝 A 时刻的动量方向沿 AB 方向。在多次入射时，B 点的位置是不确定的，可见，从 A 出来的电子的动量方向是不确定的。由于缝 A 有一个宽度（设为 a），我们无法确定电子在 A 处的确切位置。以缝中心作为坐标原点，沿缝宽的方向作为 x 轴正方向，则对于到达 B 点的电子来说，动量的 x 分量 $p_x = p\sin\theta$，θ 是 B 点的角位置，p 是动量的大小。可见，电子从缝 A 出来时，其坐标 x 和动量分量 p_x 都是不确定的，x 的不确定范围是缝宽 a，即 $\Delta x = a$。B 点的位置虽然是随机的，但我们可近似地认为 B 点几乎总是处于中央极大范围内，类似于光的单缝衍射，衍射花样中央明纹的半角宽度 θ_0 满足

$$\sin\theta_0 = \frac{\lambda}{2a}$$

其中 $\lambda = h/p$，为电子的德布罗意波长。由此可知 p_x 的不确定范围是 $[-p\sin\theta_0,\ p\sin\theta_0]$，即 $\Delta p_x = 2p\sin\theta_0 = p\lambda/a = h/a$，由此可得

$$\Delta x \Delta p_x = h$$

考虑到电子还有可能落在中央极大以外的地方，因此，实际上 p_x 的不确定范围还要大，于

是可以一般地得到

$$\Delta x \Delta p_x \geqslant h \qquad (2.2.27)$$

这个关系式叫不确定关系,有时人们也把这个关系称为不确定原理。不确定关系不仅适用于电子,也适用于其他微观粒子。不确定关系表明,对于微观粒子,不能同时用确定的位置和确定的动量来描述。

不确定关系是海森堡于 1927 年提出的。这个关系明确指出,对微观粒子来讲,企图同时确定其位置和动量是办不到的,也是没有意义的,并且对这种企图给出的定量的界限,即坐标不确定量和动量不确定量的乘积,不能小于普朗克常数。微观粒子的这个特性,来源于其波粒二象性。

然而应当指出,普朗克常数是一个极小的量,其数量级为 10^{-34}。所以不确定关系只对微观粒子起作用,而对宏观物体就不起作用了。例如

例 1 一颗质量为 10 g 的子弹,具有 200 m/s 的速率。若其动量的不确定范围为动量的 0.01%(这在宏观范围内是十分精确的),则该子弹位置的不确定范围为多大?

解 子弹的动量为

$$p = mV = 0.01 \times 200 = 2$$

动量的不确定范围为

$$\Delta p = 0.01\% \times p = 1.0 \times 10^{-4} \times 2 = 2 \times 10^{-4}$$

由不确定关系(2.2.27),得子弹位置的不确定范围为

$$\Delta x = \frac{h}{\Delta p} = \frac{6.63 \times 10^{-34}}{2 \times 10^{-4}} = 3.3 \times 10^{-30}$$

我们知道,原子核的数量级为 10^{-15} m,子弹的这个位置的不确定范围更是微不足道的。可见,子弹的动量和位置都能准确地确定,换言之,不确定关系对宏观物体来说,实际上是不起作用的。

例 2 一电子具有 200 m/s 的速率,动量的不确定范围为动量的 0.01%(这也是十分精确的了),则该电子的位置不确定范围有多大?

解 电子的动量为

$$p = mV = 9.1 \times 10^{-31} \times 200 = 1.8 \times 10^{-28}$$

动量的不确定范围为

$$\Delta p = 0.01\% \times p = 1.0 \times 10^{-4} \times 1.8 \times 10^{-28} = 1.8 \times 10^{-32}$$

由不确定关系式(2.2.27),得电子位置的不确定范围为

$$\Delta x = \frac{h}{\Delta p} = \frac{6.63 \times 10^{-34}}{1.8 \times 10^{-32}} = 3.7 \times 10^{-2}$$

我们知道,原子大小的数量级为 10^{-10} m,而电子则更小,在这种情况下,电子位置的不确定范围甚至比原子还要大几亿倍。可见,电子的位置和动量不可能都精确地予以确定。

3. 粒子流密度和粒子数守恒

1) 几率流密度

在讨论了状态或波函数随时间变化的规律后,我们进一步讨论粒子在一定空间区域出现的几率将怎样随时间变化。

　　描写粒子状态的波函数是 $\psi(\boldsymbol{r}, t)$，由前面的学习知道，在时刻 t 在点 $\boldsymbol{r}$ 周围单位体积内粒子出现的概率（即概率密度）是

$$w(\boldsymbol{r}, t) = \psi(\boldsymbol{r}, t)\psi^*(\boldsymbol{r}, t) \qquad (2.2.28)$$

几率密度随时间的变化率是

$$\frac{\partial w(\boldsymbol{r}, t)}{\partial t} = \psi^*(\boldsymbol{r}, t)\frac{\partial \psi(\boldsymbol{r}, t)}{\partial t} + \psi(\boldsymbol{r}, t)\frac{\partial \psi^*(\boldsymbol{r}, t)}{\partial t} \qquad (2.2.29)$$

由薛定谔方程和它的共轭复数方程（注意 $U(\boldsymbol{r})$ 是实数），可得

$$\frac{\partial \psi(\boldsymbol{r}, t)}{\partial t} = \frac{\mathrm{i}\hbar}{2m}\nabla^2\psi(\boldsymbol{r}, t) + \frac{1}{\mathrm{i}\hbar}U(\boldsymbol{r})\psi(\boldsymbol{r}, t) \qquad (2.2.30)$$

及

$$\frac{\partial \psi^*(\boldsymbol{r}, t)}{\partial t} = -\frac{\mathrm{i}\hbar}{2m}\nabla^2\psi^*(\boldsymbol{r}, t) - \frac{1}{\mathrm{i}\hbar}U(\boldsymbol{r})\psi^*(\boldsymbol{r}, t) \qquad (2.2.31)$$

将上两式代入式(2.2.29)，有

$$\frac{\partial w(\boldsymbol{r}, t)}{\partial t} = \frac{i\hbar}{2m}(\psi^*\,\nabla^2\psi - \psi\,\nabla^2\psi^*) = \frac{i\hbar}{2m}\nabla\boldsymbol{\cdot}(\psi^*\,\nabla\psi - \psi\,\nabla\psi^*) \qquad (2.2.32)$$

令

$$\boldsymbol{J} = -\frac{\mathrm{i}\hbar}{2m}(\psi^*\,\nabla\psi - \psi\,\nabla\psi^*) \qquad (2.2.33)$$

则式(2.2.32)可写为

$$\frac{\partial w(\boldsymbol{r}, t)}{\partial t} + \nabla\boldsymbol{\cdot}\boldsymbol{J} = 0 \qquad (2.2.34)$$

这个方程具有连续性方程的形式。为了说明方程式(2.2.34)和矢量 $\boldsymbol{J}$ 的意义，将式(2.2.34)对任意体积 V 求积分得

$$\int_V \frac{\partial w}{\partial t}\mathrm{d}\tau = \frac{\partial}{\partial t}\int_V w\,\mathrm{d}\tau = -\int_V \nabla\boldsymbol{\cdot}\boldsymbol{J}\mathrm{d}\tau \qquad (2.2.35)$$

应用高斯定理，把上面等式右边的体积分变为面积分，得到

$$\int_V \frac{\partial w}{\partial t}\mathrm{d}\tau = -\oint_S \boldsymbol{J}_n\mathrm{d}S \qquad (2.2.36)$$

面积分是对包围体积 V 的封闭面 S 进行的。式(2.2.36)左边表示单位时间内体积 V 中几率的增加，右边是矢量 $\boldsymbol{J}$ 在体积 V 的边界面 S 上法向分量的面积分。因而很自然地可以把 $\boldsymbol{J}$ 理解为几率流密度矢量，它在 S 面上的法向分量表示单位时间内流过 S 面上单位面积的几率。式(2.2.36)说明单位时间内从体积 V 中增加的几率，等于从体积 V 外部穿过 V 的边界面 S 流进 V 内的几率。如果波函数在无限远处为零，我们可以把积分区域 V 扩展到整个空间，这时式(2.2.36)右边的积分显然为零。所以有

$$\frac{\partial}{\partial t}\int_\infty w\,\mathrm{d}\tau = \frac{\partial}{\partial t}\int_\infty \psi\psi^*\,\mathrm{d}\tau = 0 \qquad (2.2.37)$$

即在整个空间内找到粒子的几率与时间无关。如果波函数 ψ 是归一化的，$\int_\infty \psi\psi^*\,\mathrm{d}\tau = 1$，那么上式告诉我们，波函数 ψ 将保持归一化的性质，不随时间改变。

　　2) 质量密度和质量流密度

　　以 m 乘以 w 和 $\boldsymbol{J}$，则

$$w_m = mw = m \mid \psi \mid^2 \tag{2.2.38}$$

是在时刻 t 在点 (x, y, z) 的质量密度,

$$\boldsymbol{J}_m = m\boldsymbol{J} = \frac{i\hbar}{2}(\psi^* \nabla\psi - \psi \nabla\psi^*) \tag{2.2.39}$$

是质量流密度。m 乘以方程(2.2.34)得到

$$\frac{\partial w_m(\boldsymbol{r}, t)}{\partial t} + \nabla \cdot \boldsymbol{J}_m = 0 \tag{2.2.40}$$

类似于前面的分析,将上式对空间任意体积积分后可以得到以下结论:单位时间内体积 V 内质量的改变,等于穿过 V 的边界面 S 流出或流进的质量。上式是量子力学中的质量守恒定律。

  3) 电荷密度和电流密度

  以粒子电荷 e 乘以 w 和 $\boldsymbol{J}$ 后,得到 $w_e = ew$ 是电荷密度,$\boldsymbol{J}_e = e\boldsymbol{J}$ 是电流密度,方程

$$\frac{\partial w_e(\boldsymbol{r}, t)}{\partial t} + \nabla \cdot \boldsymbol{J}_e = 0 \tag{2.2.41}$$

是量子力学的电荷守恒定律,它说明电荷总量不随时间改变。

2.2.4　定态薛定谔方程

1. 定态薛定谔方程

  现在我们讨论薛定谔方程式(2.2.12)的解,一般情况下,$U(\boldsymbol{r})$ 也可以是时间的函数,这种情况暂且不予考虑。目前先考虑 $U(\boldsymbol{r})$ 与时间无关的情况。

  如果 $U(\boldsymbol{r})$ 不含时间,薛定谔方程式(2.2.12)可以用分离变量法进行简化。设方程的解具有

$$\psi(\boldsymbol{r}, t) = \phi(\boldsymbol{r})f(t) \tag{2.2.42}$$

  方程式(2.2.12)的解可以表示为上述许多这种解之和。将上式代入到式(2.2.12)中,并把方程两边同除以 $\phi(\boldsymbol{r})f(t)$,得到

$$\frac{i\hbar}{f}\frac{df}{dt} = \frac{1}{\phi}\left[-\frac{\hbar^2}{2m}\nabla^2\phi + U(\boldsymbol{r})\phi\right] \tag{2.2.43}$$

这个等式左边只是 t 的函数,右边只是坐标的函数,而 t 和 $\boldsymbol{r}$ 是互相独立的变量,所以只有当两边都等于同一常数时,等式才能满足。以 E 表示这个常数,则由等式左边等于 E,有

$$i\hbar\frac{df}{dt} = Ef \tag{2.2.44}$$

由等式右边等于 E,有

$$-\frac{\hbar^2}{2m}\nabla^2\phi + U(\boldsymbol{r})\phi = E\phi \tag{2.2.45}$$

由方程式(2.2.44)可以直接得出:

$$f(t) = C\exp\left[\frac{-iEt}{\hbar}\right] \tag{2.2.46}$$

C 为任意常数。将这一结果代入式(2.2.42)中,并把常数 C 放到 $\phi(\boldsymbol{r})$ 中,这样就得到薛定谔方程的特解为

$$\psi(\boldsymbol{r}, t) = \phi(\boldsymbol{r})\exp\left[\frac{-iEt}{\hbar}\right] \tag{2.2.47}$$

这个波函数与时间的关系是正弦式的，它的角频 $\omega = E/\hbar$。按照德布罗意关系，E 就是这个体系处于这个波函数所描写的状态时的能量。由此可见，体系处于上式所描写的状态时，能量具有确定值，所以称这种状态为定态。上式称为定态波函数，$\phi(\mathbf{r})$ 由方程式（2.2.45）和在具体问题中波函数应满足的边界条件确定。方程式（2.2.45）称为定态薛定谔方程。$\phi(\mathbf{r})$ 也称为波函数。

2. 定态波函数的几率密度

考察定态波函数的几率密度：

$$w = |\psi(\mathbf{r},\ t)|^2 = \psi\psi^* = \phi(\mathbf{r})\exp[-\mathrm{i}Et/\hbar]\phi^*(\mathbf{r})\exp\left[\frac{\mathrm{i}Et}{\hbar}\right] = \phi(\mathbf{r})\phi^*(\mathbf{r})$$

可见，定态波函数的几率密度与时间无关，即当粒子处于定态时，其在空间给定体积元中出现的几率不随时间变化，也就是说，体系的状态不随时间变化。

3. 能量算符

以 $\varphi(\mathbf{r})$ 乘以方程式（2.2.44）两边，$\exp\left[\dfrac{-\mathrm{i}Et}{\hbar}\right]$ 乘以方程式（2.2.45）两边，可以看到定态波函数式（2.2.47）满足下列方程：

$$\mathrm{i}\hbar\frac{\partial\psi}{\partial t} = E\psi \tag{2.2.48}$$

$$\left[-\frac{\hbar^2}{2m}\nabla^2 + U(\mathbf{r})\right]\psi = E\psi \tag{2.2.49}$$

这两个方程的类型相同，它们都是以一个算符作用在波函数上得出一个数量 E 乘以波函数。算符 $\mathrm{i}\hbar\dfrac{\partial}{\partial t}$ 和 $-\dfrac{\hbar^2}{2m}\nabla^2 + U(\mathbf{r})$ 是完全相当的，这可以由它们作用在定态波函数式（2.2.47）上看出。而且从薛定谔方程式（2.2.12）还可以看出，它们作用在体系的任意波函数上都是相当的。这两个算符都称为能量算符。此外由于式（2.2.11）在经典力学中称为哈密顿（Hamilton）函数，所以这种算符又称为哈密顿算符，通常以 $\hat{H}$ 表示。于是式（2.2.49）可写为

$$\hat{H}\psi = E\psi \tag{2.2.50}$$

这种类型的方程称为本征值方程，E 称为算符 $\hat{H}$ 的本征值，ψ 称为算符 $\hat{H}$ 的本征函数。由上面的讨论可知，当体系处于能量算符本征函数所描写的状态（称为能量本征态）时，粒子能量有确定的数值，这个数值就是与这个本征函数相对应的能量算符的本征值。

讨论定态问题就是要求出体系可能的定态波函数 ψ 和在这些态中的能量 E；由于定态波函数 ψ 和函数 $\phi(\mathbf{r})$ 以式（2.2.47）联系起来，问题就归结为解定态薛定谔方程式（2.2.49），求出能量的可能值和波函数 $\phi(\mathbf{r})$。我们将在下面几节中讨论几个具体的定态问题。

4. 定态薛定谔方程的边界条件

薛定谔方程是关于空间坐标的二阶偏微分方程，因此要求出确定的解，必须先给出边界条件，薛定谔方程所满足的边界条件具有非常普遍的特征：

（1）若势能 $U(\mathbf{r})$ 处处连续，则薛定谔方程的解、波函数 ψ 及波函数对空间坐标的一级

微商 ψ' 也处处连续。

（2）若势能 $U(r)$ 具有某一不连续的间断点或间断面，则 ψ 和 ψ' 在这一间断点或间断面上仍然是连续函数。

（3）若势能 $U(r)$ 具有一阶奇点，则在奇点处波函数 ψ 连续，但波函数对空间坐标的一级微商不连续。

（4）若势能 $U(r)$ 具有高阶奇点，则在奇点处一般来讲 ψ 和 ψ' 都可以不连续。

2.3　定态薛定谔方程的应用

2.3.1　一维无限势阱模型

1. 一维无限势阱模型问题的求解

1）一维无限势阱模型

设在一维空间中运动的粒子，它的势能曲线如图 2.7 所示，写成函数形式为

$$U(x) = \begin{cases} 0 & (-a \leqslant x \leqslant a) \\ \infty & (|x| > a) \end{cases} \tag{2.3.1}$$

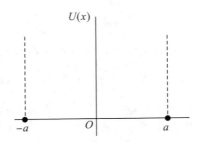

图 2.7　一维无限势阱模型

由于粒子在 $|x| > a$ 范围内势能为无穷大，所以粒子只能在 $-a \leqslant x \leqslant a$ 区域内运动，不能运动到这个范围之外，因为必须使粒子具有无限大的能量才能使它运动到 $-a \leqslant x \leqslant a$ 范围之外，而使粒子具有无穷大的能量是不可能的。因为原子中的内层电子需要很大的能量才能使其电离，原子核中的质子也需要很大的能量才能脱离原子核，这说明内层电子和质子分别处于很深的势阱中，很难运动到势阱之外。这两个例子与这里要讨论的情况有点近似，只不过这里的势阱是无限深的。势阱是指 $U(x) \sim x$ 的势能曲线的形状像"阱"，是一个空间范围，并没有一个有形的井壁把这个范围与其他空间隔开。

2）一维无限势阱的薛定谔方程

因为 $U(x)$ 与时间无关，故所研究的问题属于定态问题，体系所满足的定态薛定谔方程分别为

在阱外（$|x| > a$）：

$$-\frac{\hbar^2}{2m}\frac{\mathrm{d}^2\phi_2(x)}{\mathrm{d}x^2} + U\phi_2(x) = E\phi_2(x) \quad (U \to \infty) \tag{2.3.2}$$

在阱内（$|x| \leqslant a$）：

$$-\frac{\hbar^2}{2m}\frac{\mathrm{d}^2\phi_1(x)}{\mathrm{d}x^2} = E\phi_1(x) \tag{2.3.3}$$

3）一维无限势阱的边界条件

设薛定谔方程在阱内和阱外的解分别为 ϕ_1、ϕ_2，根据关于薛定谔方程的边界条件的讨论，有

$$\phi_2 = 0,\ |x| > a \tag{2.3.4}$$
$$\phi_1(-a) = \phi_2(-a),\quad \phi_1(a) = \phi_2(a) \tag{2.3.5}$$

4）薛定谔方程的解

引入符号：

$$\alpha = \left(\frac{2mE}{\hbar^2}\right)^{1/2} \tag{2.3.6}$$

则式（2.3.3）化为

$$\frac{\mathrm{d}^2\phi(x)}{\mathrm{d}x^2} + \alpha^2\phi(x) = 0 \tag{2.3.7}$$

其解为

$$\phi = A\sin\alpha x + B\cos\alpha x \tag{2.3.8}$$

根据边界条件式（2.3.5）有

$$A\sin\alpha a + B\cos\alpha a = 0 \tag{2.3.9}$$
$$-A\sin\alpha a + B\cos\alpha a = 0 \tag{2.3.10}$$

得到

$$A\sin\alpha a = 0 \tag{2.3.11}$$
$$B\cos\alpha a = 0 \tag{2.3.12}$$

A 和 B 不能同时为零，否则波函数 $\phi(x)$ 处处为零，这在物理上是没有意义的。

因此得到两组解

（1）$A=0$，$\cos\alpha a = 0$。 \hfill (2.3.13)

（2）$B=0$，$\sin\alpha a = 0$。 \hfill (2.3.14)

由式（2.3.13）得到 $\alpha = \frac{n\pi}{2a}$（n 为奇数）；

由式（2.3.14）得到 $\alpha = \frac{n\pi}{2a}$（n 为偶数）。

代入式（2.3.6）得到

$$E_n = \frac{n^2\pi^2\hbar^2}{8ma^2} = n^2 E_1 \quad (n=1,2,3,\cdots) \tag{2.3.15}$$

对应于量子数 n 的全部可能值，有无限多个能量值，它们组成分立的能级。

将式（2.3.13）、式（2.3.12）依次代入式（2.3.8），并考虑到 $\alpha = \frac{n\pi}{2a}$ 及式（2.3.4）得到两组波函数的解分别为

$$\phi_n = \begin{cases} A\sin\frac{n\pi}{2a}x,\ n\text{ 为偶数},\ |x| \leqslant a \\ 0,\ |x| > a \end{cases} \tag{2.3.16}$$

$$\phi_n = \begin{cases} B\cos\dfrac{n\pi}{2a}x, & n \text{ 为奇数}, |x| \leqslant a \\ 0, & |x| > a \end{cases} \tag{2.3.17}$$

将上边两式合并为一个式子,

$$\phi_n = \begin{cases} A'\sin\dfrac{n\pi}{2a}(x+a), & n \text{ 为整数}, |x| \leqslant a \\ 0, & |x| > a \end{cases} \tag{2.3.18}$$

常数 A' 可由归一化条件:

$$\int_{-\infty}^{\infty} \phi\phi^* \, \mathrm{d}x = 1$$

求出。

一维无限势阱中粒子的波函数为

$$\psi_n(x, t) = A'\sin\frac{n\pi}{2a}(x+a)\exp\left[\frac{-\mathrm{i}E_n t}{\hbar}\right] \tag{2.3.19}$$

2. 经典粒子和微观粒子的比较

1) 能量

势阱中粒子的能量 $E_n = n^2 E_1 (n = 1, 2, 3, \cdots)$,它是不连续的,相邻能级的间隔 $\Delta E = E_{n+1} - E_n = (2n+1)E_1$。对于一个 1 nm 宽的势阱,当 $n \gg 1$ 时,$\Delta E \approx 0.19\, n$eV,随 n 的增大,电子能量变化增加,量子化特性显著;但阱宽变为 $a = 1\,\text{cm} = 10^7\,\text{nm}$ 时,ΔE 大约为 $7.6 \times 10^{-14}\,\text{eV}$,量子化特性难以测量。

对于宏观粒子,质量远远大于电子质量,能量的不连续性更加不显著。

2) 几率分布

势阱中粒子处于 ψ_n 态时,粒子在阱内 $x \to x + \mathrm{d}x$ 之间出现的几率是

$$w\mathrm{d}x = \psi_n\psi_n^* = A'^2 \sin^2\frac{n\pi}{2a}(x+a)\mathrm{d}x$$

$n = 1$、2、3、4 时几率密度随 x 的变化如图 2.8 所示。

粒子出现的几率密度分布随 x 呈现起伏,显示出波的特性,存在极大和极小值。随 n 的增大极值个数增多。对微观粒子而言,其线度比相邻极大值与极小值之间的距离小得多,粒子位置几率随 x 不同出现的差别就容易显示出来。

对宏观粒子,其几率密度也随位置变化,但是宏观粒子的线度经常远远大于几率密度相邻极值之间的距离,也就显示不出位置几率的差别。

3. 束缚态、基态、宇称

波函数 $\psi_n(x, t) = A'\sin\dfrac{n\pi}{2a}(x+a)\exp\left[\dfrac{-\mathrm{i}E_n t}{\hbar}\right]$,在 $|x| > a$ 时均为零,即粒子被束缚在阱内。通常把无限远处为零的波函数所描写的状态称为束缚态。

基态:体现能量最低的态称为基态,对一维无限势阱而言,粒子的基态是 $n=1$ 的本征态。基态能量和波函数分别由式(2.3.14)和式(2.3.18)中令 $n=1$ 得到。

宇称:当 n 为偶数时,由式(2.3.16),$\phi_n(-x) = \phi_n(x)$,$\phi_n(x)$ 是 x 的偶函数,我们称这时波函数具有偶宇称;当 n 为奇数时,由式(2.3.15),$\phi_n(-x) = -\phi_n(x)$,$\phi_n(x)$ 是 x 的

奇函数，称这时波函数具有奇宇称。

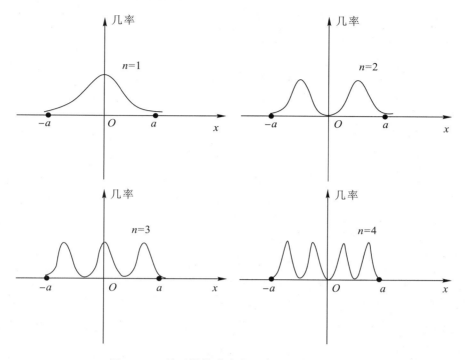

图 2.8　一维无限势阱中粒子位置几率密度分布

2.3.2　一维有限势阱模型

一维无限势阱模型是一个近似模型，实际的势阱高度（即势垒）是有限的。假设粒子的势能函数为

$$U(x) = \begin{cases} 0 & \left(|x| \leqslant \dfrac{a}{2}\right) \\ V_0 & \left(|x| > \dfrac{a}{2}\right) \end{cases} \quad (2.3.20)$$

即在阱内，粒子的势能为零，在阱外，粒子的势能为 V_0。势垒的高度为有限值，此时，仍为定态问题，为简单起见，我们只讨论 $E < V_0$ 的情况。

在 $|x| > a/2$ 区域的定态薛定谔方程为

$$\frac{\mathrm{d}^2 \phi_2(x)}{\mathrm{d}x^2} - \frac{2m}{\hbar^2}(V_0 - E)\phi_2(x) = 0 \quad (2.3.21)$$

令

$$k' = \left(\frac{2m(V_0 - E)}{\hbar^2}\right)^{1/2} \quad (2.3.22)$$

则式（2.3.21）化为

$$\frac{\mathrm{d}^2 \phi_2(x)}{\mathrm{d}x^2} - k'^2 \phi_2(x) = 0 \quad (2.3.23)$$

方程（2.3.23）的解具有如下形式：

$$\phi_2 \sim \exp[\pm k'x]$$

考虑到波函数在 $x \rightarrow \pm \infty$ 时应是有界的，波函数应取如下形式：

$$\phi_2(x) = \begin{cases} A\exp(-k'x), & x > \dfrac{a}{2} \\ B\exp(k'x), & x < \dfrac{a}{2} \end{cases} \tag{2.3.24}$$

其中 A、B 为待定常数。

在 $|x| < a/2$ 区域的定态薛定谔方程为

$$\frac{\mathrm{d}^2 \phi_1(x)}{\mathrm{d}x^2} + \frac{2m}{\hbar^2}E\phi_1(x) = 0 \tag{2.3.25}$$

令

$$k = \left(\frac{2mE}{\hbar^2}\right)^{1/2} \tag{2.3.26}$$

其解为

$$\phi_1 = A'\sin kx + B'\cos kx$$

因为 $U(-x) = U(x)$，所以波函数有确定的宇称，$\phi_1(x) \sim \sin kx$ 或 $\phi_1(x) \sim \cos kx$。另外，根据前面的关于边界条件的讨论，可知势能函数在 $x = \pm a/2$ 处有间断点，但波函数和波函数的一级微商在 $x = \pm a/2$ 处仍然连续。利用波函数及其微商的连续条件可给出解的系数所满足的关系式。为方便起见，分两种情况讨论：

(1) 在 $|x| < a/2$ 区，取 $\phi_1(x) \sim \cos kx$，解具有偶宇称的情况。

由于波函数 ϕ、ϕ' 在 $x = \pm a/2$ 处连续，因此 $\phi/\phi' = (\ln\phi)'$ 在 $x = \pm a/2$ 也连续，采用对数微商的连续条件有时比直接利用 ϕ、ϕ' 的连续条件更有用。因为对于 ϕ/ϕ'，波函数的系数已经被消去。也就是说，它已经将由 ϕ、ϕ' 的连续条件分别给出的两个方程式通过相除而变成一个方程式，从而将两式中一些相同的系数消去以简化计算。利用在 $x = \pm a/2$ 处波函数对数微商的连续条件得到：

$$k\tan\frac{ka}{2} = k' \tag{2.3.27}$$

引入

$$\xi = \frac{ka}{2}, \quad \eta = \frac{k'a}{2} \tag{2.3.28}$$

将式(2.3.27)改写为

$$\xi\tan\xi = \eta \tag{2.3.29}$$

另外，由式(2.3.22)和式(2.3.26)又可得到

$$\xi^2 + \eta^2 = \frac{mV_0a^2}{2\hbar^2} \tag{2.3.30}$$

联立以上两式，解出 ξ、η，再由式(2.3.30)可给出能谱。

(2) 在 $|x| < a/2$ 区，取 $\phi_1(x) \sim \cos kx$，解具有奇宇称的情况。

同样利用波函数对数微商在 $x = \pm a/2$ 处连续条件可得

$$-\xi\cot\xi = \eta \tag{2.3.31}$$

同样，联立式(2.3.30)和式(2.3.31)可求出相应的能谱。

式(2.3.29)~式(2.3.31)都是超越方程,可以用图解法求出能谱。在 $\eta-\xi$ 平面分别做出式(2.3.29)、式(2.3.30)相应的曲线,曲线的交点表示波函数有偶宇称时相应的能谱。同样做出式(2.3.31)相应的曲线,它与式(2.3.30)做出的曲线的交点表示波函数有奇宇称时相应的能谱,所得结果如图 2.9 所示。

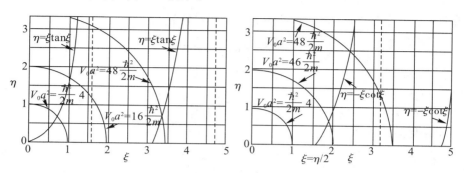

图 2.9　能谱的确定

由图可见,对于偶宇称态(见图 2.9(a)),由于 $\xi\tan\xi = \eta$ 经过原点,因此无论 $V_0 a^2$ 多么小,曲线 $\xi^2 + \eta^2 = \dfrac{mV_0 a^2}{2\hbar^2}$ 与 $\xi\tan\xi = \eta$ 总有交点,这意味着至少有一个束缚态,且这个束缚态为偶宇称。对于奇宇称态,由图 2.9(b)可见,当 $\xi^2 + \eta^2 = \dfrac{mV_0 a^2}{2\hbar^2} \geqslant \pi/4$ 时,即当 $V_0 a^2 \geqslant \dfrac{\pi^2 \hbar^2}{2m}$ 时,曲线才有交点,才出现奇宇称态的解。

2.3.3　一维线性谐振子

1. 线性谐振子

如果在一维空间内运动的粒子的势能为 $m\omega^2 x^2 / 2$,ω 为常数,则这种体系就称为线性谐振子。这个问题的重要性在于,许多粒子体系都可以近似地看作线性谐振子。例如,双原子分子之间的势能 U 是两原子距离的函数,其形状如图 2.10 所示。在 $x = a$ 处,势能有一极小值,这是一个平衡点。在这点附近,U 可近似展开成 $(x-a)$ 的级数,又因为在 $x = a$ 处,$\partial U / \partial x = 0$,所以 U 可以近似地写成

$$U = U_0 + \frac{k\,(x-a)^2}{2}, \quad k = \frac{\partial^2 U}{\partial x^2}\bigg|_{x=a}$$

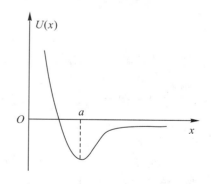

图 2.10　两原子的势能曲线

式中,k 和 U_0 都是常量。在物理上,任何连续振动的体系,都可以等价地看成是无穷多个谐振子的集合。辐射场可以看成是无穷多个谐振子发出的简谐波的叠加。固体中的晶格振动,原子核的表面振动,分子与分子间的互作用势,这些势场在平衡点附近的展开精确到二阶后,都涉及谐振子。谐振子的讨论在量子力学中是非常重要的,它有许多实际应用。

2. 一维线性谐振子的本征值和本征函数

选取适当的坐标系，使粒子的势能为 $m\omega^2 x^2/2$，则定态薛定谔方程为

$$\frac{\hbar^2}{2m}\frac{\mathrm{d}^2\phi(x)}{\mathrm{d}x^2} + \left(E - \frac{m\omega^2}{2}x^2\right)\phi(x) = 0 \tag{2.3.32}$$

为方便起见，引入无量纲的变量 ξ 代替 x，它们的关系是

$$\xi = \sqrt{\frac{m\omega}{\hbar}}x = \alpha x, \quad \alpha = \sqrt{\frac{m\omega}{\hbar}} \tag{2.3.33}$$

令

$$\lambda = \frac{2E}{\hbar\omega} \tag{2.3.34}$$

方程(2.3.32)化为

$$\frac{\mathrm{d}^2\phi(\xi)}{\mathrm{d}\xi^2} + (\lambda - \xi^2)\phi(\xi) = 0 \tag{2.3.35}$$

根据解的有限性要求，可以证明式(2.3.35)的解具有如下形式：

$$\phi(\xi) = \exp\left(\frac{-\xi^2}{2}\right)H(\xi) \tag{2.3.36}$$

式中，待求的函数 $H(\xi)$ 在 ξ 为有限值时应为有限，而当 $\xi \to \pm\infty$ 时，$H(\xi)$ 的取值必须保证 $\phi(\xi)$ 有限，只有这样才能满足波函数标准条件的要求。

将上式代入式(2.3.35)，得到 $H(\xi)$ 满足的方程为

$$\frac{\mathrm{d}^2H(\xi)}{\mathrm{d}\xi^2} - 2\xi\frac{\mathrm{d}H(\xi)}{\mathrm{d}\xi} + (\lambda - 1)H(\xi) = 0 \tag{2.3.37}$$

采用级数解法，求解这个方程。这个级数必须只含有限项，才能在 $\xi \to \pm\infty$ 时，使 $\phi(\xi)$ 有限；而级数只含有限项的条件是 λ 为奇数，即

$$\lambda = 2n + 1, \quad n = 0, 1, 2, \cdots \tag{2.3.38}$$

代入式(2.3.34)，可求得线性谐振子的能级为

$$E_n = \hbar\omega\left(n + \frac{1}{2}\right), \quad n = 0, 1, 2, \cdots \tag{2.3.39}$$

因此，线性谐振子的能量只能取分立值。两能级间的间隔均为 $\hbar\omega$：

$$E_{n+1} - E_n = \hbar\omega \tag{2.3.40}$$

这和普朗克假设一致。振子的基态($n = 0$)能量

$$E_0 = \hbar\omega/2 \tag{2.3.41}$$

称为零点能。

对应于式(2.3.38)中不同的 n 或不同的 λ，方程(2.3.37)有不同的解 $H_n(\xi)$。$H_n(\xi)$ 称为厄密多项式，它可以用下式表示：

$$H_n(\xi) = (-1)^n \exp(\xi^2)\frac{\mathrm{d}^n}{\mathrm{d}\xi^n}\exp(-\xi^2) \tag{2.3.42}$$

由上式可以得出 $H_n(\xi)$ 满足下列递推关系：

$$\frac{\mathrm{d}H_n(\xi)}{\mathrm{d}\xi} = 2nH_{n-1}(\xi) \tag{2.3.43}$$

$$H_{n+1}(\xi) - 2\xi H(\xi) + 2nH_{n-1}(\xi) = 0 \tag{2.3.44}$$

前面几个厄密多项式分别是：

$$H_0 = 1, \quad H_1 = 2\xi$$
$$H_2 = 4\xi^2 - 2, \quad H_3 = 8\xi^3 - 12\xi$$
$$H_4 = 16\xi^4 - 48\xi^2 + 12 \tag{2.3.45}$$
$$H_5 = 32\xi^5 - 160\xi^3 + 120\xi$$

由式(2.3.36)，对应于能量 E_n 的波函数是

$$\phi_n(\xi) = N_n \exp\left(\frac{-\xi^2}{2}\right) H_n(\xi)$$

或

$$\phi_n(x) = N_n \exp\left(\frac{-\alpha^2 x^2}{2}\right) H_n(\alpha x) \tag{2.3.46}$$

这个函数称为厄密函数。式中，N_n 为归一化系数，满足：

$$N_n = \left(\frac{\alpha}{\sqrt{\pi}\, 2^n n!}\right)^{1/2} \tag{2.3.47}$$

相应的几个谐振子波函数是：

$$\phi_0 = \frac{\sqrt{\alpha}}{\sqrt{\pi}} \exp\left(\frac{-\alpha^2 x^2}{2}\right)$$
$$\phi_1 = \frac{\sqrt{2\alpha}}{\sqrt{\pi}} \alpha x \exp\left(\frac{-\alpha^2 x^2}{2}\right)$$
$$\phi_2 = \frac{1}{\sqrt{\sqrt{\pi}}} \sqrt{\frac{\alpha}{2}} (2\alpha^2 x^2 - 1) \exp\left(\frac{-\alpha^2 x^2}{2}\right) \tag{2.3.48}$$
$$\phi_3 = \frac{\sqrt{3\alpha}}{\sqrt{\sqrt{\pi}}} \left(\frac{2}{3}\alpha^2 x^2 - 1\right) \exp\left(\frac{-\alpha^2 x^2}{2}\right)$$

　　图 2.11 是线性谐振子在低能级状态时的波函数 $\phi_n(x)$ 及其概率 $|\phi_n(x)|^2$ 分布图。图中势能用虚线画出，它是一条抛物线。束缚态的能谱用右边的水平线表示。这些水平线在右边画成短线，用这些短虚线分别作为图 2.11(a) 中 $\phi_n(x)$ 的零线和图 2.11(b) 中 $|\phi_n(x)|^2$ 的零线。

　　由图及式(2.3.45)都可以看出，$\psi_n(x)$ 在有限范围内与 x 轴相交 n 次，即 $\phi_n(x) = 0$ 有 n 个根，或者说 $\phi_n(x)$ 有 n 个节点。

　　图 2.11(b) 的实线表示线性谐振子不同状态的几率密度。下面把它和经典情况做一比较。

　　在经典力学中，在 $x \to x + \mathrm{d}x$ 中找到质点的几率与在 $\mathrm{d}x$ 区间中粒子逗留的时间 $\mathrm{d}t$ 成正比，即有

$$w(x)\mathrm{d}x = c\mathrm{d}t$$
$$w(x) = \frac{c}{\mathrm{d}x/\mathrm{d}t} = \frac{c}{v}$$

对于谐振子，$x = a\sin(\omega t + \delta)$，在 x 点的速率为

$$v = \frac{\mathrm{d}x}{\mathrm{d}t} = a\omega\cos(\omega t + \delta) = a\omega \left(1 - \frac{x^2}{a^2}\right)^{1/2}$$

即 $w(x)$ 与 $\left(1 - \dfrac{x^2}{a^2}\right)^{1/2}$ 成正比。图 2.12 画出了 $n = 10$ 时的 $|\phi_n(x)|^2$ 及其与经典的对比。

虚线表示几率密度。由图可见，量子情况和经典情况的区别仅仅在于其 $|\phi_n(x)|^2$ 绕平均值迅速振动。在 n 越大时，经典的几率密度与量子的几率密度相似。

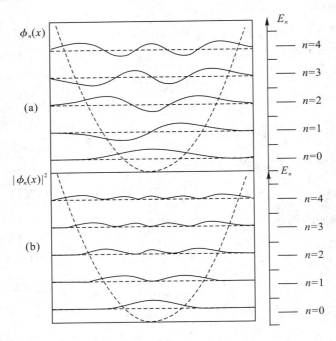

图 2.11　谐振子的波函数和能级图

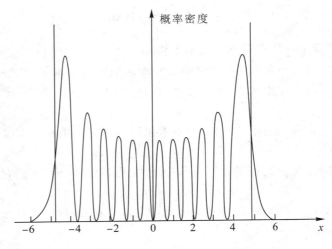

图 2.12　$n=10$ 时线性谐振子的概率密度

2.3.4　势垒贯穿

考虑在一维空间中运动的粒子，它的势能在有限区域 $0 < x < a$ 内等于常量 U_0（$U_0 > 0$），而在这区域外面等于零，即

$$\left.\begin{aligned} U(x) = U_0, \quad & 0 < x < a \\ U(x) = 0, \quad & x < 0, x > a \end{aligned}\right\} \tag{2.3.49}$$

我们称这种势场为方形势垒,如图 2.13 所示。具有一定能量 E 的粒子由势垒左方($x<0$)向右运动。在经典力学中,只有能量 E 大于 U_0 的粒子才能跃过势垒运动到 $x>a$ 的区域;能量小于 U_0 的粒子运动到势垒左方边缘($x=0$ 处)时被势垒反射回去,不能透过势垒。在量子力学中,情况却不是这样。下面我们将看到,能量大于 U_0 的粒子有可能跃过势垒,但也有可能被反射回来;而能量 E 小于 U_0 的粒子有可能被势垒反射回来,也有可能贯穿势垒而运动到势垒右边 $x>a$ 的区域中去。

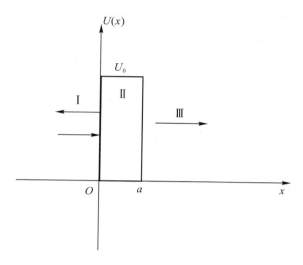

图 2.13　一维方形势垒

下面分两种情况讨论:入射粒子能量 $E>U_0$ 和 $E<U_0$。

当 $E>U_0$ 时,因为在势垒左边、右边和势垒区有不同的粒子的波函数 $U(x)$,应当在这三个区域分别解定态方程。设势垒在这三个区域的定态波函数分别为 ϕ_1、ϕ_2、ϕ_3,有

$$\frac{\mathrm{d}^2\phi_1(x)}{\mathrm{d}x^2} + \frac{2m}{\hbar^2}E\phi_1(x) = 0 \qquad (x<0) \tag{2.3.50a}$$

$$\frac{\mathrm{d}^2\phi_2(x)}{\mathrm{d}x^2} - \frac{2m}{\hbar^2}(U_0-E)\phi_2(x) = 0 \qquad (0\leqslant x\leqslant a) \tag{2.3.50b}$$

$$\frac{\mathrm{d}^2\phi_3(x)}{\mathrm{d}x^2} + \frac{2m}{\hbar^2}E\phi_3(x) = 0 \qquad (x>a) \tag{2.3.50c}$$

令

$$k_1 = \left(\frac{2mE}{\hbar^2}\right)^{1/2}, \ k_2 = \left(\frac{2m(E-U_0)}{\hbar^2}\right)^{1/2} \tag{2.3.51}$$

式(2.3.51)的三个方程可改写为

$$\frac{\mathrm{d}^2\phi_1(x)}{\mathrm{d}x^2} + k_1^2 E\phi_1(x) = 0 \qquad (x<0) \tag{2.3.52a}$$

$$\frac{\mathrm{d}^2\phi_2(x)}{\mathrm{d}x^2} + k_2^2\phi_2(x) = 0 \qquad (0\leqslant x\leqslant a) \tag{2.3.52b}$$

$$\frac{\mathrm{d}^2\phi_3(x)}{\mathrm{d}x^2} + k_1^2 E\phi_3(x) = 0 \qquad (x>a) \tag{2.3.52c}$$

这三个方程的通解分别为

$$\phi_1(x) = A\exp(\mathrm{i}k_1 x) + A'\exp(-\mathrm{i}k_1 x) \qquad (2.3.53)$$

$$\phi_2(x) = B\exp(\mathrm{i}k_2 x) + B'\exp(-\mathrm{i}k_2 x) \qquad (2.3.54)$$

$$\phi_3(x) = C\exp(\mathrm{i}k_1 x) + C'\exp(-\mathrm{i}k_1 x) \qquad (2.3.55)$$

再用 $\exp(-\mathrm{i}Et/\hbar)$ 乘上面三式可分别得到各自区域的完整波函数。将完整波函数与自由粒子波函数对比，可知 ϕ_1、ϕ_2、ϕ_3 的第一项分别对应该区域内沿 $+x$ 方向传播的平面波，第二项分别对应于该区域内沿 $-x$ 方向传播的平面波。

下面用波函数所满足的标准条件和边界条件确定三个定态波函数中的 6 个积分常数。当入射粒子到达区域Ⅲ以后，不会再有反射波，因此应有 $C' = 0$，所以

$$\phi_3(x) = C\exp(\mathrm{i}k_1 x) \qquad (2.3.56)$$

在界面 $x = 0$ 和 $x = a$ 处，波函数及其一级导数应当连续。在 $x = 0$ 处应有

$$\phi_1(0) = \phi_2(0), \qquad \phi_1'(0) = \phi_2'(0)$$

由以上两式可得

$$A + A' = B + B', \qquad k_1 A - k_1 A' = k_2 B - k_2 B'$$

在 $x = a$ 处，类似可得

$$B\exp(\mathrm{i}k_2 a) + B'\exp(-\mathrm{i}k_2 a) = C\exp(\mathrm{i}k_1 a)$$

$$k_2 B\exp(\mathrm{i}k_2 a) - k_2 B'\exp(-\mathrm{i}k_2 a) = k_1 C\exp(\mathrm{i}k_1 a)$$

由上两式解得

$$A' = \frac{2\mathrm{i}(k_1^2 - k_2^2)\sin k_2 a}{(k_1 - k_2)^2 \exp(\mathrm{i}k_2 a) - (k_1 + k_2)^2 \exp(-\mathrm{i}k_2 a)} A \qquad (2.3.57)$$

$$C = \frac{4k_1 k_2 \exp(-\mathrm{i}k_1 a)}{(k_1 + k_2)^2 \exp(\mathrm{i}k_2 a) - (k_1 - k_2)^2 \exp(-\mathrm{i}k_2 a)} A \qquad (2.3.58)$$

将入射波 $A\exp(\mathrm{i}k_1 x)$、透射波 $C\exp(\mathrm{i}k_1 x)$ 和反射波 $A'\exp(-\mathrm{i}k_1 x)$ 依次代换式(2.3.54)中的 ψ，得到入射波、透射波和反射波的几率密度分别为

$$J = \frac{\mathrm{i}\hbar}{2m}\left\{ A\exp(\mathrm{i}k_1 x)\frac{\mathrm{d}}{\mathrm{d}x}[A^*\exp(-\mathrm{i}k_1 x)] - A^*\exp(-\mathrm{i}k_1 x)\frac{\mathrm{d}}{\mathrm{d}x}[A\exp(\mathrm{i}k_1 x)] \right\}$$

$$= \frac{\hbar k_1}{m}|A|^2$$

透射波的几率密度为

$$J_\mathrm{D} = \frac{\hbar k_1}{m}|C|^2$$

反射波的几率密度为

$$J_\mathrm{R} = -\frac{\hbar k_1}{m}|A'|^2$$

定义透射波几率密度与入射波几率密度之比为透射系数 D，由上面的结果得

$$D = \frac{J_\mathrm{D}}{J} = \frac{|C|^2}{|A|^2} = \frac{4(k_1 k_2)^2}{(k_1^2 - k_2^2)^2 \sin^2 k_2 a + 4(k_1 k_2)^2} \qquad (2.3.59)$$

定义反射波几率密度与入射波几率密度之比为反射系数 R，则

$$R = \frac{J_R}{J} = \frac{|A'|^2}{|A|^2} = \frac{(k_1^2 - k_2^2)^2 \sin^2 k_2 a}{(k_1^2 - k_2^2)^2 \sin^2 k_2 a + 4(k_1 k_2)^2} = 1 - D \qquad (2.3.60)$$

可见，入射粒子的能量 $E > U_0$ 时，入射粒子的一部分 D 透过势垒区进入 $x > a$ 的空间，入射粒子的另一部分 R 在势垒边缘被反射回去。$E > U_0$ 时，粒子会受到势垒反射是经典力学解释不了的。但是，如果承认粒子同时具有波动性，波遇到物理性质不同的交界面必然受到反射，就不难理解了。

下面再来讨论 $E < U_0$ 时的情形，这时 k_2 是虚数，令

$$k_2 = i k_3 = i \left(\frac{2m(U_0 - E)}{\hbar^2} \right)^{1/2}, \quad k_3 = \left(\frac{2m(U_0 - E)}{\hbar^2} \right)^{1/2} \qquad (2.3.61)$$

则 k_3 是实数，将 $E > U_0$ 时解 ϕ_2 中的 k_2 换成 $i k_3$，就得到 $E < U_0$ 时势垒区的解：

$$\phi_2(x) = B \exp(k_3 x) + B' \exp(-k_3 x) \qquad (2.3.62)$$

ϕ_1 和 ϕ_2 与 $E > U_0$ 时的函数形式相同：

$$\phi_1(x) = A \exp(i k_1 x) + A' \exp(-i k_1 x) \qquad (2.3.63)$$

$$\phi_3(x) = C \exp(i k_1 x) + C' \exp(-i k_1 x) \qquad (2.3.64)$$

经过简单运算后，得到

$$C = \frac{2 i k_1 k_3 \exp(-i k_1 a)}{(k_1^2 - k_3^2) \mathrm{sh} k_3 a + 2 i k_1 k_3 \mathrm{ch} k_3 a} A \qquad (2.3.65)$$

式中，sh 和 ch 分别是双曲正弦函数和双曲余弦函数，其值为

$$\mathrm{sh} x = \frac{\exp(x) - \exp(-x)}{2}, \quad \mathrm{ch} x = \frac{\exp(x) + \exp(-x)}{2}$$

透射系数 D 为

$$D = \frac{J_D}{J} = \frac{|C|^2}{|A|^2} = \frac{4(k_1 k_3)^2}{(k_1^2 + k_3^2)^2 \mathrm{sh}^2 k_3 a + 4(k_1 k_3)^2} \qquad (2.3.66)$$

如果粒子的能量很小，以致 $k_3 a \gg 1$，则 $\exp(k_3 a) \gg \exp(-k_3 a)$，$\mathrm{sh}^2 k_3 a$ 可以近似地用 $\exp(2k_3 a)/4$ 代替：

$$\mathrm{sh}^2 k_3 a = \left(\frac{\exp(k_3 a) - \exp(-k_3 a)}{2} \right) \approx \frac{\exp(2 k_3 a)}{4}$$

于是式(2.3.66)可近似改写为

$$D = \frac{4}{\frac{1}{4} \left(\frac{k_1}{k_3} + \frac{k_3}{k_1} \right)^2 \exp(2 k_3 a) + 4}$$

因为 k_1 和 k_3 同数量级，$k_3 a \gg 1$ 时，$\exp(2 k_3 a) \gg 4$，上式可改写为

$$\begin{aligned}
D &= \frac{16 k_1 k_3}{(k_1^3 + k_3^2)^2} \exp(-2 k_3 a) \\
&= D_0 \exp(-2 k_3 a) = D_0 \exp\left(-\frac{2}{\hbar} \sqrt{2m(U_0 - E)} \, a \right) \\
&= \frac{16 E(U_0 - E)}{U_0^2} \exp\left(-\frac{2}{\hbar} \sqrt{2m(U_0 - E)} \, a \right) \qquad (2.3.67)
\end{aligned}$$

可见，$E \ll U_0$ 时，粒子的透射系数随势垒宽度的增加而下降。

为了对透射系数的数量级有较具体的概念，我们对电子进行计算：$m_e = 9.11 \times 10^{-31}$ kg，$\hbar = 1.1 \times 10^{-35}$ J·s，令 $U_0 - E = 5$ eV $= 8 \times 10^{-19}$ J，则由式(2.3.66)对不同势垒宽度，透射系数的数量级见表 2.1。

表 2.1　透射系数的数量级

a/nm	0.1	0.2	0.5	1
D	0.1	1.2×10^{-2}	1.7×10^{-3}	3.0×10^{-10}

由此可见，当势垒宽度 a 为 0.1 nm(原子线度)时，透射系数相当大；而 $a = 1$ nm 时，透射系数就非常小了。

粒子能量 E 小于势垒高度时仍能贯穿势垒的现象，称为隧道效应(见图 2.14)。隧道效应用经典力学很难解释。它完全是由于微观粒子具有波动的性质而来的。隧道效应的主要应用是扫描隧道显微镜(SEM)。

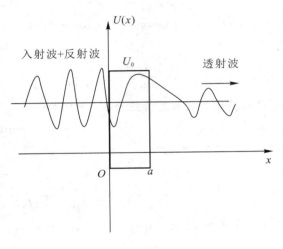

图 2.14　隧道效应

2.4　中心力场问题的薛定谔方程的求解

2.4.1　动量算符、角动量算符

1. 动量算符

动量算符的本征方程是

$$\frac{\hbar}{i} \nabla \psi_p(\boldsymbol{r}) = \boldsymbol{p} \psi_p(\boldsymbol{r}) \tag{2.4.1}$$

式中，$\boldsymbol{p}$ 是动量算符的本征值，$\psi_p(\boldsymbol{r})$ 是属于这个本征值的本征函数。上式的三个分量方程是

$$\frac{\hbar}{\mathrm{i}}\frac{\partial}{\partial x}\psi_{\mathrm{p}}(\boldsymbol{r}) = p_x\psi_{\mathrm{p}}(\boldsymbol{r})$$
$$\frac{\hbar}{\mathrm{i}}\frac{\partial}{\partial y}\psi_{\mathrm{p}}(\boldsymbol{r}) = p_y\psi_{\mathrm{p}}(\boldsymbol{r}) \qquad (2.4.2)$$
$$\frac{\hbar}{\mathrm{i}}\frac{\partial}{\partial z}\psi_{\mathrm{p}}(\boldsymbol{r}) = p_z\psi_{\mathrm{p}}(\boldsymbol{r})$$

它们的解是

$$\psi_{\mathrm{p}}(\boldsymbol{r}) = C\exp\left(\frac{\mathrm{i}}{\hbar}\boldsymbol{p}\cdot\boldsymbol{r}\right) \qquad (2.4.3)$$

式中，C 是归一化常数。在周期性边界条件下，$C = V^{-3/2}$，V 是粒子所在空间的体积。本征函数为

$$\psi_{\mathrm{p}}(\boldsymbol{r}) = \frac{1}{V^{3/2}}\exp\left(\frac{\mathrm{i}}{\hbar}\boldsymbol{p}\cdot\boldsymbol{r}\right) \qquad (2.4.4)$$

2. 角动量算符

角动量算符 $\hat{\boldsymbol{L}} = \hat{\boldsymbol{r}}\times\hat{\boldsymbol{p}}$ 在直角坐标系中的三个分量是

$$\hat{L}_x = y\hat{p}_z - z\hat{p}_y = \frac{\hbar}{\mathrm{i}}\left(y\frac{\partial}{\partial z} - z\frac{\partial}{\partial y}\right)$$
$$\hat{L}_y = z\hat{p}_x - x\hat{p}_z = \frac{\hbar}{\mathrm{i}}\left(z\frac{\partial}{\partial x} - x\frac{\partial}{\partial z}\right) \qquad (2.4.5)$$
$$\hat{L}_z = x\hat{p}_y - y\hat{p}_x = \frac{\hbar}{\mathrm{i}}\left(x\frac{\partial}{\partial y} - y\frac{\partial}{\partial x}\right)$$

角动量平方算符是

$$\hat{L}^2 = \hat{L}_x^2 + \hat{L}_y^2 + \hat{L}_z^2 = -\hbar^2\left[\left(y\frac{\partial}{\partial z} - z\frac{\partial}{\partial y}\right)^2 + \left(z\frac{\partial}{\partial x} - x\frac{\partial}{\partial z}\right)^2 + \left(x\frac{\partial}{\partial y} - y\frac{\partial}{\partial x}\right)^2\right]$$
$$(2.4.6)$$

为了讨论角动量算符的本征值方程，我们把这些算符用球极坐标来表示。注意到，直角坐标 x、y、z 和球极坐标 r、θ、φ 之间的关系为

$$x = r\sin\theta\cos\varphi, \ y = r\sin\theta\sin\varphi, \ z = r\cos\theta$$
$$r^2 = x^2 + y^2 + z^2, \ \cos\theta = \frac{z}{r}, \ \tan\varphi = \frac{y}{x} \qquad (2.4.7)$$

将 $r^2 = x^2 + y^2 + z^2$ 两边对 x、y、z 求偏导数，得

$$\frac{\partial r}{\partial x} = \frac{x}{r} = \sin\theta\cos\varphi$$
$$\frac{\partial r}{\partial y} = \frac{y}{r} = \sin\theta\sin\varphi$$
$$\frac{\partial r}{\partial z} = \frac{z}{r} = \cos\theta$$

将 $\cos\theta = z/r$ 两边对 x 求偏导数，得

$$\frac{\partial\theta}{\partial x} = \frac{1}{\sin\theta}\frac{z}{r^2}\frac{\partial r}{\partial x} = \frac{1}{r}\cos\theta\cos\varphi$$

同样地，有

$$\frac{\partial \theta}{\partial y} = \frac{1}{r}\cos\theta\sin\varphi, \qquad \frac{\partial \theta}{\partial z} = \frac{1}{r}\sin\theta$$

将 $\tan\varphi = \dfrac{y}{x}$ 两边对 x 求偏导数，得

$$\frac{\partial \varphi}{\partial x} = \frac{1}{\sec^2\varphi}\frac{y}{x^2} = \frac{\sin\varphi}{r\sin\theta}$$

同样地，有

$$\frac{\partial \varphi}{\partial y} = \frac{\cos\varphi}{r\sin\theta}, \qquad \frac{\partial \varphi}{\partial z} = 0$$

利用这些关系可以求得

$$\frac{\partial}{\partial x} = \frac{\partial r}{\partial x}\frac{\partial}{\partial r} + \frac{\partial \theta}{\partial x}\frac{\partial}{\partial \theta} + \frac{\partial \varphi}{\partial x}\frac{\partial}{\partial \varphi}$$

$$= \sin\theta\cos\varphi\frac{\partial}{\partial r} + \frac{1}{r}\cos\theta\cos\varphi\frac{\partial}{\partial \theta} - \frac{1}{r}\frac{\sin\varphi}{\sin\theta}\frac{\partial}{\partial \varphi} \tag{2.4.8a}$$

$$\frac{\partial}{\partial y} = \frac{\partial r}{\partial y}\frac{\partial}{\partial r} + \frac{\partial \theta}{\partial y}\frac{\partial}{\partial \theta} + \frac{\partial \varphi}{\partial y}\frac{\partial}{\partial \varphi}$$

$$= \sin\theta\sin\varphi\frac{\partial}{\partial r} + \frac{1}{r}\cos\theta\sin\varphi\frac{\partial}{\partial \theta} + \frac{1}{r}\frac{\cos\varphi}{\sin\theta}\frac{\partial}{\partial \varphi} \tag{2.4.8b}$$

$$\frac{\partial}{\partial z} = \frac{\partial r}{\partial z}\frac{\partial}{\partial r} + \frac{\partial \theta}{\partial z}\frac{\partial}{\partial \theta} + \frac{\partial \varphi}{\partial z}\frac{\partial}{\partial \varphi}$$

$$= \cos\theta\frac{\partial}{\partial r} - \frac{1}{r}\sin\theta\frac{\partial}{\partial \theta} \tag{2.4.8c}$$

将式(2.4.8)代入式(2.4.5)和式(2.4.6)，得到用球极坐标表示的 $\hat{L}_x$、$\hat{L}_y$、$\hat{L}_z$、$\hat{L}^2$ 的式子：

$$\left.\begin{aligned}
\hat{L}_x &= i\hbar\left(\sin\varphi\frac{\partial}{\partial \theta} + \cot\theta\cos\varphi\frac{\partial}{\partial \varphi}\right) \\
\hat{L}_y &= -i\hbar\left(\cos\varphi\frac{\partial}{\partial \theta} - \cot\theta\sin\varphi\frac{\partial}{\partial \varphi}\right) \\
\hat{L}_z &= -i\hbar\frac{\partial}{\partial \varphi} \\
\hat{L}^2 &= -\hbar^2\left[\frac{1}{\sin\theta}\frac{\partial}{\partial \theta}\left(\sin\theta\frac{\partial}{\partial \theta}\right) + \frac{1}{\sin^2\theta}\frac{\partial^2}{\partial \varphi^2}\right]
\end{aligned}\right\} \tag{2.4.9}$$

由上式，$\hat{L}^2$ 的本征方程可写为

$$-\hbar^2\left[\frac{1}{\sin\theta}\frac{\partial}{\partial \theta}\left(\sin\theta\frac{\partial}{\partial \theta}\right) + \frac{1}{\sin^2\theta}\frac{\partial^2}{\partial \varphi^2}\right]Y(\theta, \varphi) = -\lambda\hbar^2 Y(\theta, \varphi) \tag{2.4.10}$$

可以证明：式(2.4.10)的本征值是 $l(l+1)\hbar^2$，所属的本征函数是球函数 $Y_{lm}(\theta, \varphi)$，即

$$\hat{L}^2 Y_{lm}(\theta, \varphi) = l(l+1)\hbar^2 Y_{lm}(\theta, \varphi) \tag{2.4.11}$$

$$l = 0, 1, 2, \cdots; \ m = -l, -l, \cdots, -1, 0, 1, 2, \cdots, l$$

因为 l 表征角动量的大小，所以称为角量子数，m 则称为磁量子数。由上式可知，对应于一个 l 的值，m 可以取 $(2l+1)$ 个值，因而对应于 $\hat{L}^2$ 的一个本征值 $l(l+1)\hbar^2$，有 $(2l+1)$ 个不同的本征函数 $Y_{lm}(\theta, \varphi)$；就是说，$\hat{L}^2$ 的本征值是 $(2l+1)$ 度简并的。

由式(2.4.9)，有

$$\hat{L}_z Y_{lm}(\theta, \varphi) = m\hbar Y_{lm}(\theta, \varphi) \tag{2.4.12}$$

即在 $Y_{lm}(\theta, \varphi)$ 中，体系角动量在 z 轴方向的投影是

$$L_z = m\hbar$$

一般称 $l=0$ 的态为 s 态，$l=1, 2, \cdots$ 的态依次为 p，d，f $\cdots$ 态。处于这些态的粒子依次称为 s，p，d，f $\cdots$ 粒子。

下面列出前面几个球函数：

$$Y_{00} = \frac{1}{\sqrt{4\pi}}$$

$$Y_{11} = \sqrt{\frac{3}{8\pi}} \sin\theta \exp(i\varphi)$$

$$Y_{10} = \sqrt{\frac{3}{4\pi}} \cos\theta$$

$$Y_{1-1} = \sqrt{\frac{3}{8\pi}} \sin\theta \exp(-i\varphi)$$

$$Y_{22} = \sqrt{\frac{15}{32\pi}} \sin^2\theta \exp(2i\varphi)$$

$$Y_{21} = -\sqrt{\frac{15}{8\pi}} \sin\theta \cos\theta \exp(i\varphi)$$

$$Y_{20} = \sqrt{\frac{5}{16\pi}} (3\cos^2\theta - 1)$$

$$Y_{2-1} = \sqrt{\frac{15}{8\pi}} \sin\theta \cos\theta \exp(-i\varphi)$$

$$Y_{2-2} = \sqrt{\frac{15}{32\pi}} \sin^2\theta \exp(-2i\varphi)$$

2.4.2　电子在库仑场中的运动

考虑一个电子在带正电的原子核所产生的电场中运动。电子的质量为 m，带一电荷 $-e$，原子核的电荷是 $+Ze$；$Z=1$ 时，这个体系就是氢原子；$Z>1$ 时，体系称为类氢原子，如 He^+($Z=2$)、Li^{++}($Z=3$)等。

取核为坐标原点，则电子受核吸引的势能为 $U(r) = -\dfrac{Ze^2}{4\pi\varepsilon_0 r}$，$r$ 是电子到原子核的距离。于是体系的哈密顿算符可写为

$$\hat{H} = -\frac{\hbar^2}{2m}\nabla^2 - \frac{Ze_s^2}{r} \tag{2.4.13}$$

$$e_s = e(4\pi\varepsilon_0)^{-1/2}$$

哈密顿算符的本征方程可写为

$$\left(-\frac{\hbar^2}{2m}\nabla^2 - \frac{Ze_s^2}{r}\right)\psi(r, \theta, \varphi) = E\psi(r, \theta, \varphi) \tag{2.4.14}$$

在球极坐标中的形式是

$$-\frac{\hbar^2}{2mr^2}\left[\frac{\partial}{\partial r}\left(r^2\frac{\partial}{\partial r}\right)+\frac{1}{\sin\theta}\frac{\partial}{\partial\theta}\left(\sin\theta\frac{\partial}{\partial\theta}\right)+\frac{1}{\sin^2\theta}\frac{\partial^2}{\partial\varphi^2}\right]\psi-\frac{Ze_s^2}{r}\psi=E\psi \quad (2.4.15)$$

设

$$\psi(r,\theta,\varphi)=R(r)Y(\theta,\varphi) \quad (2.4.16)$$

其中，$R(r)$ 仅是 r 的函数，$Y(\theta,\varphi)$ 仅是 θ,φ 的函数。将式(2.4.16)代入式(2.4.15)中，并以 $-\frac{\hbar^2}{2mr^2}R(r)Y(\theta,\varphi)$ 除方程两边，移项后得到

$$\frac{1}{R}\left[\frac{d}{dr}\left(r^2\frac{dR}{dr}\right)+\frac{2mr^2}{\hbar^2}\left(E+\frac{Ze_s^2}{r}\right)\right]$$

$$=-\frac{1}{Y}\left[\frac{1}{\sin\theta}\frac{\partial}{\partial\theta}\left(\sin\theta\frac{\partial Y}{\partial\theta}\right)+\frac{1}{\sin^2\theta}\frac{\partial^2 Y}{\partial\varphi^2}\right] \quad (2.4.17)$$

这个方程的左边仅是 r 的函数，右边仅是 θ,φ 的函数，而 r,θ,φ 都是独立的变量，所以只有当等式两边都等于同一个常数时，等式(2.4.17)才能成立。以 λ 表示这个常数，则式(2.4.17)分离为两个方程

$$\frac{1}{r^2}\frac{d}{dr}\left(r^2\frac{dR}{dr}\right)+\left[\frac{2m}{\hbar^2}\left(E+\frac{Ze_s^2}{r}\right)-\frac{\lambda}{r^2}\right]R=0 \quad (2.4.18)$$

$$\frac{1}{\sin\theta}\frac{\partial}{\partial\theta}\left(\sin\theta\frac{\partial Y}{\partial\theta}\right)+\frac{1}{\sin^2\theta}\frac{\partial^2 Y}{\partial\varphi^2}=-\lambda Y \quad (2.4.19)$$

式(2.4.18)称为径向方程。由上一节的学习知道，方程(2.4.19)的本征值为

$$\lambda=l(l+1),\quad l=0,1,2,\cdots$$

本征函数为球函数 $Y_{lm}(\theta,\varphi)$。

将本征值代入径向方程式(2.4.6)，得到

$$\frac{1}{r^2}\frac{d}{dr}\left(r^2\frac{dR}{dr}\right)+\left[\frac{2m}{\hbar^2}\left(E+\frac{Ze_s^2}{r}\right)-\frac{l(l+1)}{r^2}\right]R=0 \quad (2.4.20)$$

这个方程的求解比较复杂，下面只介绍结果。

当 $E>0$ 时，对于任何大于零的 E 值，方程式(2.4.20)都有符合波函数标准条件的解，即电子的能量 E 可取任何大于零的连续值，这相当于电子被电离的情况。

当 $E<0$ 时，电子能量只能取下列量子化值：

$$E_n=-\frac{mZ^2e_s^4}{2\hbar^2n^2},\ n=1,2,3,\cdots \quad (2.4.21)$$

时，方程式(2.4.20)才有符合波函数标准条件的解，且对一定的 n 值，量子数 l 只能取下列 n 个值：

$$l=0,1,2,\cdots,(n-1) \quad (2.4.22)$$

由式(2.4.21)知，电子能量只与量子数 n 有关，与 l,m 无关，n 称为主量子数。相应于 E_n 的径向波函数为

$$R_{nl}(r)=N_{nl}\exp\left(-\frac{Zr}{na_0}\right)\left(\frac{2Z}{na_0}r\right)^l L_{n+l}^{2l+1}\left(\frac{2Z}{na_0}r\right) \quad (2.4.23)$$

$$a_0=\frac{4\pi\hbar^2\varepsilon_0}{me^2} \quad (2.4.24)$$

式中，a_0 称为玻尔第一轨道半径。$L_{n+l}^{2l+1}\left(\frac{2Z}{na_0}r\right)$ 称为缔合拉盖尔多项式，式中，N_{nl} 为 $R_{nl}(r)$

的归一化因子，由下式决定：

$$\int_0^\infty R_{nl}^2(r)r^2\,\mathrm{d}r = 1$$

将式(2.4.23)代入上式可得

$$N_{nl} = -\left\{\left(\frac{2Z}{na_0}\right)^3\frac{(n-l-1)!}{2n\left[(n+l)!\right]^3}\right\}^{1/2}$$

下面是前几个径向函数 $R_{nl}(r)$：

$$R_{10}(r) = \left(\frac{Z}{a_0}\right)^{3/2}2\exp\left(-\frac{Zr}{a_0}\right)$$

$$R_{20}(r) = \left(\frac{Z}{2a_0}\right)^{3/2}\left(2-\frac{Zr}{a_0}\right)\exp\left(-\frac{Zr}{2a_0}\right)$$

$$R_{21}(r) = \left(\frac{Z}{2a_0}\right)^{3/2}\left(\frac{Zr}{a_0\sqrt{3}}\right)\exp\left(-\frac{Zr}{2a_0}\right)$$

$$R_{30}(r) = \left(\frac{Z}{3a_0}\right)^{3/2}\left[2-\frac{4Zr}{3a_0}+\frac{4}{27}\left(\frac{Zr}{a_0}\right)^2\right]\exp\left(-\frac{Zr}{3a_0}\right)$$

$$R_{31}(r) = \left(\frac{2Z}{a_0}\right)^{3/2}\left(\frac{2}{27\sqrt{3}}-\frac{4Zr}{81\sqrt{3}\,a_0}\right)\frac{Zr}{a_0}\exp\left(-\frac{Zr}{3a_0}\right)$$

$$R_{32}(r) = \left(\frac{2Z}{a_0}\right)^{3/2}\frac{1}{81\sqrt{15}}\left(\frac{Zr}{a_0}\right)^2\exp\left(-\frac{Zr}{3a_0}\right)$$

这样氢原子或类氢原子电子的波函数为

$$\psi_{nlm}(r,\theta,\varphi) = R_{nl}(r)Y_{lm}(\theta,\varphi) \tag{2.4.25}$$

处于这个态时电子的能级由式(2.4.21)给出。由于 ψ_{nlm} 与 n,l,m 三个量子数有关，而 E_n 只与 n 有关，所以能级 E_n 是简并的。对应于一个 n,l 可以取 $l=0,1,2,\cdots,n-1$ 等共 n 个值；而且对应于一个 l,m 还可以取 $m=0,\pm1,\pm2,\cdots,\pm l$ 等共 $2l+1$ 个值。l,m 不同，波函数式(2.4.25)也就不同，因此，对应于第 n 个能级 E_n，有

$$\sum_{l=0}^{n-1}(2l+1) = n^2$$

个波函数，电子第 n 个能级是 n^2 度简并的。例如，$n=3$，则能级 E_3 有 9 度简并，有 9 个不同的 ψ_{nlm} 态具有相同的能级 E_3，它们是

$$l=0,\ m=0,\ \psi_{300}$$
$$l=1,\ m=0,\pm1,\ \psi_{31-1},\ \psi_{310},\ \psi_{311}$$
$$l=2,\ m=0,\pm1,\pm2,\ \psi_{32-2},\ \psi_{32-1},\ \psi_{320},\ \psi_{321},\ \psi_{322}$$

令式(2.4.21)中 $Z=1$，得到氢原子中电子的能级为

$$E_n = -\frac{me_s^4}{2\hbar^2n^2},\ n=1,2,3,\cdots \tag{2.4.26}$$

上式右边分母中含有 n^2，所以氢原子电子能量随 n 增加而增加(绝对值减小)，两相邻能级间的距离随 n 增大而减小。当 $n\to\infty$ 时，$E_\infty=0$，电子不再束缚在核的周围，而可以完全脱离原子核，即开始电离时能量 E_∞ 与基态电子能量之差为电离能。氢原子电离能为

$$-E_1 = \frac{me_s^4}{2\hbar^2} = 13.6\ \mathrm{eV}$$

电子由能级 E_n 跃迁到 E_n' 时辐射出光，它的频率为

$$\nu = \frac{E_n - E_n'}{2\pi\hbar} = \frac{me_s^4}{4\pi\hbar^3}\left(\frac{1}{n'^2} - \frac{1}{n^2}\right) = R_H c\left(\frac{1}{n'^2} - \frac{1}{n^2}\right)$$

上式就是氢原子光谱公式。

2.5　微扰理论

　　前面几节介绍了量子力学的基本理论，并用这些理论求解了一些简单的问题。例如一维无限势阱中的运动、线性谐振子的本征值和本征函数，势垒贯穿的问题。

　　对于具体问题的薛定谔方程，像这样可以精确求解的问题是很少的。在经常遇到的许多问题中，由于体系的哈密顿算符比较复杂，往往不能求得精确的解，而只能近似解。因此，量子力学中用来求问题的近似解的方法，就显得非常重要。近似方法通常是从简单问题的精确解出发求比较复杂的近似解，一般可分为两大类：一类用于体系的哈密顿算符不是时间的显函数的情况，讨论的是定态问题；另一类用于体系的哈密顿算符是时间的显函数的情况，讨论的是体系状态之间的跃迁问题。本节将主要讨论定态问题。

2.5.1　非简并微扰理论

　　假设体系的哈密顿算符不显含时间，定态薛定谔方程

$$\hat{H}\psi = E\psi \tag{2.5.1}$$

满足下述条件：

　　(1) $\hat{H}$ 可分解为 $\hat{H}^{(0)}$ 和 $\hat{H}'$ 两部分，$\hat{H}'$ 远小于 $\hat{H}^{(0)}$：

$$\hat{H} = \hat{H}^0 + \hat{H}' \tag{2.5.2}$$

$$\hat{H}' \ll \hat{H}^{(0)} \tag{2.5.3}$$

上式表示，$\hat{H}$ 与 $\hat{H}^{(0)}$ 的差别很小，$\hat{H}'$ 可视为加于 $\hat{H}^{(0)}$ 上的微扰。上式的严格意义将在今后再详细说明。由于 $\hat{H}$ 不显含时间 t，因此无论是 $\hat{H}^{(0)}$ 还是 $\hat{H}'$ 均不显含时间。

　　(2) $\hat{H}^{(0)}$ 的本征值和本征函数都是已知的，即在 $\hat{H}^{(0)}$ 的本征方程

$$\hat{H}^0 \psi_n^0 = E_n^0 \psi_n^0 \tag{2.5.4}$$

中，能级 $E_n^{(0)}$ 及波函数 $\psi_n^{(0)}$ 都是已知的。微扰理论的任务就是从 $\hat{H}^{(0)}$ 的本征值和本征函数出发，近似求出经过微扰 $\hat{H}'$ 后的本征值和本征函数。

　　(3) $\hat{H}^{(0)}$ 的能级无简并，严格说来，是要求通过微扰理论来计算它的修正的那个能级无简并。例如，要通过微扰计算 $\hat{H}'$ 对 $\hat{H}^{(0)}$ 的第 n 个能级 $E_n^{(0)}$ 的修正，就要求 $E_n^{(0)}$ 无简并，它相应的波函数 $\psi_n^{(0)}$ 只有一个。其他能级可以是简并的，也可以是不简并的。

　　(4) $\hat{H}^{(0)}$ 的能级组成分立谱，或者严格点说，至少必须要求通过微扰理论来计算它的修正的那个能级 $E_n^{(0)}$ 处于分立谱内，$E_n^{(0)}$ 是束缚态。

　　在满足上述条件下，可利用定态非简并微扰理论从已知的 $\hat{H}^{(0)}$ 的本征态和本征值近似

求出 $\hat{H}$ 的本征值和本征函数。微表征微扰的近似程度，通常可引进一个小参数 λ，将 $\hat{H}'$ 写成 $\lambda\hat{H}'$，将 $\hat{H}'$ 的微小程度通过 λ 反映出来。体系经微扰的薛定谔方程是

$$\hat{H}\psi_n = (H^{(0)} + \lambda\hat{H}')\psi_n = E_n\psi_n \tag{2.5.5}$$

将能级 E_n 和波函数 ψ_n 按 λ 展开：

$$E_n = E_n^{(0)} + \lambda E_n^{(1)} + \lambda^2 E_n^{(2)} + \cdots \tag{2.5.6}$$

$$\psi_n = \psi_n^{(0)} + \lambda\psi_n^{(1)} + \lambda^2\psi_n^{(2)} + \cdots \tag{2.5.7}$$

$E_n^{(1)}$，$E_n^{(2)}$，$\cdots$，$\psi_n^{(1)}$，$\psi_n^{(2)}$，$\cdots$ 分别表示能级 E_n 和波函数 ψ_n 的一级、二级…修正。将式(2.5.6)及式(2.5.7)代入式(2.5.5)后得到

$$(H^{(0)} + \lambda\hat{H}')(\psi_n^{(0)} + \lambda\psi_n^{(1)} + \lambda^2\psi_n^{(2)} + \cdots)$$
$$= (E_n^{(0)} + \lambda E_n^{(1)} + \lambda^2 E_n^{(2)} + \cdots)(\psi_n^{(0)} + \lambda\psi_n^{(1)} + \lambda^2\psi_n^{(2)} + \cdots) \tag{2.5.8}$$

比较上式两端 λ 的同次幂，可得出各级近似下的方程式：

$$\lambda^0: \hat{H}^{(0)}\psi_n^{(0)} = E_n^{(0)}\psi_n^{(0)}$$

$$\lambda^1: (H^{(0)} - E_n^{(0)})\psi_n^{(1)} = -(\hat{H}' - E_n^{(1)})\psi_n^{(0)} \tag{2.5.9}$$

$$\lambda^2: (H^{(0)} - E_n^{(0)})\psi_n^{(2)} = -(\hat{H}' - E_n^{(1)})\psi_n^{(1)} + E_n^{(2)}\psi_n^{(0)} \tag{2.5.10}$$

$$\cdots\cdots$$

零级近似显然就是无微扰的定态薛定谔方程式(2.5.4)。同样，还可以列出精确到 λ^3，λ^4，$\cdots$ 各级近似方程式。

1. 一级微扰

求一级微扰修正只需求解式(2.5.9)，由于 $\hat{H}^{(0)}$ 是厄米算符，$\hat{H}^{(0)}$ 的本征函数系是正交、完全的，可将一级波函数修正 $\psi_n^{(1)}$ 按 $\hat{H}^{(0)}$ 的本征函数展开：

$$\psi_n^{(1)} = \sum_l a_l^{(1)}\psi_l^{(0)} \tag{2.5.11}$$

将式(2.5.11)代入式(2.5.9)得

$$(H^{(0)} - E_n^{(0)})\sum_l a_l^{(1)}\psi_l^{(0)} = -(\hat{H}' - E_n^{(1)})\psi_n^{(0)} \tag{2.5.12}$$

为求出式(2.5.11)的展开系数，以 $\psi_k^{(0)*}$ 左乘式(2.5.12)并对空间积分，利用本征函数的正交性得

$$E_k^{(0)}a_k^{(1)} - E_n^{(0)}a_k^{(1)} = -\int\psi_k^{(0)*}\hat{H}'\psi_n^{(0)}\mathrm{d}\tau + E_n^{(1)}\delta_{nk} \tag{2.5.13}$$

记

$$H'_{kn} = \int\psi_k^{(0)*}\hat{H}'\psi_n^{(0)}\mathrm{d}\tau \tag{2.5.14}$$

并将它代入式(2.5.13)，当 $n = k$ 时，得

$$E_n^{(1)} = H_{nn} \tag{2.5.15}$$

当 $n \neq k$ 时，得

$$a_k^{(1)} = \frac{H'_{kn}}{E_n^{(0)} - E_k^{(0)}} \tag{2.5.16}$$

注意，式(2.5.16)只在 $n \neq k$ 时成立。式(2.5.11)右端的展开系数，还有 $a_n^{(1)}$ 要另外计

算，为此利用 ψ_n 的归一条件，在准确到 $o(\lambda)$ 数量级后，有

$$1 = \int \psi_n^* \psi_n \mathrm{d}\tau = \int (\psi_n^{(0)} + \lambda \psi_n^{(1)})^* (\psi_n^{(0)} + \lambda \psi_n^{(1)}) \mathrm{d}\tau$$

$$= \int \psi_n^{(0)*} \psi_n^{(0)} \mathrm{d}\tau + \lambda \left[\int \psi_n^{(0)*} \psi_n^{(1)} \mathrm{d}\tau + \int \psi_n^{(1)*} \psi_n^{(0)} \mathrm{d}\tau \right] + o(\lambda^2)$$

又因波函数 $\psi_n^{(0)}$ 归一，$\int \psi_n^{(0)*} \psi_n^{(0)} \mathrm{d}\tau = 1$，得

$$\int \psi_n^{(0)*} \psi_n^{(1)} \mathrm{d}\tau + \int \psi_n^{(1)*} \psi_n^{(0)} \mathrm{d}\tau = 0 \tag{2.5.17}$$

将式(2.5.11)代入式(2.5.17)后，得

$$a_n^{(1)} + a_n^{(1)*} = 0 \tag{2.5.18}$$

上述表明，$a_n^{(1)}$ 必为纯虚数，即

$$a_n^{(1)} = \mathrm{i}\gamma \tag{2.5.19}$$

γ 为实数。准确到 λ 的一级近似，微扰后体系的波函数是

$$\psi_n = \psi_n^{(0)} + \lambda \psi_n^{(1)}$$

$$= \psi_n^{(0)} + \lambda \mathrm{i}\gamma \psi_n^{(0)} + \lambda \sum_{l \neq n} a_l^{(1)} \psi_l^{(0)}$$

$$= \exp(\mathrm{i}\lambda\gamma) \psi_n^{(0)} + \lambda \sum_{l \neq n} a_l^{(1)} \psi_l^{(0)}$$

$$= \exp(\mathrm{i}\lambda\gamma) \left[\psi_n^{(0)} + \lambda \sum_{l \neq n} a_l^{(1)} \psi_l^{(0)} \right] \tag{2.5.20}$$

上式表明，$a_n^{(1)}$ 的贡献无非是使波函数增加了一个无关紧要的常数相位因子，不失普遍性，可取

$$a_n^{(1)} = \mathrm{i}\gamma = 0 \tag{2.5.21}$$

因此准确到一级近似，体系的能级和波函数是

$$E_n = E_n^{(0)} + H'_{m} = E_n^{(0)} + \int \psi_n^{(0)*} \hat{H}' \psi_n^{(0)} \mathrm{d}\tau \tag{2.5.22}$$

$$\psi_n = \psi_n^{(0)} + \sum_{k \neq n} \frac{H'_{kn}}{E_n^{(0)} - E_k^{(0)}} \psi_k^{(0)} \tag{2.5.23}$$

2. 二级能量修正

求二极修正要求解式(2.5.10)。与求一级修正的步骤相似，将二极修正波函数按 $\psi_n^{(0)}$ 展开

$$\psi_n^{(2)} = \sum_l a_l^{(2)} \psi_l^{(0)} \tag{2.5.24}$$

将上式代入式(2.5.10)后，得

$$\sum_l a_l^{(2)} E_l^{(0)} \psi_l^{(0)} - E_n^{(0)} \sum_l a_l^{(2)} \psi_l^{(0)}$$

$$= -\hat{H}' \sum_{l \neq k} a_l^{(1)} \psi_l^{(0)} + H'_{m} \sum_{l \neq k} a_l^{(1)} \psi_l^{(0)} + E_n^{(2)} \psi_n^{(0)} \tag{2.5.25}$$

以 $\psi_k^{(0)*}$ 左乘上式并对空间积分后得

$$a_k^{(2)} E_k^{(0)} - E_n^{(0)} a_k^{(2)} = -\sum_{l \neq k} a_l^{(1)} H'_{kl} + H'_{m} a_k^{(1)} + E_n^{(2)} \delta_{kn} \tag{2.5.26}$$

当 $n = k$ 时，考虑到 $a_n^{(1)} = 0$，由上式得到

$$E_n^{(2)} = -\sum_{l \neq n} a_l^{(1)} H'_{nl} = \sum_{l \neq n} \frac{H'_{ln} H'_{nl}}{E_n^{(0)} - E_l^{(0)}} = \sum_{l \neq n} \frac{|H'_{nl}|^2}{E_n^{(0)} - E_l^{(0)}} \tag{2.5.27}$$

当 $n \neq k$ 时，由式(2.5.26)得

$$a_k^{(2)} = \sum_{l \neq n} \frac{H'_{kl} H'_{ln}}{(E_n^{(0)} - E_k^{(0)})(E_n^{(0)} - E_l^{(0)})} - \frac{H'_{kn} H'_{nn}}{(E_n^{(0)} - E_k^{(0)})^2} \tag{2.5.28}$$

至于 $a_n^{(2)}$，同样可由波函数的归一条件算出为

$$a_n^{(2)} = -\frac{1}{2} \sum_{m \neq n} |a_m^{(1)}|^2 = -\frac{1}{2} \sum_{m \neq n} \frac{|H'_{mn}|^2}{(E_n^{(0)} - E_m^{(0)})^2} \tag{2.5.29}$$

综合上述，准确到二级近似，体系的能级和波函数是

$$E_n = E_n^{(0)} + H'_{nn} + \sum_{l \neq n} \frac{H'_{ln} H'_{nl}}{E_n^{(0)} - E_l^{(0)}} \tag{2.5.30}$$

同理，其他各级近似也可以用类似的方法计算。一般情况下，能级计算到二级修正、波函数计算到一级修正就可以了。

现在对定态非简并微扰理论做些讨论：

(1) 由式(2.5.30)可见，微扰的适用条件是

$$\frac{H'_{ln} H'_{nl}}{E_n^{(0)} - E_l^{(0)}} \ll 1 \tag{2.5.31}$$

只有满足上式，才能保证微扰级数的收敛性，保证微扰级数中后一项小于前一项。上式就是本节开始时所说的 $\hat{H}' \ll \hat{H}^{(0)}$ 的明确表示。微扰方法能否适用，不仅取决于微扰的大小，还取决于无微扰体系两能级之间的间距。只有当微扰算符 $\hat{H}'$ 在两个无微扰体系能级之间的矩阵元 H'_{kn} 的绝对值远小于无微扰体系相应的两能级间隔 $|E_n^{(0)} - E_k^{(0)}|$ 时，才能用微扰理论计算。这也说明了为什么我们必须要求作微扰计算的能级处于分立谱，因为如果能级 $E_n^{(0)}$ 是连续谱，它和与之相邻能级的能级间距趋于零，对于除能级 $E_n^{(0)}$ 外的其他所有能级，上式都不可能被满足。

(2) 由此看来，如何在 $\hat{H}$ 中划分 $\hat{H}^{(0)}$ 和 $\hat{H}'$ 十分重要。$\hat{H}^{(0)}$ 和 $\hat{H}'$ 取得好，不仅可以满足上式，而且级数可以收敛得很快，避免复杂的计算。通常除了 $\hat{H}^{(0)}$ 的本征值和本征函数已知外，还可以从体系的对称性及微扰矩阵元要否满足一定的选择定则来考虑划分 $\hat{H}^{(0)}$ 和 $\hat{H}'$。

(3) 由式(2.5.22)和式(2.5.23)可见，能量本征值和波函数的一级修正由 $\hat{H}^{(0)}$ 的本征值和本征函数给出；由式(2.5.27)~式(2.5.29)可见，能量本征值和波函数的二级修正由相应的一级修正给出，以此类推。在这个意义上，我们也可以说，微扰理论其实也是一种逐步逼近法。

例 3　一电荷为 e 的线性谐振子受恒定弱电场 ε 作用，电场沿正 x 方向。用微扰法求体系的定态能量和波函数。

解　体系的哈密顿算符是

$$\hat{H} = -\frac{\hbar^2}{2m} \frac{\mathrm{d}^2}{\mathrm{d}x^2} + \frac{1}{2} m\omega^2 x^2 - e\varepsilon x$$

在弱电场作用下，最后一项很小，因此令

$$\hat{H}^{(0)} = -\frac{\hbar^2}{2m} \frac{\mathrm{d}^2}{\mathrm{d}x^2} + \frac{1}{2} m\omega^2 x^2$$

$$\hat{H}' = -e\varepsilon x$$

$\hat{H}^{(0)}$ 是线性谐振子的哈密顿算符，它的本征值和本征函数已在前面求出。现在计算微扰对第 n 个能级的修正。由式(2.5.22)，能量的一级修正是

$$E^{(1)} = \int_{-\infty}^{\infty} \psi_n^{(0)*} \hat{H}' \psi_n^{(0)} \mathrm{d}x = -N_n^2 e\varepsilon \int_{-\infty}^{\infty} H_n^2(\alpha x) \exp(-\alpha^2 x^2) \mathrm{d}x$$

由于厄米多项式 $H_n(\alpha x)$ 是奇函数或偶函数，$H_n^2(\alpha x)$ 一定是偶函数，因此上式中被积函数是 x 的奇函数，积分等于零，即

$$E^{(1)} = 0$$

这样我们必须计算二级修正。为求 $E^{(2)}$ 必须计算微扰矩阵元 H'_{mn}：

$$H'_{mn} = \int_{-\infty}^{\infty} \psi_m^{(0)*} \hat{H}' \psi_n^{(0)} \mathrm{d}x = -N_m N_n e\varepsilon \int_{-\infty}^{\infty} x H_m(\alpha x) H_n(\alpha x) \exp(-\alpha^2 x^2) \mathrm{d}x$$

$$= -\frac{N_m N_n e\varepsilon}{\alpha^2} \int_{-\infty}^{\infty} \xi H_m(\xi) H_n(\xi) \exp(-\xi^2) \mathrm{d}\xi$$

利用厄米多项式的递推公式：

$$\xi H_n(\xi) = \frac{1}{2} \xi H_{n+1}(\xi) + n \xi H_{n-1}(\xi)$$

我们可以得出

$$H'_{mn} = -e\varepsilon \left(\frac{\hbar}{2m\omega}\right)^{1/2} \left[\sqrt{n+1}\,\delta_{m,n+1} + \sqrt{n}\,\delta_{m,n-1}\right]$$

代入能量的二级修正公式：

$$E_n^{(2)} = \sum_{m \neq n} \frac{|H'_{nl}|^2}{E_n^{(0)} - E_m^{(0)}} = \frac{\hbar e^2 \varepsilon^2}{2m\omega} \left[\frac{n+1}{E_n^{(0)} - E_{n+1}^{(0)}} + \frac{n}{E_n^{(0)} - E_{n-1}^{(0)}}\right]$$

因为谐振子的能级间隔是 $\hbar\omega$，所以

$$E_n^{(2)} = \frac{\hbar e^2 \varepsilon^2}{2m\omega} \left[-\frac{n+1}{\hbar\omega} - \frac{n}{\hbar\omega}\right]$$

上式表示，能级移动与 n 无关，即与振子的状态无关。

波函数的一级修正是

$$\psi_n^{(1)} = e\varepsilon \sqrt{\frac{1}{2\hbar m\omega^3}} \left[\sqrt{n+1}\,\psi_{n+1}^{(0)} - \sqrt{n}\,\psi_{n-1}^{(0)}\right]$$

上式对 $n \geqslant 1$ 成立；如果讨论基态，$n = 0$，则上式括号中只有第一项，而无第二项。

2.5.2　简并定态微扰

1. 简并微扰理论

假定 $\hat{H}^{(0)}$ 的第 n 个能级 $E_n^{(0)}$ 有 k 度简并，即对应于 $E_n^{(0)}$ 有 k 个本征函数 $\psi_{ni}^{(0)}$（$i = 1, 2, \cdots, k$）。与非简并微扰不同，现在的问题是，不知道在这 k 个本征函数中应该取哪一个作为无微扰本征函数，因此简并微扰要解决的第一个问题是：如何适当选取零级波函数进行微扰计算。

设 $\hat{H}^{(0)}$ 的本征方程是

$$\hat{H}^{(0)} \psi_{ni}^{(0)} = E_n^{(0)} \psi_{ni}^{(0)} \tag{2.5.32}$$

归一化条件是

$$\int \psi_{m\mu}^{(0)*} \psi_{ni}^{(0)} d\tau = \delta_{mn}\delta_{\mu i} \tag{2.5.33}$$

将零级近似波函数 $\psi_n^{(0)}$ 写成 k 个 $\psi_{ni}^{(0)}$ 线性组合：

$$\psi_n^{(0)} = \sum_{i=1}^{k} c_i^{(0)} \psi_{ni}^{(0)} \tag{2.5.34}$$

系数 $c_i^{(0)}$ 可按下面的步骤由方程式(2.5.9)定出。

将式(2.5.34)代入式(2.5.9)中，有

$$(H^{(0)} - E_n^{(0)})\psi_n^{(1)} = E_n^{(1)} \sum_{i=1}^{k} c_i^{(0)} \psi_{ni}^{(0)} - \sum_{i=1}^{k} c_i^{(0)} \hat{H}' \psi_{ni}^{(0)} \tag{2.5.35}$$

以 $\psi_{n\mu}^{(0)*}$ 左乘上式两端，对空间积分后有

$$\int \psi_{n\mu}^{(0)*} (H^{(0)} - E_n^{(0)})\psi_n^{(1)} d\tau = E_n^{(1)} \sum_{i=1}^{k} c_i^{(0)} \int \psi_{n\mu}^{(0)*} \psi_{ni}^{(0)} d\tau - \sum_{i=1}^{k} c_i^{(0)} \int \psi_{n\mu}^{(0)*} \hat{H}' \psi_{ni}^{(0)} d\tau$$

$$= \sum_{i=1}^{k} c_i^{(0)} E_n^{(1)} \delta_{\mu i} - \sum_{i=1}^{k} c_i^{(0)} H_{\mu i}' = \sum_{i=1}^{k} (H_{\mu i}' - E_n^{(1)}\delta_{\mu i}) c_i^{(0)} \tag{2.5.36}$$

其中

$$H_{\mu i}' = \int \psi_{n\mu}^{(0)*} \psi_{ni}^{(0)} d\tau \tag{2.5.37}$$

由于

$$\int \psi_{n\mu}^{(0)*} (H^{(0)} - E_n^{(0)})\psi_n^{(1)} d\tau = \int [(H^{(0)} - E_n^{(0)})\psi_{n\mu}^{(0)}]^* \psi_n^{(1)} d\tau = 0 \tag{2.5.38}$$

所以

$$\sum_{i=1}^{k} (H_{\mu i}' - E_n^{(1)}\delta_{\mu i}) c_i^{(0)} = 0, \quad \mu = 1, 2, \cdots, k \tag{2.5.39}$$

上式是以系数 $c_i^{(0)}$ 为未知数的一次齐次方程组，它有不全为零的解的条件为

$$\begin{vmatrix} H_{11}' - E_n^{(1)} & H_{12}' & \cdots & H_{1k}' \\ H_{21}' & H_{21}' - E_n^{(1)} & \cdots & H_{2k}' \\ \vdots & \vdots & & \vdots \\ H_{k1}' & H_{k2}' & \cdots & H_{kk}' - E_n^{(1)} \end{vmatrix} = 0 \tag{2.5.40}$$

这个行列式方程称为久期方程，解这个方程可以得到能量一级修正 $E_n^{(1)}$ 的 k 个根 $E_{ni}^{(1)}$ ($i = 1, 2, \cdots, k$)。因为 $E_n = E_n^{(0)} + E_n^{(1)}$，若 $E_n^{(1)}$ 的 k 个根都不相等，则一级微扰就可以将 k 度简并完全消除；若 $E_n^{(1)}$ 有几个重根，说明简并只是部分被消除，必须进一步考虑能量的二级修正，才有可能使简并完全分裂开来。

为了确定能量 $E_{ni} = E_n^{(0)} + E_{ni}^{(1)}$ 所对应的零级近似波函数，可以把 $E_{ni}^{(1)}$ 的值代入式(2.5.40)解出一组 $c_i^{(0)}$，再代入式(2.5.34)即得。

2. 氢原子的一级斯塔克效应

简并情况下得微扰理论可以用来解释氢原子在外加电场作用下所产生的谱线分裂现象，这现象称为氢原子的斯塔克效应。我们知道，由于电子在氢原子中受到球对称的库仑场的作用，第 n 个能级有 n^2 度简并。下面看到，加入外电场后，势场的对称性受到破坏，能

级会发生分裂，使简并部分地被消除。

氢原子在外电场中，它的哈密顿算符包括两部分：$\hat{H} = \hat{H}^{(0)} + \hat{H}'$，$\hat{H}^{(0)}$ 是未加外电场时氢原子体系的哈密顿算符：

$$\hat{H}^{(0)} = -\frac{\hbar^2}{2m}\nabla^2 - \frac{e_s^2}{r} \tag{2.5.41}$$

$\hat{H}'$ 是电子在外电场中的势能；e_s 的定义见前面。设外电场 ε 是均匀的，方向沿 z 轴，则

$$\hat{H}' = e\varepsilon r = e\varepsilon r\cos\theta \tag{2.5.42}$$

通常的外电场强度比起原子内部的电场强度来说是很小的（一般外电场到 10^7 伏特/米已经算很强了，而原子内部约为 10^{11} 伏特/米），所以可以把外电场看作微扰。$\hat{H}^{(0)}$ 的本征值和本征函数前面已经求出，当 $n = 2$ 时，本征值为

$$E_2^{(0)} = -\frac{me_s^4}{2\hbar^2 n^2} = -\frac{me_s^4}{8\hbar^2} = -\frac{e_s^2}{8a_0} \tag{2.5.43}$$

a_0 为玻尔第一轨道半径。属于这个能级的有四个简并态，它们的波函数是

$$\psi_{21}^{(0)} = \psi_{200} = R_{20}(r)Y_{00}(\theta,\varphi) = \frac{1}{\sqrt{4\pi}}\left(\frac{1}{2a_0}\right)^{3/2}\left(2-\frac{r}{a_0}\right)\exp\left(-\frac{r}{2a_0}\right)$$

$$= \frac{1}{4\sqrt{2\pi}}\left(\frac{1}{a_0}\right)^{3/2}\left(2-\frac{r}{a_0}\right)\exp\left(-\frac{r}{2a_0}\right) \tag{2.5.44a}$$

$$\psi_{22}^{(0)} = \psi_{210} = R_{21}(r)Y_{10}(\theta,\varphi) = \sqrt{\frac{3}{4\pi}}\left(\frac{1}{2a_0}\right)^{3/2}\left(\frac{r}{a_0\sqrt{3}}\right)\exp\left(-\frac{r}{2a_0}\right)\cos\theta$$

$$= \frac{1}{4\sqrt{2\pi}}\left(\frac{1}{a_0}\right)^{3/2}\left(\frac{r}{a_0}\right)\exp\left(-\frac{r}{2a_0}\right)\cos\theta \tag{2.5.44b}$$

$$\psi_{23}^{(0)} = \psi_{211} = R_{21}(r)Y_{11}(\theta,\varphi) = \left(\frac{1}{2a_0}\right)^{3/2}\left(\frac{r}{a_0\sqrt{3}}\right)\exp\left(-\frac{r}{2a_0}\right)\sqrt{\frac{3}{8\pi}}\sin\theta\exp(i\varphi)$$

$$= \frac{1}{8\sqrt{\pi}}\left(\frac{1}{a_0}\right)^{3/2}\left(\frac{r}{a_0}\right)\exp\left(-\frac{r}{2a_0}\right)\sin\theta\exp(i\varphi) \tag{2.5.44c}$$

$$\psi_{24}^{(0)} = \psi_{21-1} = R_{21}(r)Y_{1-1}(\theta,\varphi) = \left(\frac{1}{2a_0}\right)^{3/2}\left(\frac{r}{a_0\sqrt{3}}\right)\exp\left(-\frac{r}{2a_0}\right)\sqrt{\frac{3}{8\pi}}\sin\theta\exp(-i\varphi)$$

$$= \frac{1}{8\sqrt{\pi}}\left(\frac{1}{a_0}\right)^{3/2}\left(\frac{r}{a_0}\right)\exp\left(-\frac{r}{2a_0}\right)\sin\theta\exp(-i\varphi) \tag{2.5.44d}$$

由前面可知，求一级能量修正值，须解久期方程式(2.5.40)。为此先求出 $\hat{H}'$ 在式(2.5.44)各态间的矩阵元。由球谐函数的奇偶性，再注意到

$$\hat{H}' = e\varepsilon r\cos\theta = e\varepsilon r\sqrt{\frac{4\pi}{3}}Y_{10}$$

容易看出，除 H'_{12} 和 H'_{21} 外，其他所有矩阵元都为零，而 H'_{12} 和 H'_{21} 是

$$\hat{H}'_{12} = \hat{H}'_{21} = \int \psi_{200}^* \hat{H}' \psi_{210} d\tau$$

$$= \frac{1}{32\pi}\left(\frac{1}{a_0}\right)^3\iiint\left(2-\frac{r}{a_0}\right)\left(\frac{r}{a_0}\right)\exp\left(-\frac{r}{a_0}\right)\cos\theta e\varepsilon r\cos\theta r^2\sin\theta dr d\theta d\varphi \tag{2.5.45}$$

先对 φ 积分，得

$$H'_{12} = H'_{21} = \frac{1}{16}\left(\frac{1}{a_0}\right)^4 e\varepsilon \int_0^\infty \int_0^\pi \left(2-\frac{r}{a_0}\right) r^4 \cos^2\theta\sin\theta\exp\left(-\frac{r}{a_0}\right) \mathrm{d}r\mathrm{d}\theta$$

再对 θ 积分，最后对 r 积分，得

$$H'_{12} = H'_{21} = \frac{1}{24}\frac{e\varepsilon}{a_0^4}\int_0^\infty \left(2-\frac{r}{a_0}\right) r^4 \exp\left(-\frac{r}{a_0}\right)\mathrm{d}r = -3e\varepsilon a_0 \tag{2.5.46}$$

将上述结果代入式(2.5.40)，得

$$\begin{vmatrix} E_2^{(1)} & -3e\varepsilon a_0 & 0 & 0 \\ -3e\varepsilon a_0 & -E_2^{(1)} & 0 & 0 \\ 0 & 0 & -E_2^{(1)} & 0 \\ 0 & 0 & 0 & -E_2^{(1)} \end{vmatrix} = 0 \tag{2.5.47}$$

即

$$(E_2^{(1)})^2\left[(E_2^{(1)})^2 - (3e\varepsilon a)^2\right] = 0 \tag{2.5.48}$$

四个根分别为

$$\begin{aligned} E_{21}^{(1)} &= 3e\varepsilon a \\ E_{22}^{(1)} &= -3e\varepsilon a \\ E_{23}^{(1)} &= E_{24}^{(1)} = 0 \end{aligned} \tag{2.5.49}$$

最后两个根是重根。这说明，一级微扰的结果是部分消除简并。原来能级 $E_2^{(0)}$ 变成了三个能级：$E_2^{(0)}+3e\varepsilon a_0$，$E_2^{(0)}$，$E_2^{(0)}-3e\varepsilon a_0$，相应地，原来从 $E_2^{(0)}$ 跃迁到 $E_1^{(0)}$ 的一根谱线也变成了三根谱线。一根仍然保持原有的频率，另两根频率，一根频率小，一根频率大，如图 2.15 所示。

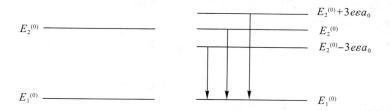

图 2.15　在电场中氢原子能级的分裂

由式(2.5.39)可以求得属于这些能级的零级近似波函数。将式(2.5.46)代入式(2.5.39)中，得到一组线性方程组：

$$\left.\begin{aligned} -3e\varepsilon a_0 c_2^{(0)} - E_2^{(1)} c_1^{(0)} &= 0 \\ -3e\varepsilon a_0 c_1^{(0)} - E_2^{(1)} c_2^{(0)} &= 0 \\ E_2^{(1)} c_3^{(0)} &= 0 \\ E_2^{(1)} c_4^{(0)} &= 0 \end{aligned}\right\} \tag{2.5.50}$$

再将式(2.5.49)中 $E_2^{(1)}$ 的几个数值分别代入上式：

（1）当 $E_2^{(1)} = E_{21}^{(1)} = 3e\varepsilon a_0$ 时，解式(2.5.50)，得 $c_2^{(0)} = -c_1^{(0)}$，$c_3^{(0)} = 0$，$c_4^{(0)} = 0$，所以对应能级 $E_2^{(0)}+3e\varepsilon a_0$ 的零级近似波函数是

$$\phi_1^{(0)} = \frac{1}{\sqrt{2}}(\psi_{21}^{(0)} - \psi_{22}^{(0)}) = \frac{1}{\sqrt{2}}(\psi_{200} - \psi_{210})$$

$1/\sqrt{2}$ 是归一化常数。

（2）当 $E_2^{(1)} = E_{22}^{(1)} = -3e\varepsilon a_0$ 时，解式(2.5.50)，得 $c_2^{(0)} = c_1^{(0)}$，$c_3^{(0)} = c_4^{(0)} = 0$。因而对应于能级为 $E_2^{(0)} - 3e\varepsilon a_0$ 的零级近似波函数为

$$\phi_2^{(0)} = \frac{1}{\sqrt{2}}(\psi_{21}^{(0)} + \psi_{22}^{(0)}) = \frac{1}{\sqrt{2}}(\psi_{200} + \psi_{210})$$

（3）当 $E_2^{(1)} = E_{23}^{(1)} = E_{24}^{(1)} = 0$ 时，除 $c_2^{(0)} = c_1^{(0)} = 0$ 外，$c_3^{(0)}$ 和 $c_4^{(0)}$ 为不同时为零的常数。因而对应于能级为 $E_2^{(0)}$ 的零级近似波函数为

$$\left.\begin{array}{l}\phi_3^{(0)}\\ \phi_4^{(0)}\end{array}\right\} = c_3^{(0)}\psi_{23}^{(0)} + c_4^{(0)}\psi_{24}^{(0)} = c_3^{(0)}\psi_{211} + c_4^{(0)}\psi_{21-1}$$

习　题

1. 由普朗克黑体辐射公式导出维恩位移定律：能量密度极大值所对应的波长 λ_m 与温度 T 成反比，即

$$\lambda_m T = b \quad （常量）$$

并近似计算 b 的数值，准确到两位有效数字。

2. 在 0K 附近，钠的价电子能量约为 3 电子伏特，求其德布罗意波长。

3. 氦原子的动能是 $E = 3k_B T/2$（k_B 为玻耳兹曼常数），求 $T = 1$ K 时，氦原子的德布罗意波长。

4. 两个光子在一定条件下可以转化为正负电子。如果两个光子的能量相等，问要实现这种转化，光子的波长最大是多少？

5. 证明在定态中，几率密度与时间无关。

6. 一粒子在一维势场

$$U(x) = \begin{cases} \infty, & x < 0 \\ 0, & 0 \leqslant x \leqslant a \\ \infty, & x > a \end{cases}$$

中运动，求粒子的能级和对应的波函数。

7. 求一维谐振子处在第一激发态时几率最大的位置。

8. 一粒子在一维势阱

$$U(x) = \begin{cases} U_0, & |x| > a \\ 0, & |x| \leqslant a \end{cases}$$

中运动。求束缚态（$0 < E < U_0$）的能级所满足的方程。

9. 分子间的范德瓦耳斯力所产生的势能可以近似地表示为

$$U(x) = \begin{cases} \infty, & x < 0 \\ U_0, & 0 \leqslant x < a \\ -U_1, & a \leqslant x \leqslant b \\ 0, & b < x \end{cases}$$

求束缚态的能级所满足的方程。

10. 一维谐振子处在基态 $\psi(x) = \sqrt{\dfrac{\alpha}{\sqrt{\pi}}}\exp\left[-\dfrac{\alpha^2 x^2}{2} - \dfrac{i}{2}\omega t\right]$，求

（1）势能的平均值 $\overline{U} = m\omega^2 \, \overline{x^2}/2$；

（2）动能的平均值 $\overline{T} = \overline{p^2}/2m$。

11. 氢原子处在基态 $\psi(r, \theta, \varphi) = \exp[-r/a_0]/\sqrt{\pi a_0}$。求

（1）r 的平均值；

（2）势能 $-e^2/r$ 的平均值；

（3）最可几的半径（概率的一阶导数取零的点）；

（4）动能的平均值；

12. 设 $t = 0$ 时，粒子的状态为

$$\psi(x) = A\left[\sin^2 kx + \frac{1}{2}\cos kx\right]$$

求此粒子的平均动能和平均动量。

13. 在一维无限势阱中运动的粒子，势阱的宽度为 a，如果粒子的状态由波函数

$$\psi(x) = Ax(a - x)$$

描写，A 为归一化常数。求粒子能量的平均值。

14. 设氢原子处于状态：

$$\psi(r, \theta, \varphi) = \frac{1}{2}R_{21}(r)Y_{10}(\theta, \varphi) - \frac{\sqrt{3}}{2}R_{21}(r)Y_{1-1}(\theta, \varphi)$$

求氢原子能量、角动量平方及角动量 z 分量的可能值，这些可能值出现的几率和这些力学量的平均值。

15. 一粒子在硬壁球形空腔中运动，势能为

$$U(x) = \begin{cases} \infty, & r \geqslant a \\ 0, & r < a \end{cases}$$

求粒子的能级和定态波函数。

16[*]. 一体系未受微扰作用时只有两个能级：E_{01}，E_{02}，现在受到微扰 $\hat{H}'$ 的作用，微扰矩阵元为 $H'_{12} = H'_{21} = a$，$H'_{11} = H'_{22} = b$，a，b 都是实数。用微扰公式计算能量二级修正值。

17. 基态氢原子处于平行板电场中，若电场是均匀的且随时间按指数下降，即

$$\varepsilon = \begin{cases} 0, & t \leqslant 0 \\ \varepsilon_0 \exp[-t/\tau], & t > 0 \end{cases} \quad (\tau \text{ 为大于零的参数})$$

求经过多长时间后氢原子处在 $2p$ 态的几率最大。

18. 计算氢原子由第一激发态到基态的自发发射几率。

19. 一维运动的粒子处在下面状态：

$$\psi(x) = \begin{cases} Ax\exp(-\lambda x) & (x \geqslant 0, \lambda > 0) \\ 0 & (x < 0) \end{cases}$$

（1）将此波函数归一化；

（2）求坐标的概率分布函数；

（3）在何处找到粒子的几率最大。

20. 若在一维无限势阱中运动的粒子的量子数为 n。求：

（1）距势阱的左壁 1/4 宽度内发现粒子的几率是多大？

（2）n 取何值时，在此范围内找到粒子的几率最大？

21. 设质量为 m 的粒子在下列势阱中运动，求粒子的能级

$$U(x) = \begin{cases} \infty, & x < 0 \\ \dfrac{m\omega^2 x^2}{2}, & x \geqslant 0 \end{cases}$$

22. 考虑一个粒子受不含时稳态势 $V(\boldsymbol{r})$ 的束缚。

（1）设粒子的态用形式为 $\psi(\boldsymbol{r}, t) = \phi(\boldsymbol{r})\chi(t)$ 的波函数描述。证明 $\chi(t) = A\exp(-\mathrm{i}\omega t)$（$A$ 是常数），而 $\phi(\boldsymbol{r})$ 必须满足方程

$$-\frac{\hbar^2}{2m}\nabla^2 \phi(\boldsymbol{r}) + V(\boldsymbol{r})\phi(\boldsymbol{r}) = E\phi(\boldsymbol{r})$$

（2）证明（1）中薛定谔方程的解导致时间无关的概率密度。

23. 考虑波函数

$$\psi(\boldsymbol{x}, t) = \left\{ A\exp\left(\frac{\mathrm{i}px}{\hbar}\right) + B\exp\left(\frac{-\mathrm{i}px}{\hbar}\right) \right\} \exp\left(\frac{-\mathrm{i}p^2 t}{2m\hbar}\right)$$

求出该波函数相应的概率流。

24. 考虑质量为 m 的粒子束缚在形为

$$\widetilde{V}(x, y, z) = V(x) + U(y) + W(z)$$

的三维势阱中，推导该情况的定态薛定谔方程，分量变量以得到三个独立的一维问题。建立三维态能量和一维问题有效能量的关系。

25. 求出二维各向同性谐振子的本征函数和本征值；求能级的简并度，该系统的哈密顿量是

$$\hat{H} = \frac{\hat{p}_x^2}{2m} + \frac{\hat{p}_y^2}{2m} + \frac{1}{2}m\omega^2(x^2 + y^2)$$

26. 考虑位于电场 $E = E_0 x$ 内三维各向同性势

$$V(x) = \frac{m\omega^2 r^2}{2}$$

下运动的带电 $+e$ 的粒子，求粒子的本征态和本征值。

27. 谐振子在 $t = 0$ 时刻的波函数是

$$\psi(\boldsymbol{x}, 0) = \sqrt{2}A\psi_1 + \frac{1}{\sqrt{2}}A\psi_2 + A\psi_3$$

这里 ψ_n 是谐振子第 n 个能态的定态本征函数，计算：

（1）常数 A；

（2）对于所有的 t 求波函数 $\psi(x, t)$。

28. 设 $\psi_1(\boldsymbol{r}, t)$ 和 $\psi_2(\boldsymbol{r}, t)$ 是薛定谔方程：

$$\mathrm{i}\hbar \frac{\partial}{\partial t}\psi = -\frac{\hbar^2}{2m}\nabla^2 \psi + V(\boldsymbol{r})\psi$$

的两个解，证明 $\int \psi_1^* \psi_2^* \, \mathrm{d}\tau$ 与时间无关。

第 3 章 能带理论基础

能带理论是目前研究固体中电子运动的一个重要基础理论。在二十世纪二十年代末和三十年代初期，在量子力学运动规律确定以后，在用量子力学研究金属导电理论的过程中，能带理论开始发展起来。其最初的成就在于定性地阐明了晶体中电子运动的普遍性的特点，例如在这个理论的基础上，说明了固体为什么会有导体、非导体的区别；晶体中电子的平均自由程为什么会远大于原子的间距等经典电子理论中遇到的困难。特别是正在这个时候，半导体技术开始应用，能带理论正好提供了分析半导体理论问题的基础，有力地推动了半导体技术的发展。二十世纪五十年代，特别是六十年代，由于元件固体的实验工作的重大发展，提供了大量的实验数据，且由于大型、高速电子计算机的应用，使能带理论的研究从定性的普遍性规律发展到对具体材料复杂能带结构的计算。

能带理论是一个近似的理论。在固体中存在大量的电子，它们的运动是互相联系着的，每个电子的运动都要受其他电子运动的牵连，这种多电子系统有严格的解显然是不可能的。能带理论是单电子近似的理论，就是把每个电子的运动看成是独立的在一个等效势场中的运动。在大多数情况下，人们最关心的是价电子，在原子结合成固体的过程中，电子的运动状态发生了很大变化，而内层电子的变化是比较小的，可以把原子核和内层电子近似看成是一个离子实。这样价电子的等效势场，包括离子实的势场，其他电子的平均势场以及考虑电子波函数反对称性而带来的交换作用。单电子近似最早用于研究多电子原子，又称为哈特里-福克自恰场方法。

能带理论的出发点是固体中的电子不再束缚于个别的原子，而是在整个晶体内运动，称为共有化电子。在讨论共有化电子的运动状态时，假定原子实处在其平衡位置，而把原子实偏离平衡位置的影响看成微扰，对于理想晶体，原子规则排列成晶格，晶格具有周期性，因而等效势场 $V(\mathbf{r})$ 也应具有周期性。晶体中的电子就是在一个具有晶格周期性的等效势场中运动，其波动方程为

$$\left[-\frac{\hbar^2}{2m}\nabla^2 + V(\mathbf{r})\right]\psi = E\psi$$

$$V(\mathbf{r}) = V(\mathbf{r} + \mathbf{R}_n)$$

$\mathbf{R}_n$ 为任意晶格矢量。

3.1 周期场中电子的波函数——布洛赫函数

本节从等效势场具有晶格周期性出发，讨论波动方程的解的特点。

布洛赫定理指出，当势场具有晶格周期性时，波动方程的解具有如下性质：

$$\psi(\mathbf{r} + \mathbf{R}_n) = e^{i\mathbf{k}\cdot\mathbf{R}_n}\psi(\mathbf{r}) \tag{3.1.1}$$

其中 $\mathbf{k}$ 为一矢量，上式表明，当平移晶格矢量 $\mathbf{R}_n$ 时，波函数只增加了位相因子 $e^{i\mathbf{k}\cdot\mathbf{R}_n}$。式

(3.1.1)就是布洛赫定理。根据布洛赫定理可以把波函数写成

$$\psi(\boldsymbol{r}) = e^{i\boldsymbol{k}\cdot\boldsymbol{r}}u(\boldsymbol{r})$$ 　　　　　(3.1.2)

其中，$u(\boldsymbol{r})$ 具有与晶格同样的周期性，即

$$u(\boldsymbol{r} + \boldsymbol{R}_n) = u(\boldsymbol{r})$$ 　　　　　(3.1.3)

式(3.1.2)表达的波函数称为布洛赫函数，它是平面波与周期性函数的乘积(有些课本中又将波函数称为调幅平面波)。

3.1.1　一维布洛赫定理的证明

下面先就一维情况为例给出布洛赫定理的一个简单证明。设一维晶体中原胞的距离为 a。电子就在原子核和其他电子产生的势场中运动。对于一维晶体势场，周期性显然为

$$V(x) = V(x + na)$$ 　　　　　(3.1.4)

电子在一维周期性势场中的波动方程为

$$\left[-\frac{\hbar^2}{2m}\frac{\mathrm{d}^2}{\mathrm{d}x^2} + V(x) \right]\psi(x) = E\psi(x)$$ 　　　　　(3.1.5)

一维周期势场中的布洛赫函数的一般形式(也就是上式的能量本征函数)为

$$\psi(x) = e^{ikx}u(x)$$ 　　　　　(3.1.6)

$$u(x) = u(x + na)$$ 　　　　　(3.1.7)

引入平移算符 $\hat{T}$，它的定义是：$\hat{T}$ 作用于函数 $f(x)$ 后，$x \to x+a$(平移一个周期)，使函数 $f(x) \to f(x+a)$，即

$$\hat{T}f(x) = f(x + a)$$ 　　　　　(3.1.7a)

$$\hat{T}^2 f(x) = \hat{T}\hat{T}f(x) = \hat{T}f(x + a) = f(x + 2a)$$

$$\hat{T}^n f(x) = f(x + na)$$ 　　　　　(3.1.7b)

势场 $V(x)$ 的周期为 a，由式(3.1.4)得

$$\hat{T}V(x) = V(x + a) = V(x)$$ 　　　　　(3.1.7c)

即平移算符 $\hat{T}$ 作用于 $V(x)$ 后不变，称 $V(x)$ 具有平移对称性。因算符 $\mathrm{d}/\mathrm{d}x$ 与 $\mathrm{d}/\mathrm{d}(x+a)$ 是等效的，所以哈密顿算符具有平移对称性，即

$$\hat{T}\hat{H}(x) = \hat{H}(x + a) = \hat{H}(x)$$ 　　　　　(3.1.8)

对于波函数，后面将看到 $\psi(x)$ 没有平移对称性。算符 $\hat{T}$ 与哈密顿算符 $\hat{H}$ 是对易的，因为

$$\hat{T}\hat{H}(x)\psi(x) = \hat{T}[\hat{H}(x)\psi(x)] = \hat{H}(x+a)\psi(x+a)$$

$$= \hat{H}(x)\psi(x+a) = \hat{H}(x)\hat{T}\psi(x)$$ 　　　　　(3.1.9)

所以，$\hat{T}$ 与 $\hat{H}$ 有共同的本征函数 $\psi(x)$。设 λ 为 $\hat{T}$ 的本征值，则

$$\hat{T}\psi(x) = \psi(x + a) = \lambda\psi(x)$$ 　　　　　(3.1.10)

于是，一方面

$$\hat{T}^N\psi(x) = \lambda^N\psi(x)　(N \text{ 是整数})$$ 　　　　　(3.1.11)

另一方面，按 $\hat{T}$ 的定义有

$$\hat{T}^N \psi(x) = \psi(x + Na) \tag{3.1.12}$$

比较上述两式得

$$\psi(x + Na) = \lambda^N \psi(x) \tag{3.1.13}$$

根据玻恩-卡门边界条件，得

$$\psi(x) = \psi(x + L) = \psi(x + Na) \tag{3.1.14}$$

比较式(3.1.13)与式(3.1.14)，应有

$$\psi(x) = \lambda^N \psi(x)$$

所以

$$\lambda^N = 1$$

令

$$\lambda = e^{ika} \tag{3.1.15}$$

必须满足

$$k = \frac{2\pi l}{Na} \quad (l \text{ 为整数}) \tag{3.1.16}$$

由式(3.1.10)，得到 $\psi(x)$ 必须满足的一个条件：

$$\psi(x + a) = e^{ika} \psi(x) \tag{3.1.17}$$

显然，平面波

$$\varphi(x) = e^{ikx} \tag{3.1.18}$$

可以满足条件(3.1.16)，因为

$$\varphi(x + a) = e^{ik(x+a)} = e^{ika} \varphi(x)$$

而且

$$\varphi_{k+K}(x) = e^{i(k+K)x} \tag{3.1.19}$$

$$K = \frac{2\pi}{a} n \quad (n \text{ 为整数})$$

也满足条件式(3.1.16)，因为

$$\varphi_{k+K}(x + a) = \hat{T}\varphi_{k+K}(x) = e^{i(k+K)(x+a)}$$
$$= e^{i(k+K)a} \varphi_{k+K}(x) = e^{ika} \varphi_{k+K}(x)$$

因为任意波函数都可以表示为平面波的线性叠加(傅里叶展开)，所以 ψ 也可以表示为式 (3.1.19)的线性叠加

$$\psi(x) = \sum_n V_n e^{i(k+K)x} = e^{ikx} \sum_n V_n e^{iKx} = e^{ikx} u(x) \tag{3.1.20}$$

式中

$$u(x) = \sum_n V_n e^{iKx} \tag{3.1.21}$$

$u(x)$ 显然满足式(3.1.7)，因

$$u(x + na) = \sum_n V_n e^{iK(x+na)} = \sum_n V_n e^{iKx} = u(x)$$

式(3.1.20)表明，一维周期场中哈密顿算符的本征函数满足布洛赫定理。式(3.1.20)就是一维周期场中波函数的一般形式。波函数的具体形式与 $u(x)$ 有关，而 $u(x)$ 的具体形式则与晶体势场 $V(x)$ 的具体函数形式有关。

3.1.2　三维布洛赫定理的证明

三维布洛赫定理的证明就是要证明式(3.1.2)成立。下面在一维布洛赫定理证明的基础上给出其三维定理证明的简单过程。首先引入平移对称算符 $\hat{T}_1,\hat{T}_2,\hat{T}_3$，它们的定义是对于任意函数 $f(\boldsymbol{r})$，有

$$\hat{T}_\alpha f(\boldsymbol{r}) = f(\boldsymbol{r}+\boldsymbol{a}_\alpha)\quad (\alpha=1,2,3) \tag{3.1.22}$$

其中 $\boldsymbol{a}_1,\boldsymbol{a}_2,\boldsymbol{a}_3$ 为晶格三个基矢。显然 $\hat{T}_1,\hat{T}_2,\hat{T}_3$ 是互相对易的。

$$\hat{T}_\alpha\hat{T}_\beta f(\boldsymbol{r}) = \hat{T}_\alpha f(\boldsymbol{r}+\boldsymbol{a}_\beta) = f(\boldsymbol{r}+\boldsymbol{a}_\alpha+\boldsymbol{a}_\beta) = \hat{T}_\beta\hat{T}_\alpha f(\boldsymbol{r})$$

或

$$\hat{T}_\alpha\hat{T}_\beta - \hat{T}_\beta\hat{T}_\alpha = 0 \tag{3.1.23}$$

而平移任意晶格矢量 $\boldsymbol{R}_n = n_1\boldsymbol{a}_1+n_2\boldsymbol{a}_2+n_3\boldsymbol{a}_3$，可以看成是 $\hat{T}_1,\hat{T}_2,\hat{T}_3$ 分别连续操作 n_1,n_2,n_3 次的结果。

因为算符 $\dfrac{d}{dx},\dfrac{d}{dy},\dfrac{d}{dz}$ 与 $\dfrac{d}{d(x+a_1)},\dfrac{d}{d(y+a_2)},\dfrac{d}{d(z+a_3)}$ 是等效的；晶体中存在 $V(\boldsymbol{r})=V(\boldsymbol{r}+\boldsymbol{R}_n)$，所以哈密顿算符 $\hat{H}=-\dfrac{\hbar^2}{2m}\nabla^2+V(\boldsymbol{r})$ 具有平移对称性，则有

$$\begin{aligned}\hat{T}_\alpha\hat{H}f(\boldsymbol{r}) &= \left[-\frac{\hbar^2}{2m}\nabla^2_{r+a_\alpha}+V(\boldsymbol{r}+\boldsymbol{a}_\alpha)\right]f(\boldsymbol{r}+\boldsymbol{a}_\alpha)\\ &= \left[-\frac{\hbar^2}{2m}\nabla^2_r+V(\boldsymbol{r})\right]f(\boldsymbol{r}+\boldsymbol{a}_\alpha)\\ &= \hat{H}\hat{T}_\alpha f(\boldsymbol{r})\end{aligned}$$

即算符 $\hat{T}_\alpha$ 与 $\hat{H}$ 是对易的。

$$\hat{T}_\alpha\hat{H} - \hat{H}\hat{T}_\alpha = 0 \tag{3.1.24}$$

上式以算符的形式表示出三维晶体中单电子运动的平移对称性。

由于对易关系式(3.1.23)和式(3.1.24)的存在，选择 $\hat{H}$ 的本征态，使它同时为各平移算符的本征态：

$$\left.\begin{aligned}\hat{H}\psi &= E\psi\\ \hat{T}_1\psi &= \lambda_1\psi,\ \hat{T}_2\psi=\lambda_2\psi,\ \hat{T}_3\psi=\lambda_3\psi\end{aligned}\right\} \tag{3.1.25}$$

为了确定本征值 λ_i，引入玻恩-卡门周期性边界条件：

$$\left.\begin{aligned}\psi(\boldsymbol{r}) &= \psi(\boldsymbol{r}+N_1\boldsymbol{a}_1)\\ \psi(\boldsymbol{r}) &= \psi(\boldsymbol{r}+N_2\boldsymbol{a}_2)\\ \psi(\boldsymbol{r}) &= \psi(\boldsymbol{r}+N_3\boldsymbol{a}_3)\end{aligned}\right\} \tag{3.1.26}$$

N_1,N_2,N_3 分别为沿基矢 $\boldsymbol{a}_1,\boldsymbol{a}_2,\boldsymbol{a}_3$ 方向的原胞数，总的原胞数为 $N=N_1N_2N_3$。因此，λ_i 受到严格的限制。如

$$\psi(\boldsymbol{r}+N_1\boldsymbol{a}_1) = \hat{T}_1^{N_1}\psi(\boldsymbol{r}) = \lambda_1^{N_1}\psi(\boldsymbol{r})$$

上式必须等于 $\psi(\boldsymbol{r})$，因此

$$\lambda_1^{N_1} = 1$$

$$\lambda_1 = \mathrm{e}^{\mathrm{i}2\pi l_1/N_1} \tag{3.1.27}$$

l_1 为整数。同样

$$\lambda_2 = \mathrm{e}^{\mathrm{i}2\pi l_2/N_2} , \ \lambda_3 = \mathrm{e}^{\mathrm{i}2\pi l_3/N_3} \tag{3.1.28}$$

引入矢量：

$$\boldsymbol{k} = \frac{l_1}{N_1}\boldsymbol{b}_1 + \frac{l_2}{N_2}\boldsymbol{b}_2 + \frac{l_3}{N_3}\boldsymbol{b}_3 \tag{3.1.29}$$

其中 $\boldsymbol{b}_1$、$\boldsymbol{b}_2$、$\boldsymbol{b}_3$ 为倒格子基矢，有 $\boldsymbol{a}_i \cdot \boldsymbol{b}_j = 2\pi\delta_{ij}$，则本征值 λ_i 可以写成以下形式：

$$\lambda_1 = \mathrm{e}^{\mathrm{i}\boldsymbol{k}\cdot\boldsymbol{a}_1} , \ \lambda_2 = \mathrm{e}^{\mathrm{i}\boldsymbol{k}\cdot\boldsymbol{a}_2} , \ \lambda_3 = \mathrm{e}^{\mathrm{i}\boldsymbol{k}\cdot\boldsymbol{a}_3} \tag{3.1.30}$$

于是晶体中电子的波函数满足：

$$\begin{aligned}\psi(\boldsymbol{r}+\boldsymbol{R}_n) &= \hat{T}_1^{n_1}\hat{T}_2^{n_2}\hat{T}_3^{n_3}\psi(\boldsymbol{r}) = \lambda_1^{n_1}\lambda_2^{n_2}\lambda_3^{n_3}\psi(\boldsymbol{r})\\ &= \mathrm{e}^{\mathrm{i}\boldsymbol{k}\cdot(n_1\boldsymbol{a}_1+n_2\boldsymbol{a}_2+n_3\boldsymbol{a}_3)}\psi(\boldsymbol{r}) = \mathrm{e}^{\mathrm{i}\boldsymbol{k}\cdot\boldsymbol{R}_n}\psi(\boldsymbol{r})\end{aligned} \tag{3.1.31}$$

可以验证平面波 $\psi(\boldsymbol{r}) = \mathrm{e}^{\mathrm{i}\boldsymbol{k}\cdot\boldsymbol{r}}$ 满足上式。矢量 $\boldsymbol{k}$ 具有波矢的意义。当波矢 $\boldsymbol{k}$ 增加一个倒格矢

$$\boldsymbol{K}_h = h_1\boldsymbol{b}_1 + h_2\boldsymbol{b}_2 + h_3\boldsymbol{b}_3$$

平面波

$$\psi(\boldsymbol{r}) = \mathrm{e}^{\mathrm{i}(\boldsymbol{k}+\boldsymbol{K}_h)\cdot\boldsymbol{r}}$$

也满足式(3.1.31)，因此，电子的波函数应是这些平面波的叠加：

$$\psi_k = \sum_h A(\boldsymbol{k}+\boldsymbol{K}_h)\mathrm{e}^{\mathrm{i}(\boldsymbol{k}+\boldsymbol{K}_h)\cdot\boldsymbol{r}} = \mathrm{e}^{\mathrm{i}\boldsymbol{k}\cdot\boldsymbol{r}}\sum_h A(\boldsymbol{k}+\boldsymbol{K}_h)\mathrm{e}^{\mathrm{i}\boldsymbol{K}_h\cdot\boldsymbol{r}} \tag{3.1.32}$$

设

$$u_k(\boldsymbol{r}) = \sum_h A(\boldsymbol{k}+\boldsymbol{K}_h)\mathrm{e}^{\mathrm{i}\boldsymbol{K}_h\cdot\boldsymbol{r}} \tag{3.1.33}$$

则式(3.1.32)可化为

$$\psi_k(\boldsymbol{r}) = \mathrm{e}^{\mathrm{i}\boldsymbol{k}\cdot\boldsymbol{r}}\sum_h A(\boldsymbol{k}+\boldsymbol{K}_h)\mathrm{e}^{\mathrm{i}\boldsymbol{K}_h\cdot\boldsymbol{r}} = \mathrm{e}^{\mathrm{i}\boldsymbol{k}\cdot\boldsymbol{r}}u_k(\boldsymbol{r}) \tag{3.1.34}$$

由式(3.1.33)可以验证

$$u_k(\boldsymbol{r}+\boldsymbol{R}_n) = u_k(\boldsymbol{r})$$

布洛赫定理得证。

3.1.3 简约布里渊区

在式(3.1.34)中，$\boldsymbol{k}$ 称为简约波矢。它的物理意义是表示原胞之间电子波函数位相的变化，以式(3.1.30)中的 λ_1 为例，λ_1 表示沿 $\boldsymbol{a}_1$ 方向相邻原胞之间的位相差。不同 $\boldsymbol{k}$ 值表明原胞之间的位相差是不同的。但需要注意，如果 $\boldsymbol{k}$ 改变一个倒格矢，$\boldsymbol{K}_h = h_1\boldsymbol{b}_1 + h_2\boldsymbol{b}_2 + h_3\boldsymbol{b}_3$ 效果相当于式(3.1.28)中 l_1、l_2、l_3 分别增加了 N_1、N_2、N_3 的整数倍，这完全不影响本征值 λ_i。因此为了使 $\boldsymbol{k}$ 能一一对应地表示本征值 λ_1、λ_2、λ_3，必须把 $\boldsymbol{k}$ 限制在一定范围内，使它既能概括所有不同的 λ_1、λ_2、λ_3 取值，同时又没有两个 $\boldsymbol{k}$ 相差一个倒格矢。最明显的办法是把 $\boldsymbol{k}$ 限制在 $\boldsymbol{k}$ 空间 $\boldsymbol{b}_1$、$\boldsymbol{b}_2$、$\boldsymbol{b}_3$ 形成的倒格子基矢原胞之中，但实际上这往往不是最方便的，通常是选取由原点出发的各倒格子基矢的垂直平分面所围成的第一布里渊区(又称简约布里渊区)；它具有环绕原点更为对称的优点，即

$$-\frac{b_i}{2} < k_i \leqslant \frac{b_i}{2} \tag{3.1.35}$$

将上式代入式(3.1.29)可得

$$-\frac{N_i}{2} < l_i \leqslant \frac{N_i}{2} \qquad (3.1.36)$$

可见，晶体中的波矢数目等于晶体中的原胞数。在波矢空间，由于 N 的数目很大，波矢点的分布是准连续的。一个波矢对应的体积为

$$\frac{\boldsymbol{b}_1}{N_1} \cdot \left(\frac{\boldsymbol{b}_2}{N_2} \times \frac{\boldsymbol{b}_3}{N_3}\right) = \frac{\boldsymbol{\Omega}^*}{N} = \frac{(2\pi)^3}{N\boldsymbol{\Omega}} = \frac{(2\pi)^3}{V} \qquad (3.1.37)$$

所以，电子的波矢密度为 $\frac{V}{(2\pi)^3}$。

3.2   一维分析近似

3.2.1   克龙尼克-潘纳(Kronig-Penny)模型

晶体中作用于电子的周期性势场 $V(x)$ 是很复杂的函数。人们不得不用 $V(x)$ 的各种简化模型求解能量算符的本征方程。这种模型的正确程度取决于能否说明实际问题。在二十世纪三十年代，克龙尼克-潘纳提出一个晶体势场的模型，其模型是一种最简单的理想化模型，虽然很粗糙，但可以帮助我们了解能带图像的主要特征。如图 3.1 所示，设晶体的势场由方形势阱势垒周期排列组成，每个势阱的宽度为 c，相邻势阱之间的势垒宽度为 b，晶体势的周期是 $a = b + c$，取势阱的势能为零，势垒的高度为 V_0。

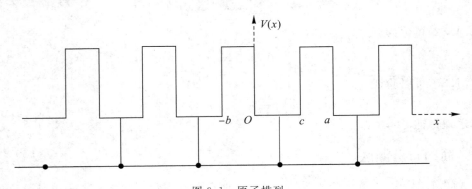

图 3.1   原子排列

在 $-b < x < c$ 区域，粒子的势能为

$$V(x) = \begin{cases} 0 & (0 < x < c) \\ V_0 & (-b < x < 0) \end{cases} \qquad (3.2.1)$$

在其他区域，粒子的势能为 $V(x) = V(x+na)$，其中 n 为整数。按照布洛赫定理，波函数写成

$$\psi(x) = e^{ikx} u(x)$$

代入薛定谔方程：

$$\frac{d^2 \psi(x)}{dx^2} + \frac{2m}{\hbar^2}(E - V(x))\psi(x) = 0$$

经过整理得到，$u(x)$ 满足的方程：

$$\frac{\mathrm{d}^2 u(x)}{\mathrm{d}x^2} + 2\mathrm{i}k \frac{\mathrm{d}u(x)}{\mathrm{d}x} + \left[\frac{2m}{\hbar^2}(E - V(x)) - k^2\right] u(x) = 0 \tag{3.2.2}$$

在 $0 < x < c$ 内，$V(x) = 0$，上述方程改写为

$$\frac{\mathrm{d}^2 u(x)}{\mathrm{d}x^2} + 2\mathrm{i}k \frac{\mathrm{d}u(x)}{\mathrm{d}x} + (\alpha^2 - k^2) u(x) = 0 \tag{3.2.3}$$

$$\alpha^2 = \frac{2mE}{\hbar^2} \tag{3.2.4}$$

在上述区域内，式(3.2.3)的解为

$$u_1(x) = A\mathrm{e}^{\mathrm{i}(\alpha - k)x} + B\mathrm{e}^{-\mathrm{i}(\alpha + k)x} \tag{3.2.5}$$

在区域 $-b \leqslant x \leqslant 0$ 内，$V(x) = V_0$，方程(3.2.2)改写为

$$\frac{\mathrm{d}^2 u(x)}{\mathrm{d}x^2} + 2\mathrm{i}k \frac{\mathrm{d}u(x)}{\mathrm{d}x} - (\beta^2 + k^2) u(x) = 0 \tag{3.2.6}$$

$$\beta^2 = \frac{2m}{\hbar^2}(V_0 - E) \tag{3.2.7}$$

这个方程的解为

$$u_2(x) = C\mathrm{e}^{\mathrm{i}(\beta - \mathrm{i}k)x} + D\mathrm{e}^{-\mathrm{i}(\beta + \mathrm{i}k)x} \tag{3.2.8}$$

在 $x = 0$，$x = c$ 处，波函数及其导数连续。在 $x = 0$ 处有

$$A + B = C + D \tag{3.2.9}$$

$$\mathrm{i}(\alpha - k)A - \mathrm{i}(\alpha + k)B = (\beta - \mathrm{i}k)C - (\beta + \mathrm{i}k)D \tag{3.2.10}$$

在 $x = c$ 处类似有

$$A\mathrm{e}^{\mathrm{i}(\alpha - k)c} + B\mathrm{e}^{-\mathrm{i}(\alpha + k)c} = C\mathrm{e}^{-(\beta - \mathrm{i}k)b} + D\mathrm{e}^{(\beta + \mathrm{i}k)b} \tag{3.2.11}$$

$$\mathrm{i}(\alpha - k)\mathrm{e}^{\mathrm{i}(\alpha - k)c}A - \mathrm{i}(\alpha + k)\mathrm{e}^{-\mathrm{i}(\alpha + k)c}B = (\beta - \mathrm{i}k)\mathrm{e}^{-(\beta - \mathrm{i}k)b}C - (\beta + \mathrm{i}k)\mathrm{e}^{(\beta + \mathrm{i}k)b}D \tag{3.2.12}$$

式中利用了 u_1、u_2 的周期性。两个对称点一致：$u_1(c) = u_2(-b)$。方程(3.2.9)~(3.2.12)是以 A、B、C、D 为未知数的线性齐次方程组。这样的方程组有解的条件是系数行列式必须等于零，由此条件可得

$$\frac{\beta^2 - \alpha^2}{2\alpha\beta} \sinh\beta b \sin\alpha c + \cos\beta b \cos\alpha c = \cos ka \tag{3.2.13}$$

因为 k 为实数，所以有

$$-1 \leqslant \cos ka \leqslant 1$$

即

$$-1 \leqslant \frac{\beta^2 - \alpha^2}{2\alpha\beta} \sinh\beta b \sin\alpha c + \cos\beta b \cos\alpha c \leqslant 1 \tag{3.2.14}$$

参量 α 与能量有关，所以此式是决定粒子能量的超越方程，相当复杂，为了简化，假定 $V_0 \to \infty$，$b \to 0(c \to a)$，但 $V_0 b$ 保持有限值。于是

$$(\beta^2 - \alpha^2)b \approx \frac{2mV_0 b}{\hbar^2}, \ c \approx a$$

$$\sinh\beta b = \beta b, \ \cos\beta b \approx 1$$

这时式(3.2.13)可以改写为

$$P \frac{\sin\alpha a}{\alpha a} + \cos\alpha a = \cos ka, \quad P = \frac{mV_0 ab}{\hbar^2} \tag{3.2.15}$$

当 V_0、a、b 一定时，P 为确定值。利用上式可以确定粒子的能量：首先画出函数

$$f(\alpha a) = P\frac{\sin\alpha a}{\alpha a} + \cos\alpha a$$

的曲线作为 αa 函数的曲线。由于 $\cos ka$ 介于 -1 和 $+1$ 之间,可以求出满足此条件的 α 值;而根据式(3.2.4),可由已知的 m、a、α 求出能量 E。图 3.2 中粗线画出许可的 αa 的值,再由 αa-$\cos ka$ 关系,算出每一个 E 的 k 就可以得到图 3.3 所示的克龙尼克-潘纳模型中能量和波矢的关系曲线。为了方便,图中纵坐标以 $\frac{2ma^2}{\pi^2\hbar^2}E$ 作为标度。

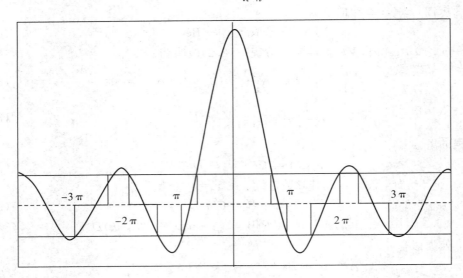

图 3.2　$P=3\pi/2$ 时,式(3.2.15)的图形

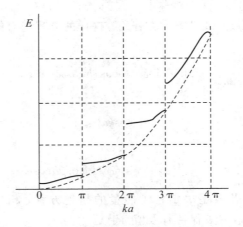

图 3.3　克龙尼克-潘纳模型中能量和波矢的关系($P=3\pi/2$)

当 $P = 0$,由式(3.2.15)得 $\alpha a = 2n\pi \pm ka$,此时能量没有限制。这显然对应于 $V_0 = 0$ 的自由粒子的情况。再看 $P \to \infty$ 的情况,此时必定 $\frac{\sin\alpha a}{\alpha a} = 0$,故得 $\alpha a = n\pi$,$n \geqslant 1$,因此

$$E = \frac{n^2\pi^2\hbar^2}{2ma^2} \tag{3.2.16}$$

显然能级与 k 无关,粒子只能有分立的能级,这就对应于处在无限深势阱中粒子的情形。

所以 P 的数值适当表达了粒子被束缚的程度。

由图 3.3 可知，能带的分界点出现在 $ka = \pi$、2π、3π、$\cdots$，由于 $\cos ka = \cos(-ka)$，$ka = -\pi$、-2π、-3π、$\cdots$ 也是能带的分界点。并由 ka 为负值的图像，可以得出能量是 ka 的偶函数。从图中还可以看出，第一个能带 ka 是在 $-\pi$ 到 π 的范围内，这个能带最窄；第二个能带 ka 是在 -2π 到 $-\pi$ 以及 π 到 2π 的范围内，它的宽度比第一个能带宽一些；以此类推。总之，能量较高的能带比较宽，能量较低的能带比较窄。E 是 ka 的单值函数。

若 $K_h = h\dfrac{2\pi}{a}$（h 是整数），由于 $\cos ka$ 和 $\cos(k+K_h)a$ 相等，因此 $E(ka) = E(ka+K_h a)$，图 3.3 中仅画出 $E(ka)$ 半个周期的图像。实际上在波矢空间，能量 E 是周期函数，周期为 $2\pi/a$。于是所有的能带在 ka 的从 $-\pi$ 到 π 的范围内都有自己的图像，因而必须指明是哪一个能带，通常写成 $E_s(ka)$，s 表示能带的序号。

最后再指出，克龙尼克-潘纳模型的重要意义：

第一，这是一个能够严格求解的问题，可以证实在周期场中运动的粒子的许可的能级形成能带，能带之间不许可的能量范围是禁带。

第二，这个模型有多方面的适应性，经过适当修正后可用于讨论表面态、合金能带，以及近年来发展起来的人造薄膜晶格的能带。

3.2.2　近自由电子模型

前面介绍的克龙尼克-潘纳模型太简单，虽然定性反映了晶体中电子能量由能带描述这一特点，但与实际情况有一定差距。这一节把晶体中的电子近似看成自由电子，称为近自由电子模型。所谓近自由电子近似，就是假定周期势场的起伏比较小，作为零级近似，可以用势场的平均值 $\overline{V}$ 代替 $V(x)$，把周期起伏 $V(x) - \overline{V}$ 作为微扰来处理。图 3.4 画出了一维周期场的示意图。本节首先讨论简单的一维情况。

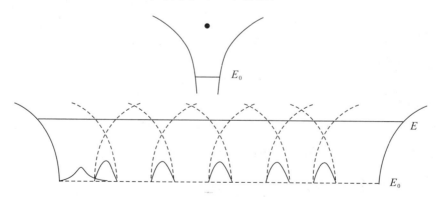

图 3.4　一维周期场

一维晶格中电子的薛定谔方程为

$$\left[-\frac{\hbar^2}{2m}\frac{\mathrm{d}^2}{\mathrm{d}x^2} + V(x) \right]\psi_k(x) = E_k\psi_k(x) \tag{3.2.17}$$

其中，$V(x)$ 是晶格的周期势。由前面的布洛赫定理已知 $\psi_k(x) = \mathrm{e}^{ikx}u_k(x)$。因此将周期势也化成指数函数是有利于问题的求解的。将 $V(x)$ 展开成傅里叶级数为

$$V(x) = \sum_n V_n \mathrm{e}^{\mathrm{i}\frac{2\pi n}{a}x} \tag{3.2.18}$$

其中

$$V_n = \frac{1}{a} \int_{-\frac{a}{2}}^{\frac{a}{2}} V(x) \mathrm{e}^{-\mathrm{i}\frac{2n\pi}{a}x} \,\mathrm{d}x \tag{3.2.19}$$

由上式不难得出

$$V_n^* = \frac{1}{a} \int_{-\frac{a}{2}}^{\frac{a}{2}} V(x) \mathrm{e}^{\mathrm{i}\frac{2n\pi}{a}x} \,\mathrm{d}x = V_{-n} \tag{3.2.20}$$

将 $n = 0$ 的项分离出来，式(3.2.18)变成

$$V(x) = V_0 + \Delta V = V_0 + \sum_n{}' V_n \mathrm{e}^{\mathrm{i}\frac{2\pi n}{a}x} \tag{3.2.21}$$

其中

$$V_0 = \frac{1}{a} \int_{-\frac{a}{2}}^{\frac{a}{2}} V(x) \,\mathrm{d}x = \overline{V} \tag{3.2.22}$$

通常取 $V_0 = 0$。为了求解方便，我们将零级哈密顿量分离出来，即令 $\hat{H} = \hat{H}_0 + \hat{H}'$，其中

$$\hat{H}_0 = -\frac{\hbar^2}{2m} \frac{\mathrm{d}^2}{\mathrm{d}x^2} + V_0 \tag{3.2.23}$$

$$\hat{H}' = \Delta V = \sum_n{}' V_n \mathrm{e}^{\mathrm{i}\frac{2\pi n}{a}x} \tag{3.2.24}$$

零级近似的波动方程为

$$-\frac{\hbar^2}{2m} \frac{\mathrm{d}^2}{\mathrm{d}x^2} \psi_k^0(x) = E^0 \psi_k^0(x) \tag{3.2.25}$$

显然上式的能量本征值和本征函数分别为

$$E^0(k) = \frac{\hbar^2 k^2}{2m}, \quad \psi_k^0(x) = \frac{1}{\sqrt{L}} \mathrm{e}^{\mathrm{i}kx} \tag{3.2.26}$$

其中 L 为一维晶格的长度，即 $L = Na$，N 是原胞数目。下面对应于 k 的不同区域分别求解方程(3.2.17)。

1. 微扰法

按量子力学微扰理论，电子的能量可以写成

$$E(k) = E^0(k) + E^1(k) + E^2(k) + \cdots \tag{3.2.27}$$

一级能量修正：

$$E^1(k) = H'_{kk} = \int_0^L \psi_k^{0*} \hat{H}' \psi_k^0 \,\mathrm{d}x = \int_0^L \psi_k^{0*} \Delta V(x) \psi_k^0 \,\mathrm{d}x = 0 \tag{3.2.28}$$

由于一级能量修正为零，所以应求二级能量修正，二级能量修正：

$$E^2(k) = \sum_{k'} \frac{|H'_{kk'}|^2}{E^0(k) - E^0(k')} = \sum_{k'} \frac{|H'_{k'k}|^2}{E^0(k) - E^0(k')} \tag{3.2.29}$$

微扰矩阵元为

$$H'_{kk'} = \int_0^L \psi_k^{0*} \hat{H}' \psi_{k'}^0 \,\mathrm{d}x = \frac{1}{L} \int_0^L \mathrm{e}^{-\mathrm{i}kx} \left(\sum_n{}' V_n \mathrm{e}^{\mathrm{i}\frac{2\pi n}{a}x} \right) \mathrm{e}^{\mathrm{i}k'x} \,\mathrm{d}x$$

$$= \frac{1}{L} \int_0^L \sum_n{}' V_n \mathrm{e}^{\mathrm{i}\left(k' - k + \frac{2\pi n}{a}\right)x} \,\mathrm{d}x = \begin{cases} V_n, & k' = k - \dfrac{2\pi n}{a} \\[2mm] 0, & k' \neq k - \dfrac{2\pi n}{a} \end{cases} \tag{3.2.30}$$

由此得到二级近似能量为

$$E(k) = E^0(k) + E^2(k)$$
$$= \frac{\hbar^2 k^2}{2m} + \sum_n{}' \frac{2m \, |V_n|^2}{\hbar^2 k^2 - \hbar^2 (k - 2n\pi/a)^2} \quad (n \neq 0) \tag{3.2.31}$$

波函数的一级近似，并注意到 $H'_{k'k} = H'^{*}_{kk'}$ 和条件 $k' = k - 2n\pi/a$，有

$$\psi_k(x) = \psi_k^0(x) + \psi_k^1(x) = \psi_k^0(x) + \sum_{k'}{}' \frac{H'_{k'k}}{E_k^0 - E_{k'}^0} \psi_{k'}^0(x)$$
$$= \frac{1}{\sqrt{L}} e^{ikx} \left[1 + \sum_{k'} \frac{2m V_n^* \, e^{-i2\pi nx/a}}{\hbar^2 k^2 - \hbar^2 (k - 2n\pi/a)^2} \right]$$
$$= \frac{1}{\sqrt{L}} u_k(x) e^{ikx} \tag{3.2.32}$$

可见，所得到 $\psi_k(x)$ 具有布洛赫函数的特性。在上式中，可把 $\psi_k(x)$ 看作一个在周期场中受到调幅的，波矢为 $\boldsymbol{k}$ 的平面波 $(1/\sqrt{L}) e^{ikx}$。这个平面波被调幅以后的振幅为 $u_k(x)/\sqrt{L}$，随 x 而周期变化。

上述微扰法只适用于 $|E_k^0 - E_{k'}^0|$ 比较大的情况，以便式(3.2.33)的 $E^2(k)$ 和式(3.2.32)的 $\psi_k^1(x)$ 中的无穷项求和式收敛很快而易于近似计算；而且也能使 $E_k^2 \ll E_k^0$ 成立，以便可以忽略 E_k 中 E_k^2 以后各项。

但是，当无微扰能级 E_k^0 对应的 k 值为 $k = +n\pi/a$ 时，将使 $k' = k - 2n\pi/a = -n\pi/a$，便有 $E_k^0 = E_{k'}^0$，因为 $\hbar^2 k^2/2m = \hbar^2 k'^2/2m$。这时，$E^2(k)$ 和 $\psi_k^1(x)$ 发散，这就说明上述的微扰法对 $k = \pm n\pi/a$（含 $k' = -n\pi/a$）的情况不适用。另外，当 k 取 $\pm n\pi/a$ 附近的值时，上述微扰法也不大适用。因为当 k 取 $\pm n\pi/a$ 附近的值时，$k' = k - 2n\pi/a$ 也取附近的值，这时 $|E_k^0 - E_{k'}^0|$ 很小，不满足微扰理论要求 $|E_k^0 - E_{k'}^0|$ 比较大的条件。总之，式(3.2.31)和式(3.2.32)只适合于 k 远离 $\pm n\pi/a$ 的情况。

当 $k = +n\pi/a$ 时，$k' = -n\pi/a$，$E_k^0 = E_{k'}^0$，这时这两个态 ψ_k^0 和 $\psi_{k'}^0$ 具有相同的能量。所以对于 $k = +n\pi/a$ 及其附近的 k 值属于简并或近简并的情况，应该用简并微扰法。

2. 简并微扰法

当 $k = +n\pi/a$ 时，属于无微扰能级 E_k^0 的两个波函数为

$$\psi_k^0 = \frac{1}{\sqrt{L}} e^{ikx}, \quad \psi_{k'}^0 = \frac{1}{\sqrt{L}} e^{ik'x} \tag{3.2.33}$$

式中，$k' = k = -n\pi/a$，ψ^0 的零级近似波函数这时应取上述简并波函数的线性叠加：

$$\psi^0 = A\psi_k^0 + B\psi_{k'}^0 \tag{3.2.34}$$

实际上当

$$k = \frac{n\pi}{a}(1 + \Delta), \quad k' = -\frac{n\pi}{a}(1 - \Delta) \tag{3.2.35}$$

为小量时，式(3.2.34)也是成立的，将式(3.2.34)代入式(3.2.33)得

$$\left[-\frac{\hbar^2}{2m} \frac{d^2}{dx^2} + V(x) - E \right] \psi^0(x) = 0 \tag{3.2.36}$$

利用

$$-\frac{\hbar^2}{2m} \frac{d^2}{dx^2} \psi_k^0(x) = E_k^0 \psi_k^0(x), \quad -\frac{\hbar^2}{2m} \frac{d^2}{dx^2} \psi_{k'}^0(x) = E_{k'}^0 \psi_{k'}^0(x) \tag{3.2.37}$$

得到

$$A[E_k^0 - E + \Delta V]\psi_k^0(x) + B[E_{k'}^0 - E + \Delta V]\psi_{k'}^0(x) = 0 \tag{3.2.38}$$

将上式分别乘以 ψ_k^0 和 $\psi_{k'}^0$，再对 x 积分，得到

$$[E - E_k^0]A - V_n B = 0 \tag{3.2.39}$$

$$-V_n^* A + [E - E_{k'}^0]B = 0 \tag{3.2.40}$$

将以上两式看作以 A，B 为未知数得线性方程组，要得到 A，B 不同时为零的解，则系数行列式必须等于零，

$$\begin{vmatrix} E - E_k^0 & -V_n \\ -V_n^* & E - E_{k'}^0 \end{vmatrix} = 0 \tag{3.2.41}$$

由此求得

$$E = \frac{1}{2}\left\{E_k^0 + E_{k'}^0 \pm \sqrt{(E_k^0 - E_{k'}^0)^2 + 4|V_n|^2}\right\}$$

$$= \frac{\hbar^2}{2m}\left(\frac{n\pi}{a}\right)^2(1 + \Delta^2) \pm \sqrt{|V_n|^2 + 4\Delta^2\left(\frac{\hbar^2}{2m}\left(\frac{n\pi}{a}\right)^2\right)^2}$$

或

$$E = T_n(1 + \Delta^2) \pm \sqrt{|V_n|^2 + 4\Delta^2 T_n^2} \tag{3.2.42}$$

其中 $T_n = \frac{\hbar^2}{2m}\left(\frac{n\pi}{a}\right)^2$ 代表自由电子在 $k = +n\pi/a$ 状态的动能。下面分三种情况讨论：

1）当 $\Delta = 0$ 时

$$E = T_n \pm |V_n| \tag{3.2.43}$$

上式说明，原来能量为 $E_k^0 = E_{k'}^0$ 的自由电子，受周期性势场 $V(x)$ 的起伏微扰以后，变成两个不同的能量状态：

$$E_+ = T_n + |V_n|, \quad E_- = T_n - |V_n| \tag{3.2.44}$$

这两个能量状态的能量差为

$$E_g = 2|V_n| \tag{3.2.45}$$

因为式(3.2.44)或式(3.2.45)对应 $k = +n\pi/a$（或 $k = -n\pi/a$），这说明，对于这些特殊的波矢，相应地有两个能级，在能量 E_g 区间内没有其他能级，我们称能量间隔 E_g 为禁带宽度。有趣的是，禁带宽度由周期性势场傅里叶级数的系数 $|V_n|$ 决定，恰好等于其绝对值的两倍。

2）当 $\Delta \neq 0$ 时，同时假定 $T_n\Delta \ll |V_n| < T_n$

将式(3.3.26)中的根式利用二项式定理展开并保留到 Δ^2 项，得到

$$\begin{cases} E_+ = T_n + |V_n| + T_n\left(1 + \frac{2T_n}{|V_n|}\right)\Delta^2, \\ E_- = T_n - |V_n| - T_n\left(\frac{2T_n}{|V_n|} - 1\right)\Delta^2 \end{cases} \tag{3.2.46}$$

这说明在禁带之上的一个能带底部，能量 E_+ 随相对波矢 Δ 的变化关系是向上弯曲的抛物线。在禁带下边能带顶部，能量 E_- 随相对波矢的变化关系也是一个抛物线但是向下弯曲。图 3.5 显示出了能带曲线的这种变化。从图中我们看到，1、3 态具有相同的能量，2、4 态

具有相同的能量，这正是 $E(\boldsymbol{k}) = E(\boldsymbol{k} + \boldsymbol{K}_n)$ 的具体体现。1、3 态相差一个倒格矢 $2\pi/a$，它们属于同一态。2、4 态也相差一个倒格矢 $2\pi/a$，也属于同一态。

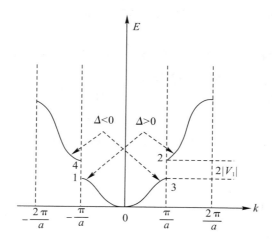

图 3.5　近自由电子的能带

3）当 Δ 较大时，$E_k^0 - E_{k'}^0 \gg |V_n|$

这时对应于 k 取远离 $2\pi/a$ 的情况，式(3.2.42)可改写为

$$E_{\pm} = \frac{1}{2} \left\{ (E_k^0 + E_{k'}^0) \pm (E_k^0 - E_{k'}^0) \sqrt{1 + \frac{4\,|V_n|^2}{(E_k^0 - E_{k'}^0)^2}} \right\} \tag{3.2.47}$$

方括号中第二项小于 1，可用级数展开，得

$$E_{\pm} = E_k^0 \pm \frac{4\,|V_n|}{(E_k^0 - E_{k'}^0)} \tag{3.2.48}$$

由上式可见，随着 $E_k^0 - E_{k'}^0$ 的增加，上述式中的第二项能量将变小，它使 $E_{\pm}$ 愈接近自由电子的能量。实际上，上式与前面微扰法得到的式(3.2.31)很接近。只不过上式中的第二项只取了式(3.2.31)求和项中最大的一项而已。

总结以上内容，我们有

（1）在 $k = \dfrac{n\pi}{a}$ 处（布里渊区边界上），电子的能量出现禁带，禁带宽度为 $2\,|V_n|$。

（2）在 $k = \dfrac{n\pi}{a}$ 附近，能带底的电子能量与波矢的关系是向上弯曲的抛物线，能带顶是向下弯曲的抛物线。

（3）在 k 远离 $\dfrac{n\pi}{a}$ 处，电子的能量与自由电子的能量相近。

利用以上这些能带的特点，我们可在波矢空间画出近自由电子的能带。能带绘制方法有三种。

因为晶体中电子的 $\boldsymbol{k}$ 态与 $\boldsymbol{k} + \boldsymbol{K}_n$ 态是等价的，所以电子的能量在波矢空间内具有倒格矢的周期。图 3.6(a)示出了这一周期性的表示。在两禁带之间能量曲线是准连续的，若将第一禁带以下的能带称为第一能带，第一禁带到第二禁带间的能带称为第二能带，等等，则电子的能量分成 1、2、3、若干个准连续的能带。

　　图 3.6(a)中，$-\pi/a$ 到 π/a 区间部分便是能带的简约布里渊区表示，图 3.6(b)中是能带的抛物线型表示。可以通过平移一个倒格矢将简约布里渊区以外的能带移入简约布里渊区，所以这三种表示方法是完全等价的。要标志电子的一个状态，必须指明，它的简约波矢 k 及所处能带的编号。

　　从能带的简约布里渊区表示或抛物线表示可以看出，每个能带对应的波矢区间正好等于一个倒格矢原胞区间：$2\pi/a$。而在一维情况下，一个波矢对应的区间为 $2\pi/L = 2\pi/Na$，所以一个能带包含 N 个不同的波矢状态，计入自旋每个能带包含 $2N$ 个量子态，即一个能带最多能容纳 $2N$ 个电子。

　　从图 3.6(b)抛物线的特点可以看出，能带序号越小，能带宽度越小，能态密度越大。

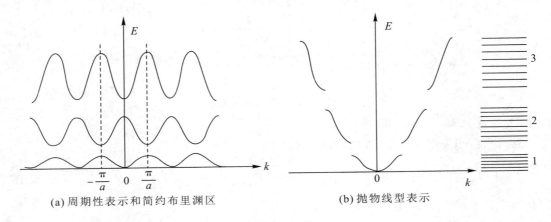

(a) 周期性表示和简约布里渊区　　　　　　　(b) 抛物线型表示

图 3.6　能带

3.2.3　紧束缚近似

　　原子结合为晶体时，电子的状态发生了根本性的变化，电子从孤立原子的束缚态变为晶体中的共有化状态。电子状态的变化大小取决于电子在某原子附近受到该原子势场的作用与其他原子势场作用的相对大小。

　　若电子所处原子势场的作用较之其他原子势场的作用要大得多，例如对于原子中内层电子，或晶体中原子间距较大时，上面讨论的近自由电子近似就不适用。这时电子的共有化运动状态与原子的束缚态之间有直接的联系，这就是本节所要介绍的紧束缚近似的内容。

1. 原子轨道线性组合

　　设晶体中第 m 个原子的位矢为

$$\boldsymbol{R}_m = m_1\boldsymbol{a}_1 + m_2\boldsymbol{a}_2 + m_3\boldsymbol{a}_3$$

若将该原子看作一个孤立原子，则在其附近运动的电子将处于原子的某束缚态 $\varphi_i(\boldsymbol{r}-\boldsymbol{R}_m)$，该波函数满足方程：

$$\left[-\frac{\hbar^2}{2m}\nabla^2 + V(\boldsymbol{r}-\boldsymbol{R}_m)\right]\varphi_i(\boldsymbol{r}-\boldsymbol{R}_m) = E_i\varphi_i(\boldsymbol{r}-\boldsymbol{R}_m) \tag{3.2.49}$$

其中，$V(\boldsymbol{r}-\boldsymbol{R}_m)$ 为上述第 m 个原子的原子势场，E_i 为与束缚态 $\varphi_i(\boldsymbol{r}-\boldsymbol{R}_m)$ 对应的原子能

级。显然在上述讨论中完全忽略了晶体中其他原子的影响。如果晶体为 N 个原子构成的布喇菲格子，则在各个原子附近将有 N 个具有相同能量 E_i 的束缚态波函数 φ_i。因此在不考虑原子之间相互作用的条件下，晶体中的这些电子构成一个 N 度简并的系统：能量为 E_i 的 N 度简并态为 $\varphi_i(\boldsymbol{r}-\boldsymbol{R}_m)$，$m=1,2,\cdots,N$。

实际晶体中的原子并不是真正孤立、完全不受其他原子影响的。由于晶体中其他原子势场的微扰，系统的简并状态将消除，而形成由 N 个不同能级构成的能带。根据以上的分析和量子力学的微扰理论，我们可以取上述 N 个简并态的线性组合

$$\psi(\boldsymbol{r}) = \sum_m a_m \varphi_i(\boldsymbol{r}-\boldsymbol{R}_m) \tag{3.2.50}$$

作为晶体中电子共有化状态的波函数，同时把原子间的相互影响当作周期势场的微扰项，于是晶体中电子的薛定谔方程为

$$\left[-\frac{\hbar^2}{2m}\nabla^2 + U(\boldsymbol{r})\right]\psi(\boldsymbol{r}) = E\psi(\boldsymbol{r}) \tag{3.2.51}$$

其中晶体势场 $U(\boldsymbol{r})$ 是由原子势场构成的，即

$$U(\boldsymbol{r}) = \sum_n V(\boldsymbol{r}-\boldsymbol{R}_n) = U(\boldsymbol{r}-\boldsymbol{R}_m) \tag{3.2.52}$$

2. 微扰计算

为了求解方程(3.2.51)，可将其化为

$$\sum_m a_m\big[(E_i-E)+U(\boldsymbol{r})-V(\boldsymbol{r}-\boldsymbol{R}_m)\big]\varphi_i(\boldsymbol{r}-\boldsymbol{R}_m) = 0 \tag{3.2.53}$$

在紧束缚近似适用的条件下，可以认为原子间距较 φ_i 态的轨道大得多，不同原子的 φ_i 重叠很小，从而有

$$\int \varphi_i^*(\boldsymbol{r}-\boldsymbol{R}_m)\varphi_i(\boldsymbol{r}-\boldsymbol{R}_n)\mathrm{d}\boldsymbol{r} = \delta_{mn} \tag{3.2.54}$$

现以 $\varphi_i^*(\boldsymbol{r}-\boldsymbol{R}_n)$ 乘方程(3.2.53)并对整个晶体积分，得到

$$a_n(E_i-E) + \sum_m a_m \int \varphi_i^*(\boldsymbol{r}-\boldsymbol{R}_n)\big[U(\boldsymbol{r})-V(\boldsymbol{r}-\boldsymbol{R}_m)\big]\varphi_i(\boldsymbol{r}-\boldsymbol{R}_m)\mathrm{d}\boldsymbol{r} = 0 \tag{3.2.55}$$

首先讨论式(3.2.54)中的积分项，为此引入新的积分变量。令

$$\boldsymbol{\xi} = \boldsymbol{r}-\boldsymbol{R}_m$$

注意到 $U(\boldsymbol{r})$ 为周期函数，则式(3.2.54)中的积分可表示为

$$\int \varphi_i^*(\boldsymbol{\xi}-\boldsymbol{R}_n-\boldsymbol{R}_m)\big[U(\boldsymbol{\xi})-V(\boldsymbol{\xi})\big]\varphi_i(\boldsymbol{\xi})\mathrm{d}\boldsymbol{\xi} = -J(\boldsymbol{R}_n-\boldsymbol{R}_m) \tag{3.2.56}$$

上述表明，积分值仅决定于原子的相对位置 $\boldsymbol{R}_n-\boldsymbol{R}_m$，因此引入符号 $J(\boldsymbol{R}_n-\boldsymbol{R}_m)$。式中引入符号的理由是晶体势场与原子势场的差值 $U(\boldsymbol{\xi})-V(\boldsymbol{\xi})$，如图 3.7 所示，实线所示仍为负值。

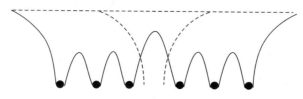

图 3.7　$U(\boldsymbol{\xi})-V(\boldsymbol{\xi})$ 的示意图

将式(3.2.56)代入式(3.2.55)得到方程组

$$a_n(E_i - E) - \sum_m a_m J(\boldsymbol{R}_n - \boldsymbol{R}_m) = 0 \qquad (3.2.57)$$

这是以 a_m 为未知数的齐次线性方程组，方程组有下列简单形式的解：

$$a_m = C e^{i\boldsymbol{k} \cdot \boldsymbol{R}_m} \qquad (3.2.58)$$

其中，C 为归一化因子，$\boldsymbol{k}$ 为常数矢量，代入式(3.2.57)可以得到

$$(E_i - E) e^{i\boldsymbol{k} \cdot \boldsymbol{R}_n} = \sum_m J(\boldsymbol{R}_n - \boldsymbol{R}_m) e^{i\boldsymbol{k} \cdot \boldsymbol{R}_m}$$

即

$$E = E_i - \sum_m J(\boldsymbol{R}_n - \boldsymbol{R}_m) e^{-i\boldsymbol{k} \cdot (\boldsymbol{R}_n - \boldsymbol{R}_m)} = E_i - \sum_s J(\boldsymbol{R}_s) e^{-i\boldsymbol{k} \cdot \boldsymbol{R}_s} \qquad (3.2.59)$$

式中，$\boldsymbol{R}_s = \boldsymbol{R}_n - \boldsymbol{R}_m$ 为原子的相对位置，与原子标号 m 或 n 无关。上式实际上即为晶体中电子共有化运动的电子能量本征值。与该本征值相对应的电子共有化波函数为

$$\psi_{\mathrm{k}} = \frac{1}{\sqrt{N}} \sum_m e^{i\boldsymbol{k} \cdot \boldsymbol{R}_m} \varphi_i(\boldsymbol{r} - \boldsymbol{R}_m) \qquad (3.2.60)$$

容易验证，上式所给出的波函数为布洛赫函数。因为上式可改写成

$$\psi_{\mathrm{k}} = \frac{1}{\sqrt{N}} e^{i\boldsymbol{k} \cdot \boldsymbol{r}} \sum_m e^{-i\boldsymbol{k} \cdot (\boldsymbol{r} - \boldsymbol{R}_m)} \varphi_i(\boldsymbol{r} - \boldsymbol{R}_m)$$

括号内如果 $\boldsymbol{r}$ 增加格矢量 $\boldsymbol{R}_n = n_1 \boldsymbol{a}_1 + n_2 \boldsymbol{a}_2 + n_3 \boldsymbol{a}_3$，它可以直接并入 $\boldsymbol{R}_m$，由于求和遍及所有的格点，结果并不改变连加式的值，这表明括号内是一周期函数。

3. 周期边界条件

在前面的讨论中，我们并没有对波矢 $\boldsymbol{k}$ 提出任何限制，但对于有限的晶体，$\boldsymbol{k}$ 的可能的取值是有限制的。利用周期边界条件得到

$$\boldsymbol{k} = \frac{l_1}{N_1} \boldsymbol{b}_1 + \frac{l_2}{N_2} \boldsymbol{b}_2 + \frac{l_3}{N_3} \boldsymbol{b}_3 \qquad (3.2.61)$$

其中

$$-\frac{N_i}{2} < l_i \leqslant \frac{N_i}{2}$$

显然由式(3.2.61)给出的波矢 $\boldsymbol{k}$ 为简约波矢。它们在第一布里渊区中有 N 个不同的值。对应这些准连续取值的波矢 $\boldsymbol{k}$，$E(\boldsymbol{k})$ 构成一个准连续的能带。因此以上分析说明，形成固体时原子态将形成一相应的能带，通常 $E(\boldsymbol{k})$ 表达式(3.2.59)还可以简化，考查其中的

$$-J(\boldsymbol{R}_s) = \int \varphi_i^*(\xi - \boldsymbol{R}_s)[U(\xi) - V(\xi)]\varphi_i(\xi) d\xi \qquad (3.2.62)$$

$\varphi_i^*(\xi - \boldsymbol{R}_s)$ 和 $\varphi_i(\xi)$ 表示相距 $\boldsymbol{R}_s$ 的两格点上的波函数，显然积分只有当它们有一定重叠时，才不为零。重叠最完全的是 $\boldsymbol{R}_s = \boldsymbol{0}$，我们用 J_0 表示：

$$J_0 = -\int |\varphi_i(\xi)|^2 [U(\xi) - V(\xi)] d\xi$$

其次是 $\boldsymbol{R}_s$ 为近邻格点的格矢量。一般只保留到近邻项，而把其他项略去，式(3.2.59)变为

$$E(\boldsymbol{k}) = E_i - J_0 - \sum_{\boldsymbol{R}_s = 近邻} J(\boldsymbol{R}_s) e^{-i\boldsymbol{k} \cdot \boldsymbol{R}_s} \qquad (3.2.63)$$

4. 简单立方晶体中由原子 s 态波函数形成的能带

s 态波函数是球对称的，在各个方向重叠积分相同，因此在式（3.2.62）中 $J(\boldsymbol{R}_s)$ 有相同的值，简单表示为

$$J_1 = J(\boldsymbol{R}_s) \quad （\boldsymbol{R}_s \text{ 为近邻位矢}） \tag{3.2.64}$$

s 态波函数为偶对称，即 $\varphi_s(-\boldsymbol{r}) = \varphi_s(\boldsymbol{r})$。在近邻重叠积分式（3.2.62）中，波函数的贡献为正，所以 $J_1 > 0$。

简单立方晶格中 6 个近邻格点为

$(a, 0, 0), (0, a, 0), (0, 0, a), (-a, 0, 0), (0, -a, 0), (0, 0, -a)$

把近邻格矢 $\boldsymbol{R}_s$ 代入式（3.2.63），就得到

$$E(\boldsymbol{k}) = E_s - J_0 - 2J_1[\cos(k_x a) + \cos(k_y a) + \cos(k_z a)] \tag{3.2.65}$$

由上式得到在 Γ，X，R 点的能量为

Γ 点：$\boldsymbol{k} = (0, 0, 0)$，$E^{\Gamma} = E_i - J_0 - 6J_1$

X 点：$\boldsymbol{k} = \left(\dfrac{\pi}{a}, 0, 0\right)$，$E^X = E_i - J_0 - 2J_1$

R 点：$\boldsymbol{k} = \left(\dfrac{\pi}{a}, \dfrac{\pi}{a}, \dfrac{\pi}{a}\right)$，$E^R = E_i - J_0 + 6J_1$

因为 $J_1 > 0$，Γ 点和 R 点分别对应带底和带顶。能带和原子能级的关系如图 3.8 所示。特别值得注意，带宽取决于 J_1，而 J_1 的大小又主要取决于近邻原子波函数之间的相互重叠，重叠越多，形成的能带也就越宽。

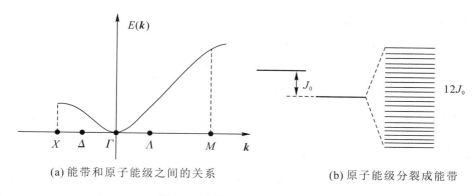

(a) 能带和原子能级之间的关系　　　　　　　(b) 原子能级分裂成能带

图 3.8　能带和原子能级的关系

3.2.4　导体、半导体、绝缘体的能带论解释

虽然所有固体都包含大量的电子，但有的具有很好的电子导电性能，有的则基本上不导电，这一基本事实曾长期得不到解释。在能带论的基础上，首次对导体、绝缘体和半导体的区分提出了理论上的说明，这是能带论发展初期的一个重大成就。也正是以此为起点，逐步发展了有关半导体、绝缘体和导体的现代理论。在此我们首先对电子在晶体中的运动速度作定量分析，然后在能带论的基础上对半导体、绝缘体和导体的导电性能作定性分析。

1. 晶体中电子的平均速度

由量子力学可知，电子不能同时具有确定的位置和速度，但其位置和速度的平均值是

确定的。电子的平均速度为

$$v = \frac{\mathrm{d}\boldsymbol{r}}{\mathrm{d}t} = \frac{1}{\mathrm{i}\hbar} \overline{[\boldsymbol{r}\hat{H} - \hat{H}\boldsymbol{r}]} \tag{3.2.66}$$

其中

$$\overline{[\boldsymbol{r}\hat{H} - \hat{H}\boldsymbol{r}]} = \int_{N\Omega} \psi_k^*(\boldsymbol{r})[\boldsymbol{r}\hat{H} - \hat{H}\boldsymbol{r}]\psi_k(\boldsymbol{r})\mathrm{d}\boldsymbol{r}$$

将波矢空间梯度算符

$$\nabla_k = \frac{\partial}{\partial k_x}\boldsymbol{i} + \frac{\partial}{\partial k_y}\boldsymbol{j} + \frac{\partial}{\partial k_z}\boldsymbol{k}$$

作用到布洛赫函数

$$\psi_k(\boldsymbol{r}) = \mathrm{e}^{\mathrm{i}k\cdot r}u_k(\boldsymbol{r})$$

上，得到

$$\nabla_k \psi_k(\boldsymbol{r}) = \mathrm{i}\boldsymbol{r}\mathrm{e}^{\mathrm{i}k\cdot r}\psi_k(\boldsymbol{r}) + \mathrm{e}^{\mathrm{i}k\cdot r}\nabla_k u_k(\boldsymbol{r}) \tag{3.2.67}$$

将算符 ∇_k 作用到薛定谔方程：

$$\hat{H}\psi_k(\boldsymbol{r}) = E(\boldsymbol{k})\psi_k(\boldsymbol{r})$$

的左端，得到

$$\nabla_k[\hat{H}\psi_k(\boldsymbol{r})] = \hat{H}\nabla_k\psi_k z(\boldsymbol{r}) = \mathrm{i}\hat{H}\boldsymbol{r}\psi_k(\boldsymbol{r}) + \hat{H}\mathrm{e}^{\mathrm{i}k\cdot r}\nabla_k u_k(\boldsymbol{r}) \tag{3.2.68}$$

将算符 ∇_k 作用到薛定谔方程右端，得到

$$\nabla_k[E(\boldsymbol{k})\psi_k(\boldsymbol{r})] = \nabla_k E(\boldsymbol{k})\psi_k(\boldsymbol{r}) + \mathrm{i}\boldsymbol{r}\hat{H}\psi_k(\boldsymbol{r}) + E(\boldsymbol{k})\mathrm{e}^{\mathrm{i}k\cdot r}\nabla_k u_k(\boldsymbol{r}) \tag{3.2.69}$$

由以上两式得到

$$[\nabla_k E(\boldsymbol{k}) + \mathrm{i}\boldsymbol{r}\hat{H} - \mathrm{i}\hat{H}\boldsymbol{r}]\psi_k(\boldsymbol{r}) = (\hat{H} - E(\boldsymbol{k}))\mathrm{e}^{\mathrm{i}k\cdot r}\nabla_k u_k(\boldsymbol{r}) \tag{3.2.70}$$

上式乘以 ψ_k^* 并对晶体积分，由

$$\begin{aligned} \int_{N\Omega} \psi_k^*(\boldsymbol{r})\hat{H}\mathrm{e}^{\mathrm{i}k\cdot r}\nabla_k u_k(\boldsymbol{r})\mathrm{d}\boldsymbol{r} &= \int_{N\Omega} [\hat{H}\psi_k(\boldsymbol{r})]^*\mathrm{e}^{\mathrm{i}k\cdot r}\nabla_k u_k(\boldsymbol{r})\mathrm{d}\boldsymbol{r} \\ &= \int_{N\Omega} \psi_k^*(\boldsymbol{r})E(\boldsymbol{k})\mathrm{e}^{\mathrm{i}k\cdot r}\nabla_k u_k(\boldsymbol{r})\mathrm{d}\boldsymbol{r} \end{aligned}$$

得到

$$\int_{N\Omega} \psi_k^*(\boldsymbol{r})[\nabla_k E(\boldsymbol{k}) + \mathrm{i}\boldsymbol{r}\hat{H} - \mathrm{i}\hat{H}\boldsymbol{r}]\psi_k(\boldsymbol{r})\mathrm{d}\boldsymbol{r} = 0$$

即

$$\nabla_k E(\boldsymbol{k}) = \int_{N\Omega} \psi_k^*(\boldsymbol{r})[\mathrm{i}\boldsymbol{r}\hat{H} - \mathrm{i}\hat{H}\boldsymbol{r}]\psi_k(\boldsymbol{r})\mathrm{d}\boldsymbol{r} = 0$$

由上式和式(3.2.66)得出电子的平均速度为

$$v = \frac{1}{\hbar}\nabla_k E(\boldsymbol{k}) \tag{3.2.71}$$

另设 $\mathrm{d}t$ 是一个很小的时间间隔，则在 $\mathrm{d}t$ 时间内外力 $\boldsymbol{F}$ 做功使电子的能量增加：

$$\mathrm{d}E = \boldsymbol{F} \cdot v\mathrm{d}t \tag{3.2.72}$$

因为 $\mathrm{d}E$ 又可表示为

$$\mathrm{d}E = \nabla_k E \cdot \mathrm{d}\boldsymbol{k} = \hbar v \cdot v\mathrm{d}\boldsymbol{k} \tag{3.2.73}$$

由上两式可以得到

$$\left(\boldsymbol{F} - \frac{\mathrm{d}(\hbar\boldsymbol{k})}{\mathrm{d}t}\right) \cdot \boldsymbol{v} = 0 \tag{3.2.74}$$

要使上式对所有的波矢成立，只有

$$\boldsymbol{F} = \frac{\mathrm{d}(\hbar\boldsymbol{k})}{\mathrm{d}t} \tag{3.2.75}$$

2. 满能带电子不导电

因为在晶体能带理论中，波矢 $\boldsymbol{k}$，$-\boldsymbol{k}$ 具有相同的能量，即 $E(\boldsymbol{k}) = E(-\boldsymbol{k})$。我们可以得到同一能带中 $\boldsymbol{k}$，$-\boldsymbol{k}$ 态具有相反的速度

$$v(\boldsymbol{k}) = -v(-\boldsymbol{k}) \tag{3.2.76}$$

这是因为在 $\boldsymbol{k}$，$-\boldsymbol{k}$ 处函数 $E(\boldsymbol{k})$ 具有大小相等而方向相反的斜率。

在一个完全为电子充满的能带中，尽管就每一个电子来讲，都带一定的电流 $-qv$，但是 $\boldsymbol{k}$，$-\boldsymbol{k}$ 状态的电子电流正好抵消，所以总电流为零。

即使用外加电场或磁场，也不改变这种情况。以一维能带为例，如图 3.9 所示，看一下有外电场的情况。横轴上的点表示均匀分布在 k 轴上的各量子态为电子所充满。在外电场 E 的作用下，电子受到的作用力大小为

$$F = -qE$$

所有电子的状态都按

$$\frac{\mathrm{d}\boldsymbol{k}}{\mathrm{d}t} = \frac{\boldsymbol{F}}{\hbar} \tag{3.2.77}$$

变化，换句话说，k 轴上各点均以完全相同的速度移动，因此并不改变均匀填充 $\boldsymbol{k}$ 态的情况。在布里渊区边界处，A' 和 A 实际上代表同一状态，所以从 A 点移动出去的电子实际上同时就从 A' 移进来，保持整个能带处于均匀填满的状况，并不产生电流。

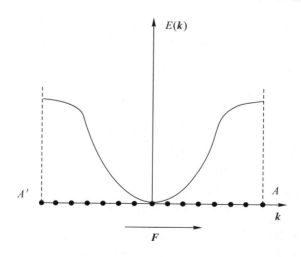

图 3.9　满能带中的电子的运动

3. 导体和非导体的模型

部分填充的能带和满带不同，在外电场的作用下，可以产生电流。图 3.10 表示一部分

填充的能带和相应的 $E(k)$ 图，电子将填充最低的各能级到图示的（横）虚线，由 $E(k)$ 图中虚线以下部分可以看出，由于 k，$-k$ 对称地被电子填充，总电流抵消。但在外电场 E 的作用下，整个电子将向一方移动，破坏了原来的对称分布，能带出现小的偏移。这时电子电流只是一部分抵消，因而将产生一定的电流，如图 3.11 所示。

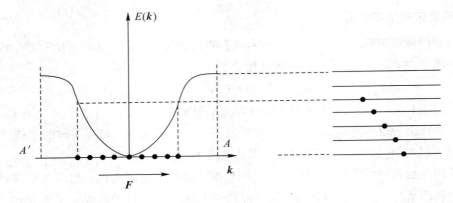

图 3.10　部分填充的能带

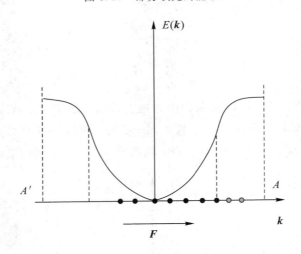

图 3.11　外电场改变对称分布

　　在上述考虑的基础上提出了如图 3.12 所示的基本模型。在非导体中，电子恰好填满最低的一系列能带，高的能带全部是空的，由于满带不产生电流，所以尽管存在很多电子，并不导电；在导体中，则除去完全充满的一系列能带外，还有只是部分地被电子填充的能带，后者起导电作用，称为导带。

　　除去良好的金属导体外，还具有一定导电能力的半导体。根据能带理论，半导体和绝缘体都属于上述非导体的类型，如图 3.13 所示。但半导体的导电性往往是由于存在一定的杂质使能带的填充情况有所改变，使导带中有少数电子，或满带中缺少了电子，从而导致一定的导电性。即使半导体中不存在任何杂质，也会由于热激发使少数电子由满带热激发到导带底产生所谓的本征导电。激发电子的多少与图中所示的带隙宽度有关。

　　在金属和半导体之间存在一种情况：导带底和价带顶或发生交叠或具有相同的能量

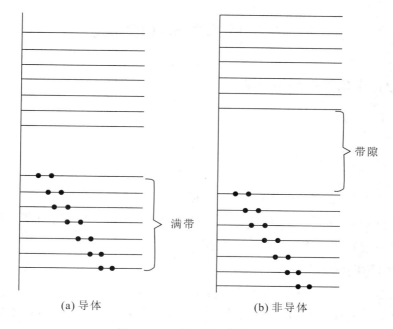

图 3.12　导体和非导体的模型

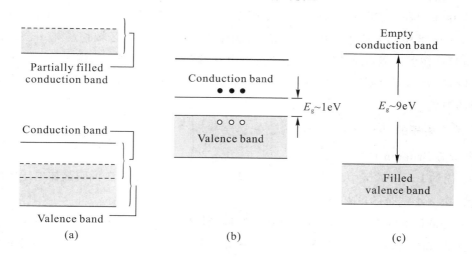

图 3.13　能带模型

（有时称为具有负带隙或零带隙宽度）。在此情况下，通常同时在导带中存在一定数量的电子，在价带存在一定数量的空状态。其导带电子的密度比普通金属少几个数量级，这种情形称为半金属。

　　Ⅴ族元素 Bi、Sb、As 是半金属。它们都具有三角晶格结构，每个原胞中含有 2 个原子。因为每个原胞含有偶数个价电子，似乎应该是非导体。但是由于能带之间的交叠使它们具有了金属的导电性，但是由于能带交叠比较小，对导电有贡献的载流子数远小于普通的金属。例如 Bi，为 3×10^{17}，比典型金属小 10^5 倍。Bi 的电阻率比大多数金属高 $10 \sim 100$ 倍。

3.3 半导体中电子的运动

3.3.1 半导体中的能带和布里渊区

Schrödinger 方程：

$$-\left(\frac{\hbar^2}{2m_0}\right)\frac{\mathrm{d}^2\psi(x)}{\mathrm{d}x^2}+V(x)\psi(x)=E\psi(x)$$

$$V(x)=V(x+sa), \quad s\text{ 是整数} \quad (\text{晶格周期性势场}) \tag{3.3.1}$$

（1）可以推理出：晶体电子不同 k 状态的能量 $E(k)$ 为能带状态。

（2）具体的 $E(k)$-k 关系需采用近似方法求解单电子 Schrödinger 方程来得到；不同晶体的能带结构就用各种 $E(k)$-k 关系图来表示。

1. 布里渊（Brilouin）区

（1）自由电子的 $E(k)$-k 关系是抛物线关系，而晶体电子的 $E(k)$-k 关系是一系列周期性函数，在 $k=n/a$ 时出现能量不连续，从而形成许多容许带和禁带；容许带出现在第一、第二、第三、…Brilouin 区中，禁带出现在 Brilouin 区边界上。

（2）由于周期性 $E(k)=E(k+n/a)$，则 k 和 $k+n/a$ 表示相同的状态。因此，可以只取第一 Brilouin 区中的 k 值来描述电子的所有能量状态，而将其他区域移动 n/a 合并到第一 Brilouin 区；在考虑能带结构时，只需要讨论第一 Brilouin 区就够了。这时第一 Brilouin 区中的 $E(k)$ 是 k 的多值函数。这种第一 Brilouin 区常称为简约 Brilouin 区，该区域内的波矢称为简约波矢。

2. 能带电子的 Brillouin 区和简约波矢

1）简约 Brilouin 区和简约波矢

（1）简约 Brilouin 区中的能量 E 为 k 的多值函数：$E_n(k)$，故在说明晶体电子的状态时需要标出第 n 个能带的第 k 个态。

（2）波矢 k 相当是能带电子的量子数。由于晶体体积 V 的有限性，边界条件将限制 k 只能取分立的数值。例如，对于有 N 个原胞的一维晶格，长度 $L=Na$，周期性边界条件要求

$$\psi k(x)=uk(x)\exp(\mathrm{i}2\pi kx)=\psi k(x+L)$$

$$\psi k(x+L)=uk(x+L)\cdot\exp[\mathrm{i}2\pi k(x+L)]$$

$$=uk(x)\cdot\exp(\mathrm{i}2\pi kx)\cdot\exp(\mathrm{i}2\pi kL)=\psi k(x)\cdot\exp(\mathrm{i}2\pi kL) \tag{3.3.2}$$

则有 $\exp(\mathrm{i}2\pi kL)=1$，因此 k 必须满足 $2\pi kL=2n\pi$，即 $k=n/L$，k 只能取分立的数值。对于三维晶体，若体积 $V=L^3=N(a)^3$，N 是原胞数目，$(a)^3$ 是原胞体积。则 $k(k_x,k_y,k_z)$ 也只能取分立的数值：$k_x=n_x/L$，$k_y=n_y/L$，$k_z=n_z/L(n_i=0,\pm1,\pm2,\cdots)$。

因此，k 具有量子数的作用，描述晶体电子共有化运动的量子状态。

2）*Brilouin 区中 k 的个数

因为每个状态 k 在 k 空间中所占的体积为

$$\Delta \boldsymbol{k} = \left(\frac{1}{L}\right) \times \left(\frac{1}{L}\right) \times \left(\frac{1}{L}\right) = \frac{1}{L^3} = \frac{1}{V} \tag{3.3.3}$$

$$一个 \text{Brilouin} 区的体积 = \left(\frac{1}{a}\right) \times \left(\frac{1}{a}\right) \times \left(\frac{1}{a}\right) = \frac{1}{a^3}$$

（即一个 Brilouin 区的体积等于倒格子原胞的体积）

则

$$\text{Brilouin} 区中 \boldsymbol{k} 的个数 = \frac{V}{a^3} = \frac{N(a)^3}{a^3} = N \tag{3.3.4}$$

可见，一个 Brilouin 区中状态 $\boldsymbol{k}$ 的数目是有限的，只有 N 个 $\boldsymbol{k}$ 状态，相应地，一个能带中也只有 N 个分立的能级。若每个能级可容纳自旋相反的 2 个电子，则每个能带可容纳 $2N$ 个电子。由于一个能带的宽度 ≈ 1 eV，而 $N \approx 10^{22}$ cm^{-3}，所以能带中的能级是很密集的，也因此可以把晶体中公有化电子的能量 E 视为准连续的。

3. Brilouin 区的形状

首先作出晶格的倒格子，然后在倒格子中作出对称化的原胞——W-S 原胞，即得到第一 Brilouin 区；类似地也可得到第二、第三、…Brilouin 区。倒格子中的 W-S 原胞的体积就等于一个 Brilouin 区的体积。

金刚石结构的 Si、Ge 和闪锌矿结构的 III-V 族半导体等，都具有面心立方 Bravais 格子，因此都具有体心立方的倒格子，从而也都具有相同形状的第一 Brilouin 区，为截角八面体（即是由 6 个正方形和 8 个正六边形构成的十四面体）。其他 Brilouin 区的形状非常复杂。

例如：面心立方晶格（Si、Ge、GaAs 等）的第一 Brilouin 区。

Brilouin 区中各代表点和代表轴的命名：

（1）在 Brilouin 区表面上的点和轴用大写英文字母表示：例如，X 指 Brilouin 区边缘与 $\langle 100 \rangle$ 轴的交点，L 指 Brilouin 区边缘与 $\langle 111 \rangle$ 轴的交点，K 指 Brilouin 区边缘与 $\langle 110 \rangle$ 轴的交点，Q 指 Brilouin 区边缘上的 L 点与 W 点的连线上的代表点，S 指 Brilouin 区边缘上的 X 点与 U 点的连线上的代表点。

在 Brilouin 区内部的点和轴用大写希腊字母表示：例如，Γ 指 Brilouin 区中心，Δ 指 Γ-X 轴上的代表点，Λ 指 Γ-L 轴上的代表点，Σ 指 Γ-K 轴上的代表点。

（2）因为 Brilouin 区中的每一点 $\boldsymbol{k}$ 所代表的晶体电子的状态具有一定的对称性，分别用相应的"波矢群"来描述。因此 Brilouin 区中各个代表点的符号也就是相应各个波矢群的符号。

例如，对称性最高的 Γ 波矢群，所代表的电子的运动状态只有 10 种（即有 10 个不可约表示），若考虑到自旋，则有 16 种。

（3）把电子能量 E 与不同方向 $\boldsymbol{k}$ 的关系描绘出来，就得到能带图。

3.3.2 电子在能带极值附近的近似 $E(\boldsymbol{k})$-$\boldsymbol{k}$ 关系和有效质量

真实能带结构的计算很复杂，所给出的和最关心的也多半是极值附近的能带结构。这里给出能带极值附近的自由电子近似下的抛物线关系。

（1）能带底在 $k=0$ 时：

$$E(k)=E(0)+\left(\frac{\mathrm{d}E}{\mathrm{d}k}\right)_{k=0}k+\left(\frac{1}{2}\right)\left(\frac{\mathrm{d}^2E}{\mathrm{d}k^2}\right)_{k=0}k^2+\cdots$$

$$=E(0)+\left(\frac{1}{2}\right)\left(\frac{\mathrm{d}^2E}{\mathrm{d}k^2}\right)_{k=0}k^2+\cdots$$

$$\approx E(0)+\frac{\hbar^2k^2}{2m_n^*}\propto k^2 \tag{3.3.5}$$

其中，$1/m_n^*=(1/\hbar^2)(\mathrm{d}^2E/\mathrm{d}k^2)_{k=0}=$ 恒定值，称 m_n^* 为能带底电子的有效质量。因 $E(k)>E(0)$，故能带底电子的有效质量为正值。

（2）能带顶在 $k=0$ 时：

$$E(k)-E(0)\approx\left(\frac{1}{2}\right)(\mathrm{d}^2E/\mathrm{d}k^2)\nabla k^2=\hbar^2k^2/2m_n^*\propto k^2) \tag{3.3.6}$$

其中，$1/m_n^*=(1/\hbar^2)(\mathrm{d}^2E/\mathrm{d}k^2)_{k=0}=$ 恒定值，称 m_n^* 为能带顶电子的有效质量。

因 $E(k)<E(0)$，故能带顶电子的有效质量为负值。实质上，有效质量为负值，只是说明晶体势场的作用力与外力的方向相反，并且数值大于外力。

可见：① 对能带极值附近的电子，只要知道（实验测定）其有效质量，就可得到极值附近的能带结构。② 对能带极值附近的电子，在引入有效质量（=恒定值）之后，则有 $E\propto k^2$，即这时可看成是自由电子；若不能引入恒定的有效质量，则不能认为是自由电子（例如在非抛物线能带中的情况）。③ 电子的有效质量不是电子的实际（惯性）质量，它概括了晶体内部势场的作用，使得能够简单地处理能带电子的运动（把本来晶体中的非自由电子问题转化为自由电子的问题），但它只有在能带极值附近才有意义。

3.3.3 半导体中电子的平均速度、加速度

1. 能带电子运动的平均速度

1）自由电子的平均速度

由于 $p=m_0v=\hbar k$，则 $v=\hbar k/m_0$；又 $E=p^2/2m_0=\hbar^2k^2/2m_0$，则

$$\frac{\mathrm{d}E}{\mathrm{d}k}=\frac{\hbar^2k}{m_0} \tag{3.3.7}$$

2）晶体电子的平均速度

由于电子的运动可看成是波包的运动，波包的群速就是电子运动的平均速度。若波包由许多频率 ν 相差不多的波组成，则波包中心的运动速度（群速）为 $v=\mathrm{d}\nu/\mathrm{d}k$；而频率 ν 的波所对应的粒子的能量为 $E=h\nu$，于是得到与自由电子类似的速度与能量的关系为 $v=(1/\hbar)\mathrm{d}E/\mathrm{d}k$。

对于能带极值附近的电子：因为 $E=E(0)+\hbar^2k^2/2^*m_n$，所以 $v=\hbar k/m_n^*$。值得注意，$\hbar k=m_n^*v$ 只是表示在外力作用下能带极值附近晶体电子的 (m_n^*v) 的变化与自由电子动量的变化相似，$\hbar k$ 并不代表晶体电子的动量，故也称为晶体电子的准动量。

由于能带中电子的有效质量与电子所处的位置有关，则速度也大不相同：在能带底部，$m_n^*>0$，当 k 是正值时，v 也为正；在能带顶部，$m_n^*<0$，当 k 是正值时，v 却为负。

对三维情况，有 $v=(1/\hbar)\nabla_kE(k)$，可见，速度与 k 有关，可由 $E(k)$ 能带关系来确定。

2. 晶体电子的加速度

在外电场 E 的作用下,电子受到力 $f = -q\,|\,E\,|$,使得在 dt 时间内产生位移 ds,则外力 f 对电子所做的功即等于电子能量的变化:$dE = f\,ds = fv\,dt = (f/h)(dE/dk)\,dt$,而 $dE = (dE/dk)\,dk$,所以 $f = \hbar\,(dk/dt)$。

这就是说,在外力 f 作用下,电子的状态 k 不断变化,其变化率正比于 f。

3. 加速度

由于速度 v 与电子的波矢 k 有关,而外力 f 作用将使电子的波矢 k 不断变化,因此外力的 f 作用就会使速度不断发生变化,即产生加速度:

$$a = \frac{dv}{dt} = \left(\frac{1}{\hbar}\right) d\frac{\left(\frac{dE}{dk}\right)}{dt} = \left(\frac{1}{\hbar}\right)\left(\frac{d^2E}{dk^2}\right)\left(\frac{dk}{dt}\right) = \left(\frac{f}{\hbar^2}\right)\left(\frac{d^2E}{dk^2}\right) \tag{3.3.8}$$

而

$$1/m_n^* = \left(\frac{1}{\hbar^2}\right)\left(\frac{d^2E}{dk^2}\right)_{k=0} = 恒定值, \qquad m_n^* = \frac{\hbar^2}{\left(\frac{d^2E}{dk^2}\right)}$$

则得到类似牛顿第二定律形式的结果:$a = \dfrac{f}{m_n^*}$。

对三维情况,有 $a = \dfrac{f}{m_n^*}$,有效质量在 x、y、z 方向上的分量分别为

$$m_{xx}^* = \frac{\hbar^2}{(\partial^2 E/\partial k_x{}^2)}, \quad m_{yy}^* = \frac{\hbar^2}{(\partial^2 E/\partial k_y{}^2)}, \quad m_{zz}^* = \frac{\hbar^2}{(\partial^2 E/\partial k_z{}^2)}$$

因此,有效质量与方向有关,对球形等能面情况(如 GaAs 的导带底和价带顶)有 $m_{xx}^* = m_{yy}^* = m_{zz}^*$。

4. 电子的有效质量

由于 m_n^* 概括了晶体内部势场的作用,可正可负;同时它也反映了在外力作用下惯性的大小。能带极值附近电子的 m_n^* 大小,与能带本身的宽度有关:能带越窄,(dE^2/dk^2) 就越小,则 m_n^* 就越大。因此,对于内层电子的能带,宽度较窄,m_n^* 大;对于外层电子的能带,宽度较大,m_n^* 小,从而在外力作用下可以获得较高的加速度。

3.3.4　本征半导体的导电机构、空穴

1. 本征半导体的导电作用

满带不导电,不满带才导电。导电是由于电子在外电场作用下,发生能量交换,电子改变速度——定向加速运动的结果。因此只有那些可从一个能级跃迁到另一个能级上去的电子,才能从外电场吸收能量而产生导电。对于满带,没有空的状态,其中电子不可能从低能级跃迁到高能级上去,因此不导电。对于空带,根本没有电子,不可能导电。

半导体和绝缘体的能带具有满带和空带,所以在 0K 下不会导电。但是对于半导体,在非 0K 下,会有部分价带电子因热激发而跃迁到空带(导带)上去(称为本征激发),形成不满带,则能产生一定的导电作用;这时导带中的电子和价带中的一大群电子都可参与导电。

对于绝缘体,由于其禁带宽度较大,在一般温度下不能发生电子跃迁,则不能形成不满带而导电。

对于金属，因为价带是被电子部分占满，即只存在不满带，所以必然是很好的导体。

2. 空穴载流子

半导体在本征激发时将成对地产生出导带电子和价带空位。

（1）价带中的空位等效于带正电的载流子。

若价带中少了一个电子，则出现一个空位。因为完整的价键是电中性的，因此空位必然带正电荷（+q）。

由于状态代表点在 k 空间中的分布是均匀的，则在外电场 E 作用下，价带中各个 k 状态都将以速度 $\mathrm{d}k/\mathrm{d}t = f/h = -q|E|/h$ 变化，相应地，空位也将沿同一方向以同样的速度变化，一起在 Brilouin 区内循环移动（左出右进）。因此空位状态的变化与电子各个 k 状态的变化相同。如果缺少一个电子的价带中其余所有电子产生的电流为 J，而一个电子产生的电流为 $(-qv)$，则当把一个电子填充空位之后，总电流应该为 0，即有 $J + (-qv) = 0$，从而得到

$$J = +qv \tag{3.3.9}$$

这就是说，价带中一个空位形成的电流，就如同一个带正电荷的粒子以 k 状态的速度 $v(k)$ 运动时所产生的电流。因此，价带中的空位状态可认为是带正电的准粒子——空穴，它所形成的电流就等效于其余一大群价电子所产生的电流。所以，空穴与电子一样，也是一种载流子，只是带正电荷而已。

（2）空穴具有正的有效质量。

因为价带顶部电子的加速度为

$$a = \frac{\mathrm{d}v(k)}{\mathrm{d}t} = \frac{f}{m_n^*} = \frac{-q|E|}{m_n^*} \tag{3.3.10}$$

这里 m_n^* 为负值。

如果价带顶部空穴具有正的有效质量 m_p^*，则空穴的加速度为

$$a = \frac{\mathrm{d}v(k)}{\mathrm{d}t} = \frac{q|E|}{m_p^*} \tag{3.3.11}$$

这正是带正电荷、具有正有效质量的粒子的加速度，方向与价带顶部电子的加速度一致。

3.4　三维扩展模型——硅、锗的能带结构

3.4.1　半导体能带极值附近的能带结构

（1）各向同性的球形等能面情况。能带极值在 $k = 0$ 处（GaAs 的情况）：

$$\left. \begin{array}{l} E(k) - E(0) = \dfrac{\hbar^2 k^2}{2m_n^*} \propto k^2 \quad \text{（导带底附近）} \\[4mm] E(k) - E(0) = \dfrac{-\hbar^2 k^2}{2m_p^*} \propto k^2 \quad \text{（价带顶附近）} \end{array} \right\} \tag{3.4.1}$$

对于由坐标系 (k_x, k_y, k_z) 构成的 k 空间，$k^2 = k_x^2 + k_y^2 + k_z^2$，则对导带底附近的能带有

$$E(k) - E(0) = \left(\frac{\hbar^2}{2m_n^*} \right)(k_x^2 + k_y^2 + k_z^2)$$

可见，等能面是一系列半径为 $\left(\dfrac{2m_n^*}{\hbar^2} \right)[E(k) - E(0)]^{1/2}$ 的球面；等能面在 (k_y, k_z) 平面

上的截线——等能线是一系列环绕坐标原点的同心圆。

（2）各向异性的椭球形等能面情况。能带极值在 $\boldsymbol{k}\neq\boldsymbol{0}$ 处（Si 和 Ge 的导带底情况）：设导带底在 $\boldsymbol{k}_0$，能量为 $E(\boldsymbol{k}_0)$；在 $\boldsymbol{k}_0$ 附近把 $E(\boldsymbol{k})$ 展开为泰勒级数为

$$E(\boldsymbol{k})=E(\boldsymbol{k}_0)+\left(\frac{h^2}{2}\right)\left\{\frac{(k_x-k_{0x})^2}{m_x^*}+\frac{(k_y-k_{0y})^2}{m_y^*}+\frac{(k_z-k_{0z})^2}{m_z^*}\right\}$$

式中

$$\left.\begin{aligned}\left(\frac{1}{m_x^*}\right)&=\left(\frac{1}{\hbar^2}\right)\left(\frac{\partial^2 E}{\partial k_x^2}\right)k_0\\\left(\frac{1}{m_y^*}\right)&=\left(\frac{1}{\hbar^2}\right)\left(\frac{\partial^2 E}{\partial k_y^2}\right)k_0\\\left(\frac{1}{m_z^*}\right)&=\left(\frac{1}{\hbar^2}\right)\left(\frac{\partial^2 E}{\partial k_z^2}\right)k_0\end{aligned}\right\}\qquad(3.4.2)$$

也可将 $E(\boldsymbol{k})$ 关系写成椭球的方程为

$$\frac{(k_x-k_{0x}^2)}{\frac{2m_x^*\left[E(\boldsymbol{k})-E(\boldsymbol{k}_0)\right]}{\hbar^2}}+\frac{(k_y-k_{0y})^2}{\frac{2m_y^*\left[E(\boldsymbol{k})-E(\boldsymbol{k}_0)\right]}{\hbar^2}}+\frac{(k_z-k_{0z})^2}{\frac{2m_z^*\left[E(\boldsymbol{k})-E(\boldsymbol{k}_0)\right]}{\hbar^2}}=1\qquad(3.4.3)$$

可见，这时的等能面是一系列环绕 k_0 的椭球面。

故要决定极值附近的能带结构，必须知道有效质量。

3.4.2　半导体能带极值附近有效质量的确定、回旋共振

有效质量的实验确定可以采用回旋共振的方法，该方法可直接测量出载流子的有效质量。

（1）若半导体置于磁感应强度为 $\boldsymbol{B}$ 的均匀恒定磁场中，半导体中电子的初速度 $\boldsymbol{v}$ 与 $\boldsymbol{B}$ 的夹角为 θ，则半导体中电子受到磁场的作用为 $\boldsymbol{f}=-q\boldsymbol{v}\times\boldsymbol{B}$，大小为 $f=qvB\sin\theta=q\,v_\perp B$，$v_\perp=v\sin\theta$，力的方向是垂直于 $\boldsymbol{v}$ 与 $\boldsymbol{B}$ 所组成的平面。

从而，电子的运动规律是：在磁场方向以速度 $v'=v\cos\theta$ 作匀速运动，在垂直于 $\boldsymbol{B}$ 的平面内作匀速圆周运动，运动轨迹是一条螺旋线。如果圆周的半径是 r，回旋频率是 ω_c，则 $v_\perp=r\omega_c$，向心加速度 $a=v_\perp^2/r$；又能带电子运动的加速度 $a=f/m_n^*$；从而对于球面等能面情况有 $\omega_c=q\,B/m_n^*$。

所以，只要测量出回旋频率 ω_c，就可以得到电子的有效质量 m_n^*。

（2）为了测量电子的回旋频率 ω_c，还在半导体上再加一个交变电磁场（频率为微波，如红外光），当电磁场的频率 ω 等于回旋频率 ω_c 时即发生共振吸收；如测量出共振吸收时的电磁场频率 $\omega=\omega_c$ 和磁场 B，即可求出 m_n^*。

具体进行测量时，往往是固定交变电磁场的频率，然后改变磁场 B（大约为零点几特斯拉）来观察共振吸收现象。同时为了观察到明显的共振吸收峰，要求半导体样品比较纯净，而且一般是在低温下进行。

3.4.3　Si、Ge 的能带结构

1. Si 和 Ge 的导带结构

根据回旋共振实验得知，导带底不在 $\boldsymbol{k}=\boldsymbol{0}$ 处，如图 3.14 所示，并且在导带底附近的

等能面是沿长轴的旋转椭球面。在极值附近的能量为（等能面方程）

$$E(\boldsymbol{k}) = E_c + \left(\frac{\hbar^2}{2}\right)\left\{\frac{(k_x - k_0 x)^2}{m_x^*} + \frac{(k_y - k_0 y)^2}{m_y^*} + \frac{(k_z - k_0 z)^2}{m_z^*}\right\} \tag{3.4.4}$$

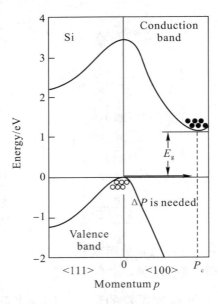

图 3.14　Si 能带图

若取导带底中心为能量零点，且直角坐标 k_1、k_2、k_3 分别与椭球主轴重合（让 k_3 沿长轴），则等能面方程可简化为

$$E(\boldsymbol{k}) = \left(\frac{\hbar^2}{2}\right)\left\{\frac{(k_1^2 + k_2^2)}{m_t} + \frac{k_3^2}{m_1}\right\} \tag{3.4.5}$$

其中，横向有效质量 $m_t = m_x^* = m_y^*$，纵向有效质量 $m_1 = m_z^*$。

在得到导带底附近的能带之后，再通过理论计算而求出整个的能带结构。

（1）**Si**。导带底处在 $\langle 100 \rangle$ 方向上（另外的施主电子自旋共振实验给出了导带底的具体位置：从 Brillouin 区中心到 Brillouin 区边界的 0.85 倍处），则共有 6 个导带底，椭球等能面的长轴在 $\langle 100 \rangle$ 方向；$m_1 = (0.98 \pm 0.04)m_0$，$m_t = (0.19 \pm 0.01)m_0$。

（2）**Ge**。导带底处在 $\langle 111 \rangle$ 方向上（具体位于 Brillouin 区边界上），则共有 8 个导带底（真正有效的导带底是 4 个），椭球等能面的长轴在 $\langle 111 \rangle$ 方向；$m_1 = (1.64 \pm 0.03)m_0$，$m_t = (0.0819 \pm 0.0003)m_0$。

2. Si 和 Ge 的价带结构

（1）对于 Si 和 Ge，根据计算和空穴有效质量的测量，得知：价带顶在 $\boldsymbol{k} = 0$ 处，并且价带顶处的能带是简并的（不考虑自旋时是三度简并的，考虑自旋时是六度简并的）；若考虑自旋-轨道耦合，可以取消部分简并，得到一组 4 度简并的价带顶状态和另一组在价带顶下面 Δ 处的 2 度简并状态：

4 度简并态：

$$E(\boldsymbol{k}) = \left(\frac{\hbar^2}{2\boldsymbol{m}_0}\right)\left\{(Ak^2 \pm \left[B^2k^4 + C^2(k_x^2 k_y^2 + k_y^2 k_z^2 + k_z^2 k_x^2)\right]^{1/2}\right\} \tag{3.4.6}$$

2 度简并态：

$$E(\boldsymbol{k}) = -\Delta - \left(\frac{\hbar^2}{2m_0}\right) Ak^2 \tag{3.4.7}$$

其中，Δ 是自旋-轨道耦合分裂能量，A、B、C 常数需由回旋共振实验来确定。

（2）价带顶状态。4 度简并态：对应于轻空穴带（取"+"号，有效质量为 $(m_p)_1$）和重空穴带（取"−"号，有效质量为 $(m_p)_h$）；具有扭曲的等能面。

（3）Δ 带状态。2 度简并态：对应于近似球面的能带，有效质量为 $(m_p)_3$。

① **Si**：$(m_p)_1 = 0.16m_0$，$(m_p)_h = 0.53m_0$，$(m_p)_3 = 0.245m_0$，$\Delta \approx 0.04$ eV。

② **Ge**：$(m_p)_1 = 0.044m_0$，$(m_p)_h = 0.36m_0$，$(m_p)_3 = 0.077m_0$，$\Delta \approx 0.29$ eV。

3. 禁带宽度及其温度关系

$$E_g(T) = E_g(0) - \frac{\alpha T^2}{T + \beta} \tag{3.4.8}$$

其中 $E_g(0)$ 是 $T = 0$ 时的禁带宽度，α 和 β 是温度系数。

（1）对 Si：$E_g(0) = 1.170$ eV；$\alpha = 4.73 \times 10^{-4}$ eV/K，$\beta = 636$ K。

（2）对 Ge：$E_g(0) = 0.7437$ eV；$\alpha = 4.774 \times 10^{-4}$ eV/K，$\beta = 235$ K。

Si1-xGex 合金的能带结构：$Si_{1-x}Ge_x$ 合金是连续固溶体；合金的 E_g 随 x 而变化：当 $0 \leqslant x \leqslant 0.85$ 时，合金的能带结构与 Si 的类似，导带底在 〈100〉 方向；当 $0.85 \leqslant x \leqslant 1$ 时，合金的能带结构与 Ge 的类似，导带底在 〈111〉 方向。随着 Si 含量 $(1-x)$ 的增加，〈111〉 导带底上升较快，〈100〉 导带底上升较慢；在 $x = 0.85$ 时，〈111〉 导带底与 〈100〉 导带底一样高。

3.5　Ⅲ-Ⅴ族化合物半导体的能带结构

Ⅲ-Ⅴ族化合物半导体有共同的能带结构特点，GaAs 的能带图如图 3.15 所示。

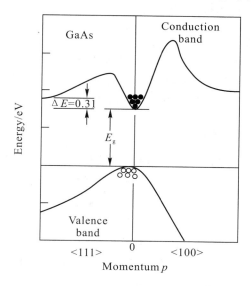

图 3.15　GaAs 的能带图

（1）Ⅲ-Ⅴ族化合物半导体具有闪锌矿结构，此结构与 Si 和 Ge 的金刚石结构类似，则第一 Brillouin 区的形状与 Si 和 Ge 的相同，都是截角八面体。

（2）价带结构与 Si 和 Ge 的类似，在价带顶附近也是 2＋1 带：在 Brillouin 区中心 2 带简并（轻空穴带和重空穴带），S－O 耦合分裂出第 3 个能带；但是不同的是价带顶稍微偏离 Brillouin 区中心。

（3）导带结构各不相同，但在[100]、[111]方向上和在 Brillouin 区中心都有导带极小值，不过导带底的位置各不相同：平均原子序数高的化合物半导体（如 InSb、GaAs、InP、ZnS），导带底处在 Brillouin 区中心；平均原子序数较低的化合物半导体（如 GaP），导带底处在[100]或 [111]方向上。

（4）载流子的有效质量：平均原子序数较高的化合物半导体的电子有效质量比较小；但是各种化合物半导体的空穴的有效质量相差却较小。

（5）禁带宽度：平均原子序数较高的化合物半导体，禁带宽度较窄；在窄禁带宽度的半导体中，导带底附近的能带偏离抛物线形状（由于价带与导带的相互作用之故）。

3.5.1　GaAs 的能带结构

GaAs 能带图如图 3.15 所示。

（1）导带：导带底（主能谷）在 $k=0$，等能面是球面，$m_n^* = 0.067 m_0$；在导带底以上还有 2 个导带极小值（L 点和 X 点），L 点（称为次能谷）比导带底约高 0.29 eV，X 点比导带底约高 0.46 eV，L 点和 X 点电子的有效质量分别为 $0.55 m_0$ 和 $0.85 m_0$。

（2）价带：价带顶稍微偏离 $k=0$；轻空穴的有效质量为 $0.082 m_0$，重空穴的有效质量为 $0.45 m_0$；$\Delta = 0.34$ eV。

（3）禁带宽度：室温下 $E_g = 1.42$ eV，温度关系为 $E_g(T) = E_g(0) - \alpha T^2 / (T+\beta)$，其中 $E_g(0) = 1.59$ eV，$\alpha = 5.405 \times 10^{-4}$ eV/K，$\beta = 204$ K。

3.5.2　GaP 晶体的能带结构特点

GaP 的能带结构特点：

（1）导带：导带底（主能谷）在 ⟨100⟩ 方向的 X 点，$m_n^* = 0.35 m_0$，为间接跃迁能带结构。

（2）价带：轻空穴的有效质量为 $0.14 m_0$，重空穴的有效质量为 $0.86 m_0$。

（3）禁带宽度：室温下 $E_g = 2.26$ eV，$dE_g/dT = -5.4 \times 10^{-4}$ eV/K。

3.5.3　$GaAs_{1-x}P_x$ 的能带结构

Ⅲ－Ⅴ族化合物半导体之间可形成连续的固溶体，并且晶格常数和能带结构随组分而连续变化。室温下，在 $0 \leqslant x \leqslant 0.53$ 时，$GaAs_{1-x}P_x$ 的能带结构与 GaAs 的类似，具有直接跃迁能带结构；在 $0.53 \leqslant x \leqslant 1$ 时，$GaAs_{1-x}P_x$ 的能带结构与 GaP 的类似，具有间接跃迁能带结构。

例如，对 $GaAs_{1-x}P_x$ 发光二极管，当 $x = 0.38 \sim 0.40$ 时，$E_g = 1.84 \sim 1.94$ eV，载流子直接复合发光波长为 $640 \sim 680$ nm（红光）。又如，对 $Ga_{1-x}In_xP_{1-y}As_y$ 激光二极管，调节组分 x 和 y，可得到 $1.3 \sim 1.6$ μm 的红外激光。

习　　题

一、填空题

1. Si、Ge 半导体是_____结构，其原子组合成晶体靠的是_____结合。

2. 闪锌矿结构的材料有_____、_____；混合键是_____键＋_____键。

3. ZnS、ZnSe、CdS、CdSe 等都可具有_____矿和_____矿两种结构。

4. 共价健具有两个特点：_____、_____。

5. 体心立方晶体中，原子线密度最大的为_____晶向。

6. 用_____来描述晶体电子公有化运动的状态。

7. 半导体能带极值附近有效质量的确定方法：_____。

8. 越是外层电子，共有化运动越_____，能带越_____，ΔE 越_____。

9. 金刚石的电子能量与原子间距的关系：光吸收的本征吸收限随着温度的降低而往_____波长方向移动，从而 E_g 变宽。

10. E_g 与温度的经验关系：一般，E_g 随着温度的升高而变_____（由于热膨胀和电子-声子互作用）。

11. 脱离共价键所需的最低能量就是_____，用_____来表示。

12. 能带中的能级是很密集的，可以把晶体中公有化电子的能量 E 视为_____连续的。

13. 一个允带对应的 K 值范围称为_____，禁带出现在_____。

14. 满带是由价电子组成的，所以满带又称为_____。

15. 能带底电子的有效质量为_____值，能带顶电子的有效质量为_____值。

16. 有效质量特点：

① 对能带极值附近的电子，只要知道其有效质量，就得到极值附近的_____。

② 电子的有效质量不是电子的实际（惯性）质量，它概括了晶体_____的作用，它只有在_____附近才有意义。

17. 电子的有效质量与能带宽度有关：能带越窄，m_n^* 就越_____。对于内层电子的能带，宽度较窄，m_n^* _____；对于外层电子的能带，宽度较大，m_n^* _____，从而在外力作用下可以获得较高的加速度。

18. ① 各向同性的_____形等能面情况：能带极值在 $k=0$ 处（GaAs 的情况）；

② 各向异性的_____形等能面情况：能带极值在 $k\neq0$ 处（Si 和 Ge 导带底情况）。

19. 孤立氢原子中电子在_____势场中运动，其状态是_____，称为_____；一维下自由电子在_____势场中运动，其薛定谔方程的解是_____，自由电子在空间各点出现的几率是_____，状态是_____；晶体中电子在_____势场中运动，称为_____近似，一维下晶体中电子薛定谔方程的解是_____，称为_____，晶体中电子在各点出现的几率是_____，其几率具有_____性质，称为电子的_____运动，其状态是_____。

二、简答题

1. 对于金刚石结构的硅 Si 和闪锌矿结构的砷化镓 GaAs，在(1，1，1)晶面上，其原子面密度和面间距都是最大,为什么 Si 的解理面是(1,1,1),而 GaAs 不是?

2. 什么是单电子近似?什么是布洛赫定理和布洛赫波函数,与自由电子波函数相比,布洛赫波函数的特点是什么?简述半导体中电子运动的规律和特点。

3. Si、GaAs 半导体材料的导带底、价带顶分别在 k 空间什么位置?其晶体结构和解理面分别是什么?哪个是直接带隙,哪个是间接带隙?

4. 在描述半导体中的电子在外力作用下的运动规律的方程中,出现的是电子的有效质量 m_n^*,而不是电子的惯性质量 m_0,在这里引入 m_n^* 的意义何在?

5. 试定性说明 Ge、Si 的禁带宽度具有负温度系数的原因。

6. 试指出空穴的主要特征。

7. 简述 Ge、Si 和 GaAs 的能带结构的主要特征。

三、计算题

1. 已知晶格常数是 a 的一维晶体的电子能带关系为

$$E(\boldsymbol{k}) = \left(\frac{\hbar^2}{ma^2}\right)\left[\left(\frac{7}{8}\right) - \cos ka + \left(\frac{1}{8}\right)\cos 2ka\right]$$

求出:(1) 能带的宽度;(2) 电子在波矢 k 状态时的速度。

2. 已知晶格常数是 a 的一维晶体的导带极小值附近的能量为

$$E_C(\boldsymbol{k}) = \left(\frac{\hbar^2 k^2}{3m}\right) + \left[\frac{\hbar^2(k-k_1)^2}{m}\right]$$

价带极大值附近的能量为

$$E_V(\boldsymbol{k}) = \left(\frac{\hbar^2 k_1^2}{6m}\right) - \left(\frac{3\hbar^2 k^2}{m}\right)$$

式中,$k_1 = \pi/a$,$a = 3.14\text{Å}$,m 是电子质量,求出:

(1) 禁带宽度;

(2) 导带底电子的有效质量;

(3) 价带顶空穴的有效质量;

(4) 导带底电子跃迁到价带顶时准动量的变化。

3. 某一维晶体的电子能带为

$$E(\boldsymbol{k}) = E_0[1 - 0.1\cos ka - 0.3\sin ka]$$

其中 $E_0 = 3$ eV,晶格常数 $a = 5 \times 10^{-11}$m。求:

(1) 能带宽度;

(2) 能带底和能带顶的有效质量。

4. 讨论:一维晶体能带

$$E = E_1 + (E_2 - E_1)\sin^2\left(\frac{ka}{2}\right) \quad (E_2 > E_1)$$

中,处在能带底的电子,在外电场作用下其位置的变化情况怎样?

第 4 章　半导体中的杂质和缺陷能级

1. 实际半导体材料中的情况

（1）原子并不是静止在具有严格周期性的晶格的格点，而是在其平衡位置附近振动；

（2）半导体材料并不是纯净的，总是含有若干杂质，即在半导体晶格中存在着与组成半导体材料的元素不同的其他化学元素的原子；

（3）实际的半导体晶格结构并不是完整无缺的，而存在着各种形式的缺陷。这就是说，在半导体中的某些区域，晶格中原子周期性排列被破坏，形成各种缺陷。

2. 杂质和缺陷对半导体材料的性质的影响

（1）Si：掺入 $1/10^5$ 的硼原子，则纯硅晶体的电导率在室温下将增加 10^3 倍。

（2）硅元件生产中要求：硅单晶中位错密度 $10^3\,\mathrm{cm}^{-2}$ 以下。

3. 杂质对半导体特性的影响

（1）理论分析认为，由于杂质和缺陷的存在，会使严格按周期性排列的原子所产生的周期性势场受到破坏；

（2）有可能在禁带中引入允许电子具有的能量状态（即能级）；

（3）正是由于杂质和缺陷能够在禁带中引入能级，才使它们对半导体的性质产生决定性的影响。

4.1　半导体中的浅能级杂质

杂质和缺陷将在晶体的周期性势场上增加一个附加的势场，即造成对周期性势场的一种破坏，是散射载流子的一种重要因素。

杂质和缺陷上的电子被束缚在附加势场的周围，为局域化状态。束缚比较弱者，在禁带中形成较浅的局域化能级（束缚能量大致与 kT 相当），相应地称为浅能级杂质或缺陷；束缚比较强者，即形成较深的局域化能级，相应地称为深能级杂质或缺陷。

4.1.1　半导体中的两类杂质

（1）替位式杂质。杂质取代晶格原子而处于格点位置。一般要求杂质原子的尺寸大小和价电子的壳层结构，与所取代的晶格原子相近。例如，Ge、Si 中的 Ⅲ、Ⅴ 族杂质即是替位式杂质。

（2）间隙式杂质。杂质处于晶格原子之间的间隙位置（对于金刚石结构的晶体，原子的空间占有率为 34%，有 66% 是空隙）。一般地，间隙式杂质的半径比较小，例如 Ge、Si、GaAs 中的 Li+（离子半径为 0.068 nm）。

4.1.2 Ge 和 Si 中的浅能级杂质

施主杂质：杂质在半导体中电离时，能够释放电子而产生导电电子并形成正电中心，这种杂质称为施主杂质或 n 型杂质。一般为五价的磷(P)或砷(As)原子。

受主杂质：杂质在半导体中能够接受电子而产生导电空穴并形成负电中心，这种杂质称为受主杂质或 p 型杂质。

1. 施主能级：Ⅴ族元素，替位式杂质

施主能级 E_D：被施主杂质所束缚的电子的能量状态。受到温度的影响，施主杂质电离情况如图 4.1 所示。

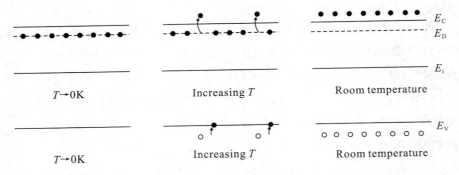

图 4.1 不同温度下，施主杂质电离情况

电离：$D_0 \xrightarrow{-e} D^+$。电离所需要的最小能量称为电离能，通常为导带底与施主能级之差，即

$$\Delta E_D = E_C - E_D$$

在 Ge 中的电离能：P [0.012eV]、As [0.013eV]、Sb [0.0096eV]；

在 Si 中的电离能：P [0.044eV]、As [0.049eV]、Sb [0.039eV]。

施主杂质的电离能小，在常温下基本上电离，如图 4.2 所示。杂质中心对电子和空穴的束缚很弱，即电子和空穴的被束缚状态很松散，运动的轨道很大。

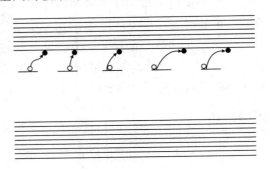

图 4.2 施主杂质电离能很小

2. 受主能级

图 4.3 表示了不同温度下受主杂质电离情况。受主能级从价带接受电子的过程称为受主的电离，未电离前，它未被电子占据。一般是Ⅲ族元素，替位式杂质。

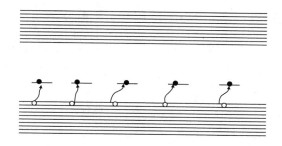

图 4.3　不同温度下受主杂质电离情况

杂质电离能：$\Delta E_A = E_A - E_i$。

电离所需要的最小能量即为受主电离能，为价带顶与受主能级之差，电离：$A_0 \xrightarrow{+e} A^-$。

在 Ge 中的电离能：B [0.0104eV]，Al [0.0102eV]，Ga [0.0108eV]，In [0.0112eV]；

在 Si 中的电离能：B [0.0104eV]，Al [0.0102eV]，Ga [0.0108eV]，In 是深能级 [0.16eV]。

受主杂质的电离能小，在常温下基本上为价带电离的电子所占据（空穴由受主能级向价带激发）。

3. 施主杂质与受主杂质的比较

1）杂质的带电性

未电离：均为电中性；

电离后：施主失去电子带正电，受主得到电子带负电。

2）杂质能级的电子占据

未电离：施主能级满，受主能级空；

电离后：施主能级空，受主能级满。

3）对载流子数的影响

掺入施主后：电子数大于空穴数；

掺入受主后：电子数小于空穴数。

掺施主的半导体的导带电子数主要由施主决定，半导体导电的载流子主要是电子（电子数≫空穴数），对应的半导体称为 n 型半导体。电子称为多数载流子，简称多子，空穴为少数载流子，简称少子（Minority Carrier）。

掺受主的半导体的价带空穴数主要由受主决定，半导体导电的载流子主要是空穴（空穴数≫电子数），对应的半导体称为 p 型半导体。空穴为多子，电子为少子。

4. 与本征激发相比较

杂质向导带和价带提供电子和空穴的过程（电子从施主能级向导带的跃迁或空穴从受主能级向价带的跃迁）称为杂质电离或杂质激发。所需要的能量称为杂质的电离能。

电子从价带直接向导带激发，成为导带的自由电子，这种激发称为本征激发。只有本征激发的半导体称为本征半导体。

4.1.3　Ⅲ-Ⅴ族半导体(GaAs、GaP 等)中的浅能级杂质

(1) 施主能级。周期表中的Ⅵ族元素(Se、S、Te)在 GaAs 中通常都替代Ⅴ族元素 As 原子的晶格位置，由于Ⅵ族原子比Ⅴ族原子多一个价电子，因此Ⅵ族杂质在 GaAs 中一般起施主作用，为浅施主杂质。

在 GaAs 中的电离能：S[0.00587eV]、Se[0.00579eV]、Te[0.03eV]、O[有一个浅能级和一个 0.75eV 的深施主能级]；

在 GaP 中的电离能：S[0.107eV]、Se[0.105eV]、Te[0.093eV]、O[只有一个 0.897eV 的深能级]。

在 GaAs 和 GaP 中常用的施主杂质是 Se 和 Te。

(2) 受主能级。Ⅱ族元素(Zn、Be、Mg、Cd、Hg)在 GaAs 中通常都取代Ⅲ族元素 Ga 原子的晶格位置，由于Ⅱ族原子比Ⅲ族原子少一个价电子，因此Ⅱ族元素杂质在 GaAs 中通常起受主作用，均为浅受主。

在 GaAs 中的电离能：Be[0.028eV]、Mg[0.0288eV]、Zn[0.0307eV]、Cd[0.0347eV]、Hg[0.012eV]；在 GaP 中的电离能：Be[0.057eV]、Mg[0.060eV]、Zn[0.070eV]、Cd[0.102eV]。在 GaAs 和 GaP 中常用的受主杂质是 Zn、Cd 和 Mg。

(3) 两性杂质。Ⅳ族元素(C、Si、Ge、Sn、Pb 等)替代晶格上的Ⅲ族原子时表现为施主；替代晶格上的Ⅴ族原子时表现为受主；如果是混乱地替代Ⅲ族和替代Ⅴ族原子，则总效果是起施主还是起受主作用，与掺杂浓度和浓度条件有关，一般为浅能级。

① Ⅳ族元素在 GaAs 中的状态。

Si 通常取代 Ga 而起施主作用($E_c-0.002eV$)，但当 Si 浓度$>10^{18}cm^{-3}$时，将取代 As 而主要起受主作用($E_v+0.03eV$)；另外，Si 还产生 2 个与络合物有关的能级([SiGa—SiAs]或[SiGa—VGa]络合物产生的($E_v+0.10eV$)能级，[As—空位]络合物产生的($E_v+0.22eV$)能级)。由于杂质的散射作用，可使迁移率降低，Si 在 GaAs 中有可能是一种有害的杂质。

Ge、Sn 取代 Ga 都产生($E_c-0.006eV$)浅施主能级，Ge、Sn 取代 As 都产生受主能级(Ge 的为($E_v+0.03eV$)，Sn 的为($E_v+0.20eV$))，Ge 络合物还产生一个($E_v+0.07eV$)的受主能级。一般，Si、Ge、Sn 常用作浅施主杂质。

② Ⅳ族元素在 GaP 中的状态。

Si 取代 Ga 而起施主作用($E_c-0.082eV$)，取代 As 而起受主作用($E_v+0.203eV$)；C 产生一个受主能级($E_v+0.041eV$)；Ge 产生一个受主能级($E_v+0.30eV$)；Sn 产生一个施主能级($E_c-0.065eV$)。

(4) 中性杂质：Ⅲ族元素(B、Al、In)和Ⅴ族元素(P、Sb)在 GaAs 中通常分别替代 Ga 和 As，由于杂质在晶格位置上并不改变原有的价电子数，因此既不给出电子也不俘获电子而呈电中性，对 GaAs 的电学性质没有明显影响。

4.1.4　Ⅱ-Ⅵ族半导体(CdTe、ZnS 等)中的浅能级杂质

Ⅲ族元素取代晶体的Ⅱ族原子时，和Ⅶ族元素取代晶体的Ⅵ族原子时，都将起施主作

用；例如，CdTe 中的 In、Al、Cl 都是施主（电离能为 0.014eV）。

Ⅰ族元素取代晶体的Ⅱ族原子时，和Ⅴ族元素取代晶体的Ⅵ族原子时，都将起受主作用；例如，CdTe 中的 Li、Na、P 都是受主（电离能为 0.03eV）。

4.2　浅能级杂质电离能的简单计算

4.2.1　类氢模型

对于浅能级杂质电离能的求解，往往解薛定谔方程是困难的。杂质原子与基质原子形成共价键后还存在一个价电子，且容易电离，如图 4.4 所示。这种特性与氢原子模型很相像，因此采取类氢模型进行近似计算。

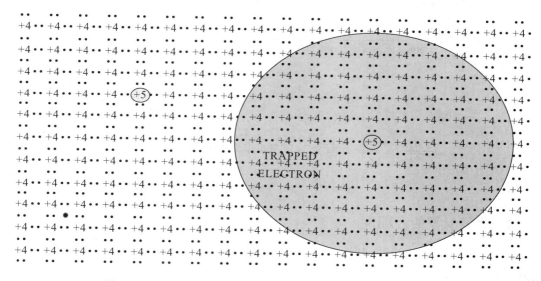

图 4.4　在 Si 单晶中，Ⅴ族施主替位杂质两种荷电状态的价键图

对于氢原子，因其中电子的能量为 $E_n = -m_0 q^4/(8\varepsilon_0^2 h^2 n^2)$，则基态电子的电离能为 $\Delta E_0 = E_\infty - E_1 = m_0 q^4/(8\varepsilon_0^2 h^2) = 13.6$ eV。

对于晶体中的浅能级杂质原子，类似于氢原子，但与氢原子中的电子相比，有两点不同：

（1）电子处于半导体中，如半导体的介电常数为 $\varepsilon = \varepsilon_0 \varepsilon_r$，则电子受到正电中心的引力将减弱 ε_r 倍，束缚能量将减小 ε_r^2 倍；

（2）电子在晶格周期性势场中运动，则电子的质量需用 m_n^* 来代替 m_0。因此，对于施主杂质，电离能为

$$\Delta E_D = \frac{m_n^* q^4}{8\varepsilon_{r2}\varepsilon_{02} h^2} = \frac{m_n^*}{m_0} \frac{\Delta E_0}{\varepsilon_{r2}} \tag{4.2.1}$$

对于受主杂质，电离能为

$$\Delta E_A = \frac{m_p^*}{m_0} \frac{\Delta E_0}{\varepsilon_{r2}} \tag{4.2.2}$$

例如，Ge：$\varepsilon_r = 16$，$\Delta E_D = 0.05(m_n^*/m_0)$；因一般 $(m_n^*/m_0) < 1$，则 $\Delta E_D < 0.05$ eV。

若取 $1/m_n^* = (1/m_1 + 2/m_t)/3$，$m_1 = 1.64\,m_0$，$m_t = 0.0819\,m_0$，则 $m_n^* = 0.12\,m_0$，得到 $\Delta E_D = 0.0064\,eV$，这与实验在数量级上基本相符。

Si：$\varepsilon_r = 12$，$\Delta E_D = 0.1\,(m_n^*/m_0)$；因一般 $(m_n^*/m_0) < 1$，则 $\Delta E_D < 0.1\ eV$。若取 $m_1 = 0.98\,m_0$，$m_t = 0.19\,m_0$，$m_n^* = 0.26\,m_0$，则得到 $\Delta E_D = 0.025\ eV$，这也与实验基本符合。图 4.5 表示各种半导体中杂质电离能的情况。

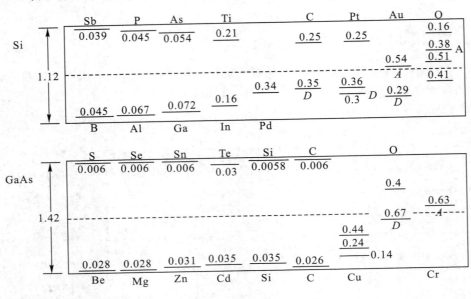

图 4.5　半导体中的杂质电离能

4.2.2　类氢模型的合理性

因为氢原子基态的 Bohr 半径为 $a_0 = \varepsilon_0 h_2/(\pi m_0 q^2) = 0.529\ \text{Å}$，则杂质基态的 Bohr 半径为 $a = \varepsilon_0\varepsilon_r h^2/(\pi m_n^{\square} q^2) = \varepsilon_r (m_0/m_n^{\square})a_0$；对于 Si 和 Ge，$a$ 比 a_0 要大数十倍，这表明浅能级杂质原子所束缚的电子（或空穴）的运动轨道确实很大，类似在中心 Coulomb 场中的运动，因此类氢模型是合理的。

不足点：没有考虑晶体的能带结构和杂质原子的结构等。

例 1　半导体硅单晶的介电常数 $\varepsilon_r = 11.8$，电子和空穴的有效质量各为 $m_{nl} = 0.97m_0$，$m_{nt} = 0.19m_0$ 和 $m_{pl} = 0.16m_0$，$m_{pt} = 0.53m_0$，利用类氢模型估计：

（1）施主和受主电离能；

（2）基态电子轨道半径 r_1。

思路与解：（1）利用下式求得 m_n^* 和 m_p^*。

$$\frac{1}{m_n^*} = \frac{1}{3}\left(\frac{1}{m_{nl}} + \frac{2}{m_{nt}}\right) = \frac{1}{3m_0}\left(\frac{1}{0.98} + \frac{2}{0.19}\right) = \frac{3.849}{m_0}$$

$$\frac{1}{m_p^*} = \frac{1}{3}\left(\frac{1}{m_{pl}} + \frac{2}{m_{pt}}\right) = \frac{1}{3m_0}\left(\frac{1}{0.16} + \frac{2}{0.53}\right) = \frac{10}{3m_0}$$

因此，施主和受主杂质电离能各为

$$\Delta E_D = \frac{m_n^*}{m_0}\frac{E_0}{\varepsilon_r^2} = \frac{1}{3.849}\times\frac{13.6}{11.8^2} = 0.025\ (eV)$$

$$\Delta E_{\mathrm{A}} = \frac{m_{\mathrm{p}}^{*}}{m_{\mathrm{o}}} \frac{E_{\mathrm{o}}}{\varepsilon_{\mathrm{r}}^{2}} = \frac{3}{10} \times \frac{13.6}{11.8^{2}} = 0.029 \ (\mathrm{eV})$$

（2）基态电子轨道半径各为

$$r_{1,\mathrm{p}} = \frac{\varepsilon_{\mathrm{r}} m_{\mathrm{o}} r_{\mathrm{B1}}}{m_{\mathrm{p}}^{*}} = \frac{11.8 \times 10 \times 0.53}{3} = 2.08 \times 10^{-9} \mathrm{m}$$

$$r_{1,\mathrm{n}} = \frac{\varepsilon_{\mathrm{r}} m_{\mathrm{c}} r_{\mathrm{B1}}}{m_{\mathrm{n}}^{*}} = 11.8 \times 3.849 \times 0.53 = 2.41 \times 10^{-9} \mathrm{m}$$

式中，r_{B1} 是玻尔半径。

评析：本题须注意的是，硅的导带为多能谷结构，价带有两个，所以在计算杂质电离能和电子轨道半径时，需考虑电子横向有效质量和纵向有效质量，重空穴和轻空穴有效质量。

4.3　半导体中的杂质补偿效应

4.3.1　杂质的补偿作用

当半导体中同时存在施主和受主时，将产生施主和受主的抵消作用，使载流子浓度减小，这就是所谓杂质的补偿作用。

一般定义如下符号来表示其中的物理量：

N_{D}：施主杂质浓度（Total Donor Concentration）。

N_{A}：受主杂质浓度（Total Acceptor Concentration）。

n：导带中的电子浓度（Electron Concentration）。

p：价带中的空穴浓度（Hole Concentration）。

N_{D}^{+}：Number of Ionized Donors per cm^{3}。

N_{A}^{-}：Number of Ionized Acceptors per cm^{3}。

n_{i}：Intrinsic Carrier Concentration。

施主和受主能级的位置如图 4.6 所示。

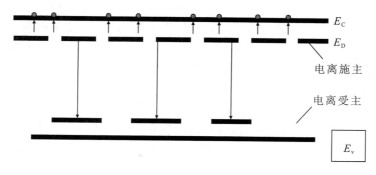

图 4.6　补偿半导体能带图

（1）在施主浓度 $N_{\mathrm{D}} \gg$ 受主浓度 N_{A} 时，首先施主上的电子有 N_{A} 个跃迁到受主能级，然后余下的 $(N_{\mathrm{D}} - N_{\mathrm{A}})$ 个电子跃迁到导带而成为载流子；故这时的有效施主浓度是 $(N_{\mathrm{D}} - N_{\mathrm{A}})$，$n = N_{\mathrm{D}} - N_{\mathrm{A}} \approx N_{\mathrm{D}}$。

（2）在受主浓度 $N_{\mathrm{A}} \gg$ 施主浓度 N_{D} 时，首先施主上的 N_{D} 个电子全部跃迁到受主能级，

然后受主能级上余下的$(N_A - N_D)$个空穴再跃迁到价带而成为载流子；故这时的有效施主浓度是$(N_D - N_A)$，$p = N_A - N_D \approx N_A$。

杂质的补偿作用是用来制造 p - n 结等器件和电路的工艺(扩散和离子注入)基础。

杂质的高度补偿(强补偿)：在 $N_D \approx N_A$ 时，载流子浓度≈ 0，即为高度补偿，这时半导体呈现为高阻状态。但是这种半导体与高纯的本征半导体不同，不能用来制造器件。

4.3.2　强补偿半导体的特殊性质

(1) 高掺杂时，杂质浓度随着位置的局部起伏很大，将导致显著的电势起伏，使能带图线发生无规的波动。

(2) Fermi 能级在某个区域可进入导带，而在另外的某个区域可进入价带。这就意味着在半导体中的不同区域可形成电子或空穴的"液滴"。因此，在低温条件下，强补偿半导体好似镶嵌有金属小颗粒的绝缘体。

(3) 强补偿半导体的电导率由"渗透能级"决定：在渗透能级以下的低能量导带电子，由于受到导带波峰的阻挡而被定域，不导电；但在渗透能级以上较高能量的导带电子，可以越过导带波峰而导电。所以，渗透能级相对于 Fermi 能级的位置决定着强补偿半导体的电导率。

4.3.3　重掺杂效应

重掺杂半导体将呈现出明显的量子效应(其中载流子的统计分布遵守 Fermi-Dirac 分布)，也称为简并(退化)半导体。

(1) 出现杂质能带和低温杂质导电。当掺杂浓度高至相邻杂质的基态电子轨道发生交叠时，这些基态电子即可在杂质原子之间作共有化运动，则使杂质能级展宽为杂质能带，同时出现杂质能带导电。但由于杂质原子的间距比晶格常数要大，则杂质能带较窄，电子的速度小，$m_\square$大，杂质能带的导电较弱；只有在低温下当主能带的导电贡献很小时，杂质能带的导电才会表现出来。注意：杂质能带中的电子虽然作共有化运动，但其状态并不是 Bloch 态(因为杂质的分布并不规则，更谈不上周期性)。

(2) 降低杂质的电离能。因为当高掺杂致载流子浓度很高时，载流子对杂质中心的势场将产生屏蔽作用，使得杂质中心对电子或空穴的束缚减弱，从而电离能降低。实验表明，在 Si 中，当 $N_D \approx 2 \sim 3 \times 10^{17} \text{cm}^{-3}$，或 $N_A \approx 7 \times 10^{18} \text{cm}^{-3}$ 时，相应杂质的电离能$\to 0$。

(3) 产生导带和价带的能带尾。大量的杂质中心的电势会对能带产生扰动，使得导带或价带出现能带尾，并与杂质能带相连。

总之，随着掺杂浓度的提高，电离能下降 → 当掺杂浓度高到一定程度后即出现杂质能带和杂质能带导电 → 掺杂浓度再高时即发生杂质能带与主能带重叠，同时能带尾伸长，导致禁带宽度变窄。这也就是简并半导体的重要特点。

4.4　半导体中的深能级杂质

4.4.1　Ge 和 Si 中的深能级杂质

非Ⅲ、Ⅴ族元素，在 Si 和 Ge 中引入的能级是深能级(电离能较大)，故称为深能级杂质。其特点是：① 可以起施主作用，也可以起受主作用；② 可以产生多次电离而形成多个能级。

深能级杂质举例：

（1）Ⅰ族元素。

Ge 中：Au、Cu、Ag 都是替代式杂质，各形成 3 个受主能级，Au 还形成一个施主能级；Li 是间隙式杂质，形成一个浅施主能级。

Si 中：Au 是替代式杂质，形成一个施主能级和一个受主能级，Cu 形成 3 个受主能级，Ag 形成一个受主能级。Li 形成一个间隙式浅施主能级。

（2）Ⅱ族元素。

Ge 中：Zn、Cd、Hg、Be 都是替代式杂质，各形成 2 个受主能级。

Si 中：Zn、Cd、Mg 都是替代式杂质，各形成 2 个受主能级；Be 也是替代式杂质，形成一个受主能级；Hg 还形成 2 个施主能级。

（3）Ⅵ族元素。

Ge 中：S、Se、Te 都是替代式杂质，各形成 2 个施主能级。

Si 中：S 是替代式杂质，形成 3 个施主能级；Te 是替代式杂质，形成 2 个施主能级；Se 和 O 的能级情况尚不清楚。

（4）过渡金属元素。

Ge 中：Mn、Fe、Co、Ni 都是替代式杂质，各形成 2 个受主能级，Co 还形成一个施主能级。

Si 中：Mn、Fe 都是替代式杂质，形成施主能级；Co、Ni 都是替代式杂质，各形成 2 个受主能级。

（5）Ⅲ族元素。

In 和 Tl 在 Si 中都是替代式杂质，都形成深的受主能级（In 为 0.16 eV，Tl 为 0.26 eV）。

4.4.2　Ge 和 Si 中的 Au 能级

Au 杂质在 Ge、Si 中都是替代式杂质。Au 的电子组态是 $5s^2 5p^6 5d^{10} 6s^1$，Au 在 Ge 中可以有 5 种带电状态（Au^0、Au^+、Au^{-1}、Au^{-2}、Au^{-3}），可形成 4 个深能级（E_D、E_{A1}、E_{A2}、E_{A3}）。Au 在 Si 中实际观测到了一个深施主能级和一个深受主能级。

（1）Ge 中，Au 取代 Ge 原子后，Au 的一个价电子进入共价键，还缺少 3 个电子才能组成完整的共价键，如图 4.7 所示。Au 的一个价电子可电离到导带（但因该电子已经进入共价键，故电离能很大），则呈现为施主（E_D、Au^+）；Au 也可以接受一个电子而起受主作用（E_{A1}、Au^{-1}）；Au 还可以接受两个电子而起受主作用（所需电离能较大一些，E_{A2}、Au^{-2}）；Au 更可以接受 3 个电子而起受主作用（所需电离能更大，E_{A3}、Au^{-3}）。所以，Au 在 Ge 中可以有 5 种带电状态（Au^0、Au^+、Au^{-1}、Au^{-2}、Au^{-3}），可形成 4 个深能级（E_D、E_{A1}、E_{A2}、E_{A3}）。

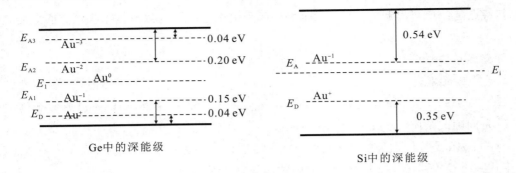

图 4.7　Ge 和 Si 中的 Au 能级

（2）Si 中，对于 Au 所形成的深能级，采用 DLTS 法等只检测到了一个施主能级 $Au^+(E_v+0.35\ eV)$ 和一个受主能级 $Au^-(E_c-0.54\ eV)$，其他的能级也可能太深（进入了能带）而检测不到。

在半导体中，Au 原子的带电状态与半导体的型号和掺杂浓度有关：在 n 型半导体中，容易获得电子而成为 Au^-；在 p 型半导体中，容易失去电子而成为 Au^+。

例 2　设 Si 中金原子浓度为 $10^{15}/cm^3$，试说明下面两种情况下硅中金原子的带电状态：（1）掺有浓度为 $10^{16}/cm^3$ 的磷；（2）掺有浓度为 $10^{16}/cm^3$ 的硼。

解　金在硅中是两性杂质，主要以替位式杂质存在。

$$E_c-E_D=0.77\ eV\quad（施主能级）$$
$$E_A-E_V=0.58\ eV\quad（受主能级）$$

（1）掺有 P 的 n-Si 中，金原子易得到电子成为 Au^-；

（2）掺有 B 的 p-Si 中，金原子易失去电子成为 Au^+，如图 4.8 所示。

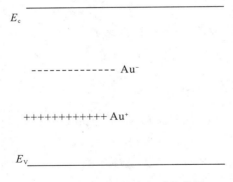

图 4.8　掺 Au 的两性杂质能带图

深能级杂质，含量少，能级深，对载流子的复合作用强烈，也称它们为复合中心。

制造高速开关器件时，常有意地掺入 Au 来提高开关速度。

4.4.3　Ⅲ-Ⅴ族半导体中的深能级杂质

1. GaAs 中的深能级杂质

（1）Ⅰ族元素在 GaAs 中作为替代式杂质，一般是产生受主能级，多数为深能级，也有浅能级。间隙杂质 Li 产生较浅的受主能级。间隙杂质 Cu 将产生施主能级。

（2）Ⅲ族和Ⅴ族元素在 GaAs 中既不起施主作用，也不起受主作用，是电中性杂质，不产生能级。

2. GaP 中的深能级杂质

（1）Ⅰ族元素在 GaP 中作为替代式杂质，情况与 GaAs 中的相同。

（2）Ⅲ族和Ⅴ族元素在 GaP 中的情况与 GaAs 的不同，可产生"等电子陷阱"深能级。如 N 和 Bi 将分别产生一个俘获电子的能级（$E_c - 0.008$ eV）和一个俘获空穴的能级（$E_c + 0.038$ eV）。

4.4.4　等电子陷阱

等电子杂质，即是与所取代的基体原子具有相同价电子数目的杂质。一般不是电活性的，不应产生能级。但实际上，有时在禁带中可产生深能级，即陷阱能级。

（1）产生等电子陷阱的原因。

虽然价电子数目相同，但电负性不同，所以会产生等电子陷阱。

例如，对 GaP 半导体，由于 N、P、Bi 的电负性分别为 3.0、2.1、1.9，当杂质 N 取代晶格上的 P 之后，N 比 P 有更强的获得电子的倾向，则可吸引一个导带的电子而成为负离子，成为电子陷阱；当杂质 Bi 取代晶格上的 P 之后，Bi 比 P 有更强的给出电子的倾向，则可吸引一个价带空穴而成为正离子，成为空穴陷阱。这种等电子杂质不会像施主和受主那样，产生长程作用的 Coulomb 势，但却存在有由核心力引起的短程作用势，从而可形成载流子的束缚态，即陷阱能级。

（2）等电子杂质的例子。

① 等电子元素，如 C 在 Si 中；N 或 Bi 在 GaP 中；N 在 $GaAs_{1-x}P_x$ 中；O 在 ZnTe 中；Te 在 CdS 中。

② 等电子络合物，如 Zn 和 Ga 同时加入 GaP 或 $GaAs_{1-x}P_x$ 中，当 Zn 取代 Ga 原子，O 取代 P 原子，而且这两个杂质原子处于相邻格点时，即形成一个电中性的 Zn-O 复合体（因为 Zn 比 Ga 阳性强，O 比 P 阴性强，故 Zn-O 结合要强于 Zn-P 结合和 Ga-O 结合，从而可形成 Zn-O 络合物；由于 Zn-O 复合体的总价电子数目正好等于所取代的 Ga 和 P 的价电子数之和，故 Zn-O 复合体在晶体中是电中性的）。但是由于 Zn-O 复合体与 GaP 在性质上的差别，特别是 O 的电负性比 P 的电负性大，故 Zn-O 复合体可以俘获一个电子而呈现为陷阱；该复合体所俘获的电子的电离能是（$E_c - 0.30$eV），这也就是所产生的陷阱能级的深度（O、P、Zn、Ga 的电负性分别为 3.5、2.1、1.6、1.6）。

（3）等电子陷阱的作用。

N 和 Zn-O 复合体可提高 GaP 或 $GaAs_{1-x}P_x$ 发光二极管的发光效率：因为等电子陷阱在俘获载流子后将成为带电中心，这又可以通过 Coulomb 作用而俘获另外一个符号相反的载流子，结果相当于有一对电子-空穴被带电中心所束缚，从而形成所谓束缚激子。

束缚激子与能在晶体中作公有化运动的自由激子不同，它被局限在很小的范围内，具有比较大的复合几率，而且有尖锐的发光谱线，所以可提高发光效率。

4.5　缺陷、位错能级

4.5.1　半导体中的点缺陷能级

1. 半导体中的点缺陷状态

（1）Ge、Si 中的点缺陷：由晶格热振动所产生，也称为热缺陷。

空位：空位又称为 Schottky 缺陷，是比间隙原子多得多的常见缺陷。空位将产生不饱和的共价键，倾向于接受电子，则呈现为受主作用（$V_0^{+e} \to V^-$）；Si 中的受主能级位于（$E_c - 0.16\text{eV}$）。空位也可以再激发掉电子，则呈现为施主作用；Si 中的 2 个施主能级是（$E_v + 0.05\text{eV}$）[$V_0^{-e} \to V^+$]和（$E_v + 0.13\text{eV}$）[$V^{-e} + \to V^{2+}$]。

间隙原子：空位-间隙原子对，称为 Frankel 缺陷。间隙原子存在有未形成共价键的电子，可以失去，则呈现为施主作用。

根据空位和间隙的位置不同，如图 4.9 所示，分为以下两种缺陷。

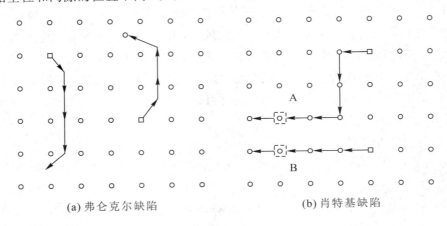

（a）弗仑克尔缺陷　　　　　　　　　　（b）肖特基缺陷

图 4.9　点缺陷

弗仑克尔缺陷：一定温度下，格点原子在平衡位置附近振动，其中某些原子能够获得较大的热运动能量，克服周围原子化学键束缚而挤入晶体原子间的空隙位置，形成间隙原子，原先所处的位置相应成为空位。这种间隙原子和空位成对出现的缺陷称为弗仑克尔缺陷。

肖特基缺陷：由于原子挤入间隙位置需要较大的能量，所以常常是表面附近的原子 A 和 B 依靠热运动能量运动到外面新的一层格点位置上，而 A 和 B 处的空位由晶体内部原子逐次填充，从而在晶体内部形成空位，而表面则产生新原子层，结果是晶体内部产生空位但没有间隙原子，这种缺陷称为肖特基缺陷。

虽然这两种点缺陷同时存在，但由于在 Si、Ge 中形成间隙原子一般需要较大的能量，所以肖特基缺陷存在的可能性远比弗仑克尔缺陷大，因此 Si、Ge 中主要的点缺陷是空位。

（2）化合物半导体中的点缺陷：由晶格热振动和组分偏离所产生。

在 GaAs 中，有 3 种点缺陷：① 空位（VGa，VAs）；② 间隙原子（IGa，IAs）；③ 反结构缺陷（有 As 取代 Ga 的 AsGa[施主]，还有 Ga 取代 As 的 GaAs[受主]）。V_{Ga}，V_{As} 都

表现为受主（V_{As} 有一个受主能级（$E_V+0.12eV$），V_{Ga} 有 2 个受主能级（$E_V+0.01eV$）和（$E_V+0.18eV$））。

在离子半导体 M_X（硫化物、Se 化物、Te 化物、氧化物等离子性很强的半导体）中，点缺陷都是带电中心：正离子空位 V_M 为受主，负离子空位 V_X 为施主，正离子间隙 I_M 为施主，负离子间隙 I_X 为受主（V_M 是负电中心，束缚有一个空穴，可激发到价带，故起受主作用）。如果带电中心有多个电子电荷，则可产生多重能级。

在组分偏离正常化学比时，也将产生点缺陷（M 偏多时则产生 V_X，X 偏多时则产生 V_M）；从而可通过调节组分来控制离子半导体的导电类型：例如，把 PbS 放到 S 分压大的气氛中处理后，则可伴随产生 Pb 空位而得到 p 型 PbS。又如，把 ZnO 置于真空中进行脱氧处理，就可产生氧空位而获得 n 型 ZnO。

2. 单极性半导体

只能制作成 n 型或 p 型的半导体称为单极性半导体。一般地，离子性较强的半导体（如 II-VI 族半导体）多数为单极性半导体。

例如 CdS：其中形成负离子空位（S^{2-}）所需要的能量比形成正离子空位的要小，则通常总是存在有一定数量的（S^{2-}）；而（S^{2-}）是带 2 个电荷的正电中心，束缚有 2 个电子，起施主作用。因此 CdS 一般是 n 型的。

又如 ZnO、ZnSe、CdSe：其中通常也是存在负离子空位，因此一般也是 n 型的。但是 ZnTe 情况相反：其中通常存在的是正离子空位，起受主作用，因此一般是 p 型的。

对单极性半导体，若掺入的反型杂质浓度不是很高，则由于其中存在的离子空位的补偿作用（称为晶体的自补偿作用），很难改变导电型号，所以单极性半导体 p-n 结的制造比较困难。

4.5.2　半导体中的位错

1. 半导体中位错的电性能

（1）Si、Ge 中的位错最简单的是 $60°$ 棱位错（在(111)面内，位错线的方向与滑移方向是互相成 $60°$ 夹角的〈110〉）：有一串悬挂键，可以接受电子而成为一串负电中心，起受主作用；也可以失去电子而成为一个正电中心，起施主作用。这些受主或施主中形成的能级实际上组成一个一维的很窄的能带。实验测得的位错能级是 $[E_V+(0.06\pm0.03)eV]$（Si 中）和 $[E_C 下(0.2\sim0.3)eV]$（Ge 中），都起受主作用（深受主能级）。

不过，单纯的位错即使浓度达到 $10^5 cm^{-2}$，它所提供的载流子浓度也只是约 $10^{12} cm^{-3}$，故对半导体的导电性能的影响实际上不大。但是，当位错密度较高时，将对 n 型半导体中的施主有补偿作用，使电子浓度降低（对 p 型半导体未发现位错的补偿作用）。

（2）由于棱位错周围存在张应变和压应变，则棱位错能带将发生禁带宽度的变窄和变宽。因为体积形变 $\Delta V/V_0$，而使导带底 E_C 和价带顶 E_V 的改变为

$$\Delta E_C=\frac{\varepsilon_C}{V_0}\Delta V, \quad \Delta E_V=\frac{\varepsilon_V}{V_0}\Delta V$$

于是禁带宽度的变化为

$$\Delta E_g=\frac{(\varepsilon_C-\varepsilon_V)\Delta V}{V_0}$$

式中 ε_c 和 ε_v 是形变势常数(表示单位体积形变所引起的 E_c 和 E_v 的变化)。

2. 对半导体的重要影响

(1) 有一定的施主、受主和杂质补偿的作用。

(2) 位错所造成的晶格畸变是散射载流子的中心,将严重散射载流子,影响迁移率;不过在位错密度小于 10^8cm^{-2} 时,这种散射作用可忽略。但在 n 型 Si 中,位错作为受主中心电离后即形成一条带负电的线,这将对载流子产生各向异性的散射作用。

(3) 形成深能级,促进载流子的复合。

(4) 促进杂质的沉积:位错应力场与杂质的相互作用,使得杂质优先沿位错线沉积;特别是在 Si 中溶解度小、扩散快的重金属杂质(Cu、Fe、Au 等),更容易沉积在位错线上。这就将形成大量的深能级复合中心,甚至引起导电通道。

如果有一定量的 C、O 或 N 原子沉积在位错线上(实际上是处于某种键合状态),可以"钉"住位错,使得位错不易滑移和攀移,这将使 Si 片的强度大大提高。

习　题

一、填空题

1. 半导体中的两类杂质是:_____杂质、_____杂质。

2. 束缚比较弱者,在禁带中形成较浅的局域化能级(束缚能量大致与 kT 相当),相应地称为_____能级杂质或_____;束缚比较强者,相应地称为_____能级杂质。

3. 半导体中的浅能级杂质:

杂质在半导体中电离时,能够释放电子而产生导电电子并形成正电中心,这种杂质称为_____杂质或_____型杂质。

杂质在半导体中能够接受电子而产生导电空穴并形成_____中心,这种杂质称为_____杂质或_____型杂质。

4. 杂质进入半导体后可以_____和_____两种形式存在,其引入的能级可分为_____和_____,施主杂质未电离时是_____,电离后成为_____,称为_____。

5. 浅能级杂质的杂质电离能和基态轨道半径采用_____模型来计算。

6. 当半导体中同时存在施主和受主时,将产生施主和受主的_____作用,使载流子浓度_____,这就是所谓杂质的补偿作用。杂质的补偿作用是用来制造 p-n 结等器件和电路的工艺(扩散和离子注入)基础。

7. 杂质的高度补偿(强补偿):在 $N_D\_N_A$ 时,载流子浓度 ≈ 0,即为高度补偿,这时半导体呈现为_____阻状态,不能用来制造器件。

8. 重掺杂半导体将呈现出明显的量子效应(其中载流子的统计分布遵守_____分布),也称为_____(退化)半导体。① 出现_____能带和_____温杂质导电;② _____杂质的电离能;③ 产生导带和价带的能带尾,使禁带宽度变_____。

9. 非Ⅲ、Ⅴ族元素,在 Si 和 Ge 中引入的能级是_____能级(电离能较大),故称为_____能级杂质。其特点是:① 可以起施主作用,也可以起受主作用;② 可以产生多次电离而形成多个能级。

二、简答题

1. Si、Ge 中常用的施主杂质和受主杂质有哪些?

2. 高阻的本征半导体材料和高阻的高度补偿的半导体材料的区别是什么?

3. 以硅中掺杂为例,举例说明什么是浅能级杂质? 什么是深能级杂质? 各自的作用是什么? 什么是杂质的补偿作用? 举例说明杂质补偿作用在晶体管或集成电路制造中的实际应用。

4. 指出半导体中电子处于价带、杂质能级、导带和真空能级分别对应真实空间什么状态。

5. Si 中掺 P(磷)和 Au(金)的作用有何不同?

6. 半导体的禁带,是指没有电子能量状态的区域,但为什么杂质和缺陷能级却可以分布在禁带中?

7. GaAs 中常用的施主杂质和受主杂质有哪些? Si 原子在 GaAs 中是什么性质的杂质? 有何特殊的行为?

8. 为什么施主和受主的束缚电子状态可采用类氢模型来讨论? 而深能级状态为什么不能简单地采用类氢模型来讨论?

9. 杂质能带中的电子与导带、价带中的电子,都是在能带中作共有化运动。它们的状态是否都是 Bloch 态? 有何不同?

10. Au 原子在 Si、Ge 中的行为怎样? 它为什么会形成多个深能级?

11. 等电子杂质在半导体中为什么会形成陷阱? 对半导体发光性能的影响如何?

12. 半导体中的负电中心为什么会起受主作用?

13. 半导体中的点缺陷大致有哪些? 其电性能如何?

14. 什么是单极性半导体? 出现"单极性"的主要原因是什么?

15. 强补偿半导体的电阻率很高,它与本征半导体有何本质上的不同?

16. 位错对半导体性能的影响大致怎样?

三、计算题

对于 InSb,已知 $\varepsilon = 17$,$m_n = 0.014 m_0$,计算:浅施主的电离能和基态轨道半径(氢的基态电离能 $\Delta E_0 = 13.6$ eV,Bohr 半径 $a_0 = 0.53 \text{Å}$)。

第 5 章　载流子的统计分布

　　能带理论提供了半导体内部载流子的基本信息，半导体中两种类型的载流子，即导带中的电子和价带中的空穴对电荷起的作用。为计算半导体的电学特性，分析器件的工作状态，通常必须知道材料中每平方厘米载流子的数目。对于一种给定标准掺杂的半导体材料来说，多数载流子的浓度是很容易得到的，而对于少数载流子浓度却是不明显的，且与温度的关系也很大。本章讨论了半导体内部载流子的统计分布，以及可能占据某个量子的概率，从而求出载流子的浓度。本章重点分析了非简并半导体内部载流子随掺杂浓度和温度的变化。

　　前面讨论的是在一定温度下的载流子的统计分布规律，接着我们要讨论在一定外界作用下，破坏原来的平衡状态，载流子比平衡态时多出来或者减少一部分电子和空穴，产生了非平衡载流子，电子器件产生电流就靠非平衡载流子存在才产生的。本章最后重点讨论了平衡载流子的产生和复合过程。

5.1　电子的分布函数

　　要得到载流子浓度的等式，先要知道可能存在的中载流子的分布情况。利用统计学方法，这种分布情况是不难求出的，但首先要了解它们所遵循的分布函数。

5.1.1　F - D 分布函数

　　在热平衡状态下，能量为 E 的一个量子态被一个电子占据的几率就是费米-狄拉克(Fermi-Dirac，简称 F - D)分布函数：

$$f(E) = \frac{1}{1 + e^{E - E_F/kT}} \tag{5.1.1}$$

其中，E_F 称为 Fermi 能级，实际上就是电子系统的化学势：$E_F = \mu = (\partial F/\partial n)_T$，即是系统增加一个电子所引起的系统自由能的变化。在热平衡状态下，系统有统一的化学势，因此电子系统在热平衡时有统一的 Fermi 能级，是反映电子占据或基本不占据某一能量状态的标志。费米能级是分析不同掺杂类型载流子浓度情况的一个标志，可以更容易了解内部载流子随掺杂浓度和温度的变化。

　　费米能级的数值与半导体材料的导电类型、杂质含量、温度以及能量零点的选取有关。当几个具有不同费米能级的子系统组成一个新系统时，必然产生电子的流动。电子要从费米能级高的地方流向费米能级低的地方，直到各处的费米能级相等，新系统才处于热平衡状态。

　　Fermi-Dirac 分布函数的特性如下：

　　(1) $f(E_F)$ 与温度有关。

F－D分布函数在 0 K 时的分布情况可以用如图 5.1 所示的矩形来表示。

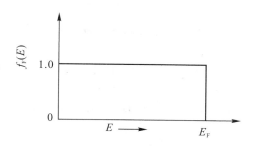

图 5.1 0K 时，F－D分布函数

当 $T=0$K 时，当 $E<E_F$ 时，$f(E_F)=1$；当 $E>E_F$ 时，$f(E_F)=0$。

这说明比费米能级低的能态全部被电子占据，而 E_F 上方的能带全不被占据，为空态。

当 $E<E_F$ 时，则 $f(E)>1/2$；当 $E=E_F$ 时，则 $f(E)=1/2$；当 $E>E_F$ 时，则 $f(E)<1/2$。

例如，当 $(E-E_F)>5kT$ 时，$f(E)<0.07$，即比 E_F 高 $5kT$ 的量子态被电子占据的几率只有 0.7%；当 $(E-E_F)<-5kT$ 时，$f(E)>0.993$，即比 E_F 低 $5kT$ 的量子态被电子占据的几率为 99.3%。

因此，E_F 可以用作电子填充量子态的一个标准（在温度不很高时，E_F 之上的量子态基本上是空着的；E_F 之下的量子态，基本上是填满的）。图 5.2 表示了在不同温度下 F－D分布函数情况，随着温度的升高，概率函数增大。

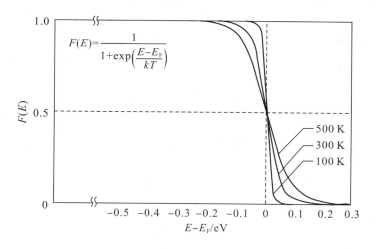

图 5.2 F－D分布函数

例 1 令 $T=300$K，试计算比费米能级高 $3kT$ 的能级被电子占据的概率。

解

$$f(E)=\frac{1}{1+\exp\left(\dfrac{E-E_F}{kT}\right)}=\frac{1}{1+\exp\left(\dfrac{3kT}{kT}\right)}$$

$$f(E)=\frac{1}{1+20.09}=0.0474=4.74\%$$

说明：比 E_F 高的能量中，量子态被电子占据的概率远小于 1，或者说，电子与有效量子态的比值很小。

（2）$f(E_F)$与费米能级有关。

费米能级的位置标志了电子填充能级的水平，费米能级越高，说明有较多的能量较高的量子态上有电子。

由图 5.3 中可以看出，随 $E_F \uparrow$，$f(E) \uparrow$，能带中的电子占有几率增加。

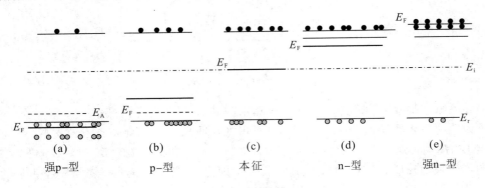

(a)	(b)	(c)	(d)	(e)
强p-型	p-型	本征	n-型	强n-型

图 5.3　不同类型半导体中 E_F 能级的位置

5.1.2　M-B 分布函数

为了用简单的指数函数近似费米-狄拉克函数，从而规定满足费米能级上下若干个 kT 的约束条件，称为费米-狄拉克函数的麦克斯韦-玻尔兹曼（Maxwell-Boltzmann，简称 B-E）近似。

1. 电子的玻氏分布

在 $(E-E_F) > 3kT$ 时，$1 + \exp[(E-E_F)/kT] \approx \exp[(E-E_F)/kT]$，则得到 M-B 分布函数，

$$f(E) \approx \exp -\frac{E-E_F}{kT} = A \exp -\frac{E}{kT} \qquad (5.1.2)$$

区别：F-D 受到泡利不相容原理的限制，在 $E-E_F \gg kT$ 条件下，泡利原理失去作用，故 F-D 分布和 M-B 分布一致，如图 5.4 所示。

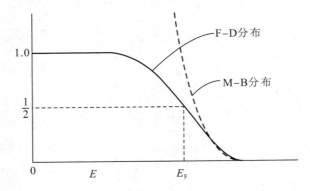

图 5.4　F-D 分布函数和 M-B 分布函数的近似

例 2　$E - E_F = 5kT$ 时，分别计算 F–D 分布和 M–B 分布函数。

$$f(E) = \frac{1}{e^{\frac{E - E_F}{kT}} + 1} = \frac{1}{e^5 + 1} = 0.006\,693$$

$$f_B(E) = e^{-5} = 0.006\,739$$

说明：$E - E_F \gg kT$ 这种表达式可能会产生误导。当 $E - E_F \approx 3kT$ 时，F–D 和 M–B 分布会产生 5% 的差异。

2. 空穴的分布函数

根据 F–D 分布，如图 5.5 所示，一个状态为空的几率为

$$1 - f(E) = \frac{1}{1 + \exp[(E_F - E)/kT]} \tag{5.1.3}$$

对于非简并半导体，可近似为 Boltzmann 分布：

$$1 - f(E) = B \exp \frac{E}{kT}, \quad B = \exp\left(-\frac{E_F}{kT}\right) \tag{5.1.4}$$

$E_F \uparrow$，$1 - f(E) \downarrow$，空穴占有几率下降，即电子填充水平增高；$E \uparrow$，空穴占有几率增加。

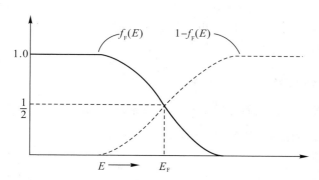

图 5.5　一个状态被占据的概率和一个状态为空的概率

3. 简并与非简并半导体

假设：掺入杂质原子的浓度与晶体或半导体原子的浓度相比很小。

这些少量的原子的扩散速度足够快，因此施主能级间不存在相互作用；杂质会在 n 型或 p 型半导体中引入分立的、无相互作用的施主或受主能级。通常把服从玻尔兹曼统计分布的半导体称为非简并半导体（Nondegenerate Semiconductor）。

如果掺杂浓度增加，杂质原子之间的距离逐渐缩小，将使施主电子开始相互作用。单一、分立的施主能级就将分裂为一个能带，浓度上升，带宽上升，交叠加重。当导带中的电子浓度超过了状态密度 N_c 时，费米能级就位于导带内部，这种类型半导体称为 n 型简并半导体。同理，当空穴浓度超过了状态密度 N_V 时，费米能级就位于价带内部，称为 p 型简并半导体。把服从费米统计分布的半导体称为简并半导体（Degenerate Semiconductor）。

其不同情况下费米能级位置分布，如图 5.6 所示，费米能级位于禁带中央区域的半导体称非简并半导体，其他两侧称简并半导体。

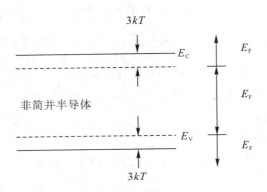

图 5.6　简并与非简并半导体 E_F 能级位置

5.2　半导体能带极值附近的能态密度

　　要计算半导体中的导带电子浓度，必须先要知道导带中能量间隔内有多少个量子态。又因为这些量子态上并不是全部被电子占据，因此还要知道能量为 E 的量子态被电子占据的几率是多少。将两者相乘后除以体积就得到区间的电子浓度，然后再由导带底至导带顶积分就得到了导带的电子浓度。

5.2.1　k 空间的状态密度

　　要想得到状态密度，首先要知道半导体中载流子的浓度和能量分布。

1. 能带极值附近的能态密度函数 (Density of State)

$$g(E) = \mathrm{d}Z/\mathrm{d}E$$

定义为两个能级间隔里，晶体中单位体积里允许电子存在的能量状态的数目。通过能带理论，可以计算出载流子的状态密度。一般地，我们采用单电子近似的理论去求解。假设晶体中能带边或导带中的电子在晶体中近自由运动。由图 5.7(a) 可以看出，在能带底的电子处于图 5.7(b) 中的赝势阱中，阱的边界位于半导体表面。这样具有能量为 E_C 的电子相对

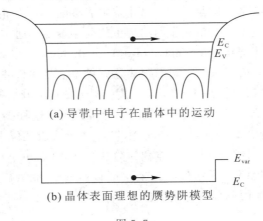

(a) 导带中电子在晶体中的运动

(b) 晶体表面理想的赝势阱模型

图 5.7

于势垒是小量，电子就好比束缚在一个三维箱子中。因此，极值附近的状态密度能够等效为晶体这个三维箱子中质量为 m^* 的粒子可以占有的状态密度。

2. 状态密度

要想得到状态密度，需先求 k 空间的量子态密度——单位 k 空间体积内的量子态数，再求出能量间隔 $\mathrm{d}E$ 对应的 k 空间体积，近而求出能量间隔 $\mathrm{d}E$ 对应的量子态数 $\mathrm{d}Z$，最后计算状态密度 $g(E)$。

1) k 空间的量子态密度

考虑一个质量为 m 和能量为 E 的粒子限制在晶体大小的箱子里，如图 5.8 所示。x，y，z 方向晶体长度分别定为 a，b，c，势能 $U(x,y,z)$ 为常数，晶体的体积 $V=abc$。

现在求解箱子内粒子的运动状态，已知：

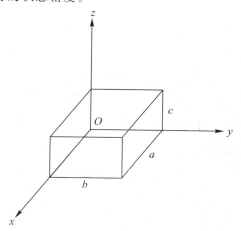

图 5.8　三维晶体箱子(三维有限深势阱)

Schrodinger 定态方程：

$$\frac{\partial^2 \psi}{\partial x^2} + \frac{\partial^2 \psi}{\partial y^2} + \frac{\partial^2 \psi}{\partial z^2} + k^2 \psi = 0 \tag{5.2.1}$$

这里，$0<x<a$，$0<y<b$，$0<z<c$。

令 $k \equiv \sqrt{\dfrac{2mE}{\hbar^2}}$，即

$$E = \frac{\hbar^2 k^2}{2m} \tag{5.2.2}$$

假设方程的波函数有如下形式：

$$\psi(x,y,z) = \psi(x)\psi(y)\psi(z) \tag{5.2.3}$$

把上式带入等式(5.2.1)中，分离变量，可以得到

$$\frac{1}{\psi(x)}\frac{\mathrm{d}^2 \psi(x)}{\mathrm{d}x^2} + \frac{1}{\psi(y)}\frac{\mathrm{d}^2 \psi(y)}{\mathrm{d}y^2} + \frac{1}{\psi(z)}\frac{\mathrm{d}^2 \psi(z)}{\mathrm{d}z^2} + k^2 = 0 \tag{5.2.4}$$

由于 k^2 是一个常数，在 x，y，z 分量上波函数也是常数。这样，

$$\frac{1}{\psi(x)}\frac{\mathrm{d}^2 \psi(x)}{\mathrm{d}x^2} + k_x^2 = 0 \tag{5.2.5a}$$

或者

$$\frac{\mathrm{d}^2 \psi(x)}{\mathrm{d}x^2} + k_x^2 \psi(x) = 0,\ 0<x<a \tag{5.2.5b}$$

方程的通解为

$$\psi(x) = A\sin kx + B\cos kx \tag{5.2.6a}$$

代入边界条件，可求得波函数为

$$\psi(x) = A\sin kx,\quad 0<x<a \tag{5.2.6b}$$

考虑到其他两个方向，同样可求相应的波函数的解。假设三维晶体中，总的波函数的解有如下关系：

$$\psi(x,\ y,\ z)=A\sin k_x x\sin k_y y\sin k_z z$$
$$k^2=k_x^2+k_y^2+k_z^2$$
$$k_x=\frac{n_x\pi}{a},\quad k_y=\frac{n_y\pi}{b},\quad k_z=\frac{n_z\pi}{c} \tag{5.2.7}$$
$$n_x,\ n_y,\ n_z=\pm1,\ \pm2,\ \pm3,\cdots$$

将 Schrödinger 方程的解，即 k 空间（倒易空间）中的一系列点连起来，构成 k 空间的量子态的分布，如图 5.9(a) 所示。取其中一个最小的体积单元（原胞），图 5.9(b) 中的原胞包含了一个量子态（$8\times\frac{1}{8}=1$），原胞的体积为 $V'=\dfrac{\pi^3}{abc}$，则单位 k 空间体积内允许电子存在的状态数为

$$\frac{量子态数目}{k\ 空间的体积}=\frac{1}{V'}=\frac{abc}{\pi^3}=\frac{V}{\pi^3} \tag{5.2.8}$$

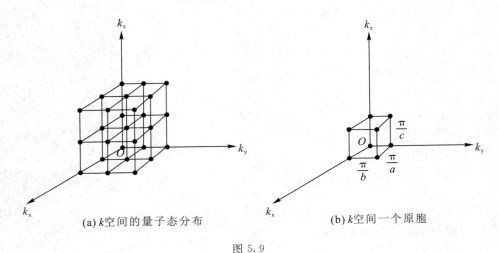

(a) k 空间的量子态分布　　　　(b) k 空间一个原胞

图 5.9

2) 能量间隔 dE 对应的 k 空间体积

如图 5.10 所示，可知在能量 E 到 $E+$dE 的能量间隔内，两个 k 球间的体积为 $4\pi k^2$dk。

$$V'=4\pi k^2 \mathrm{d}k \tag{5.2.9}$$

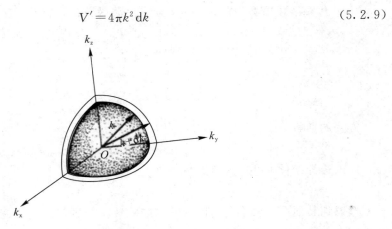

图 5.10　k 空间半径为 k 和 $k+$dk 的两个等能球面

3）能量间隔 dE 对应的量子态数 dZ

$$dZ = 2(4\pi k^2 \, dk) \cdot (V) = 8\pi k^2 V \, dk \qquad (5.2.10a)$$

$$k = \frac{1}{h}\sqrt{2mE}, \quad dk = \frac{1}{\hbar}\sqrt{\frac{m}{2E}} \, dE \qquad (5.2.10b)$$

$$E(k) - E(0) = \frac{h^2 k^2}{2m} \qquad (5.2.10c)$$

4）状态密度 $g(E)$

由前面可以推导出状态密度的一般表达式为

$$g(E) = \frac{dZ}{dE} = \frac{V}{2\pi^2}\left[\frac{2m}{\hbar}\right]^{\frac{3}{2}} E^{\frac{1}{2}} \, dE \qquad (5.2.11)$$

例 3　计算能量处于 0～1 eV 之间的单位体积的状态密度。

解　量子态体密度为

$$N = \int_0^1 g(E) \, dE = 4\pi V\left[\frac{2m}{h^2}\right]^{\frac{3}{2}}\int_0^1 E^{\frac{1}{2}} \, dE$$

$$N = 4\pi V\left[\frac{2m}{h^2}\right]^{\frac{3}{2}} \cdot \frac{2}{3} E^{\frac{3}{2}}$$

$$N = \frac{4\pi\left[2(9.11\times10^{-31})\right]^{\frac{3}{2}}}{(6.625\times10^{-34})^3}\times\frac{2}{3}\times(1.6\times10^{-19})^{\frac{3}{2}} = 4.5\times10^{27}\,\mathrm{m^{-3}}$$

说明：量子态密度通常是一个很大的值。量子态实际密度也是一个很大的值，但它通常小于半导体晶体中的原子密度。

5.2.2　半导体导带底附近和价带顶附近的状态密度

讨论的出发点：

（1）在极值附近的载流子是自由粒子（质量为 m^*，球形等能面）：

$$E(k) = E_C + \frac{\hbar^2 k^2}{2m_n^*}, \quad E(k) = E_V - \frac{\hbar^2 k^2}{2m_p^*} \qquad (5.2.12)$$

（2）k 空间中的一个代表点 (k_x, k_y, k_z) 对应于一个量子态。

在 k 空间中，一个代表点所占的体积为 $1/L^3 = 1/V$，则 k 空间中的状态密度＝晶体体积 V，若计入电子自旋，则 k 空间中的状态密度＝$2V$。

1. 计算导带底附近的能态密度 $g_c(E)$

能量 $E \to E + dE$ 之间的量子态数 $dZ = k$ 空间中相应两个球壳之间（体积为 $4\pi k^2 \, dk$）的量子态数：

$$dZ = 2V \times 4\pi k^2 \, dk$$

而

$$k = \frac{1}{\hbar}(2m_n^*)^{\frac{1}{2}}(E - E_C)^{\frac{1}{2}}, \quad k \, dk = \frac{1}{\hbar^2}m_n^* \, dE$$

则

$$dZ = \frac{4\pi V}{\hbar^3}(2m_n^*)^{\frac{3}{2}}(E - E_c)^{\frac{1}{2}} \, dE$$

故

$$g_C(E) = \frac{\mathrm{d}Z}{\mathrm{d}E} = \frac{4\pi V}{\hbar^3}(2m_n^*)^{\frac{3}{2}}(E - E_C)^{\frac{1}{2}} \propto (E - E_C)^{\frac{1}{2}} \qquad (5.2.13)$$

2. 对于实际 Si 和 Ge 的导带底

不同能带结构，存在不同数目的 (s 个) 旋转椭球等能面。

$$E(k) = E_C + \frac{\hbar^2}{2}\left(\frac{k_1^2 + k_2^2}{m_t} + \frac{k_3^2}{m_1}\right)$$

同样可求得

$$g_C(E) = \frac{\mathrm{d}Z}{\mathrm{d}E} = \frac{4\pi V}{\hbar^3}(2m_n^*)^{\frac{3}{2}}(E - E_C)^{\frac{1}{2}} \qquad (5.2.14)$$

但其中 $m_n^* = m_{dn} = s^{2/3}(m_1 m_t^2)^{1/3}$，称为导带底电子状态密度有效质量。

3. 计算价带顶附近的能态密度 $g_V(E)$

因为

$$E(k) = E_V - \frac{\hbar^2}{2m_p^*}(k_x^2 + k_y^2 + k_z^2)$$

所以

$$g_V(E) = \frac{\mathrm{d}Z}{\mathrm{d}E} = \frac{4\pi V}{\hbar^3}(2m_p^*)^{\frac{3}{2}}(E_V - E)^{\frac{1}{2}} \qquad (5.2.15)$$

其中 m_p^* 价带顶空穴的状态密度有效质量 $m_p^* = m_{dp} = [(m_p)_1^{\frac{2}{3}} + (m_p)_h^{\frac{2}{3}}]^{\frac{2}{3}}$。

4. 状态密度有效质量的数值

状态密度函数如图 5.11 所示。

Si：$s = 6$，$m_{dn} = 1.08 m_0$；$m_{dp} = 0.59 m_0$；

Ge：$s = 4$，$m_{dv} = 0.56 m_0$；$m_{dp} = 0.37 m_0$。

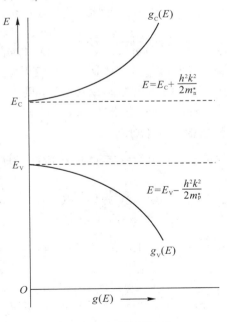

图 5.11　状态密度函数

5.2.3　热平衡载流子浓度(非简并半导体)

在一定温度下，如果没有其他外界作用，半导体中的导带电子和价带空穴都是依靠电子的热激发产生的，称为本征激发。

中心问题：对处在一定温度下某一确定的半导体材料，如何确定半导体的载流子数目以及它随温度的变化规律。

1. 热平衡状态

当半导体处于一定温度下，又无其他外界作用时，半导体中电子将处于热平衡状态。载流子的热产生过程和复合过程之间建立起的动态平衡，称为热平衡状态。

(1) 这种热平衡是一种动态平衡，在这种状态下，载流子的产生速率等于它们的复合速率，所以半导体内的电子浓度 n_0 和空穴浓度 p_0(分别指半导体中单位体积内的电子和空穴数目)保持不变。

(2) 一旦温度发生变化，破坏了原来的平衡状态，它又会在新的温度下建立起新的平衡状态，载流子浓度又达到新的稳定数值。

2. 载流子浓度的计算

要解决的问题：

(1) 允许电子存在的量子态是如何按能量分布的，或者说，每一个能量 E 有多少允许电子存在的量子态？

(2) 电子是按什么规律分布在这些能量状态中的？

假设：导带中能量在 $E \sim E + \mathrm{d}E$ 能量间隔内的状态数为 $\mathrm{d}Z = g_{\mathrm{C}}(E)\mathrm{d}E$，$g_{\mathrm{C}}(E)$ 是导带的状态密度，它表示在能量 E 附近单位能量间隔中的状态数。

在一定温度 T 下，能量为 E 的能级被电子占据的几率为 $f(E)$，那么在能量 $E \sim E + \mathrm{d}E$ 之间的能级上的电子数为 $\mathrm{d}N = f(E)g_{\mathrm{C}}(E)\mathrm{d}E$。

整个导带的电子数 N 为

$$N = \int_{E_{\mathrm{C}}}^{E'_{\mathrm{C}}} f(E)g_{\mathrm{C}}(E)\mathrm{d}E \qquad (5.2.16)$$

式中 E'_{C} 为导带顶的能量。

若晶体的体积为 V，那么电子的浓度为

$$n = \frac{N}{V} = \frac{\int_{E_{\mathrm{C}}}^{E'_{\mathrm{C}}} f(E)g_{\mathrm{C}}(E)\mathrm{d}E}{V} \qquad (5.2.17)$$

空穴占据能量 E 的几率为 $1 - f(E)$。

空穴的浓度 p 为

$$p = \frac{\int_{E'_{\mathrm{V}}}^{E_{\mathrm{V}}} [1 - f(E)]g_{\mathrm{V}}(E)\mathrm{d}E}{V} \qquad (5.2.18)$$

式中，E'_{V} 为价带底的能量，$g_{\mathrm{V}}(E)$ 为价带中单位能量间隔含有的状态数——价带的状态密度。

状态密度在不同半导体中分布情况如图 5.12 和图 5.13 所示。

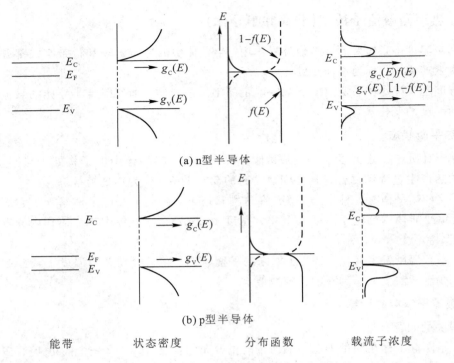

(a) n型半导体

(b) p型半导体

　能带　　　　　状态密度　　　　　分布函数　　　　载流子浓度

图 5.12　状态密度在不同半导体中的分布情况

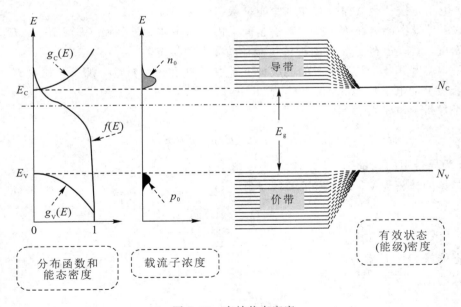

图 5.13　有效状态密度

一般计算方法：

(1) 根据状态密度 $g(E)$ 的意义，可知单位体积内能量在 E 到 $E+\mathrm{d}E$ 间隔内的状态数为 $g(E)\mathrm{d}E$。

(2) 乘以电子或空穴的占有几率 $f(E)$。

（3）对导带或价带相应的能量范围积分，即可得热平衡状态下半导体内导带电子浓度 n_0 和价带空穴浓度 p_0 的普遍表达式。

下面分别计算非简并状态下的载流子浓度。

3. 非简并载流子浓度

1）导带电子平衡浓度 n_0

因为能态密度为

$$g_C(E)=\frac{\mathrm{d}Z}{\mathrm{d}E}=\frac{4\pi V}{\hbar^3}(2m_n^*)^{\frac{3}{2}}(E-E_C)^{\frac{1}{2}}$$

则 $E\sim E+\mathrm{d}E$ 之间的电子数为

$$\mathrm{d}N=f(E)g_C(E)\mathrm{d}E=\frac{4\pi V}{\hbar^3}(2m_n^*)^{\frac{3}{2}}\exp\frac{E-E_F}{kT}(E-E_C)^{\frac{1}{2}}\mathrm{d}E$$

因此，电子浓度为

$$n_0=\int\frac{\mathrm{d}N}{V}=\int\frac{4\pi}{\hbar^3}(2m_n^*)^{\frac{3}{2}}\exp\frac{E-E_F}{kT}(E-E_C)^{\frac{1}{2}}\mathrm{d}E$$

$$=N_C\exp\left(-\frac{E_C-E_F}{kT}\right) \tag{5.2.19}$$

积分限是 $E_C\sim E_C{}'$（更换为 $0\sim\infty$）。

式中 $N_C=(2/\hbar^3)(2\pi m_n^* kT)^{\frac{3}{2}}\propto T^{\frac{3}{2}}$，称为导带有效状态密度。

由于 $\exp[-(E_C-E_F)/kT]$ 是电子占据 E_C 态的几率，则结果表明：把导带中所有的量子态都集中到导带底，密度是 N_C，于是 n_0 就是电子占据 N_C 中的量子态数目。

2）非简并价带空穴平衡浓度 p_0

空穴浓度

$$p_0=\int\frac{\mathrm{d}P}{V}=\int\frac{4\pi}{\hbar^3}(2m_P^*)^{\frac{3}{2}}\exp\frac{E-E_F}{kT}(E_V-E)^{\frac{1}{2}}\mathrm{d}E$$

$$=N_V\exp\frac{-(E_F-E_V)}{kT} \tag{5.2.20}$$

积分限是 $E_V{}'\sim E_V$（更换为 $-\infty\sim0$）。式中 $N_V=(2/\hbar^3)(2\pi m_p^* kT)^{\frac{3}{2}}\propto T^{\frac{3}{2}}$，称为价带有效状态密度。

不同半导体材料的有效质量对有效状态密度的影响如表 5.1 所示。通常，电子的有效质量小于空穴的，但是也有特例，如 Si 材料就是相反的情况。

表 5.1　在室温时：有效状态密度和有效质量

	N_C/cm^{-3}	N_V/cm^{-3}	m_n^*/m_0	m_p^*/m_0
Si	2.8×10^{19}	1.2×10^{19}	10.8	0.56
Ge	1.04×10^{19}	6.1×10^{18}	0.55	0.37
GaAs	4.7×10^{17}	7×10^{18}	0.067	0.48

例 4　求 $T=400$ K 时硅中的热平衡空穴浓度。设费米能级位于价带上方 0.27eV 处，$T=300$K 时硅中的 $N_V=1.04\times10^{19}\mathrm{cm}^{-3}$。

解　$T=400$ K 时，参考值如下：

$$N_V = (1.04 \times 10^{19}) \left[\frac{400}{300} \right]^{\frac{3}{2}} = 1.60 \times 10^{19} \, \text{cm}^{-3}$$

和

$$kT = (0.0259) \left(\frac{400}{300} \right) = 0.034\ 53 \, \text{eV}$$

得到空穴浓度为

$$p_0 = N_V \exp \left[\frac{-(E_F - E_V)}{kT} \right] = (1.60 \times 10^{19}) \exp \left(\frac{-0.27}{0.034\ 53} \right)$$

$$p_0 = 6.43 \times 10^{15} \, \text{cm}^{-3}$$

说明：任意温度下的该参考值，都能利用 $T = 300$ K 时的 N_V 的取值及温度的依赖关系求出。

3）影响 n_0 和 p_0 的因素

（1）m_{dn} 和 m_{dp} 的影响—材料的影响。

（2）温度的影响。

$$N_C = 2 \left(\frac{2\pi k T m_{dn}}{h^2} \right)^{\frac{3}{2}}, \quad N_V = 2 \left(\frac{2\pi k T m_{dp}}{h^2} \right)^{\frac{3}{2}}, \quad \begin{array}{l} N_C \propto T^{\frac{3}{2}} \\ N_V \propto T^{\frac{3}{2}} \end{array}$$

随温度 T 升高，有效状态密度 N_C、N_V 增大，载流子浓度 n_0、p_0 增大。

电子占据 E_C 态的几率 $\exp[-(E_C - E_F)/kT]$ 与温度也有关系，随温度 T 增加，电子占据导带或空穴占据价带的几率增加，电子和空穴浓度 n_0、p_0 增加。

（3）E_F 位置的影响。

$E_F \rightarrow E_C$，$E_C - E_F \downarrow$，$n_0 \uparrow$，E_F 越高，电子的填充水平越高，对应 N_D 较高；

$E_F \rightarrow E_V$，$E_F - E_V \downarrow$，$p_0 \uparrow$，E_F 越低，电子的填充水平越低，对应 N_A 较高。

n_0 和 p_0 与掺杂有关，决定于掺杂的类型和数量。

4. 热平衡条件

载流子浓度的乘积：

$$n_0 \, p_0 = N_C N_V \exp \frac{-(E_C - E_V)}{kT} = \text{常数（与温度有关）}$$

即有

$$n_0 \, p_0 = 4 \left(\frac{2\pi k}{h^2} \right)^3 (m_n^* m_p^*)^{\frac{3}{2}} T^3 \exp \frac{-E_g}{kT}$$

$$= 2.33 \times 10^{31} (m_n^* m_p^* / m_0^2)^{\frac{3}{2}} T^3 \exp \frac{-E_g}{kT} \qquad (5.2.21)$$

可见，载流子浓度的乘积 $n_0 \, p_0$ 与杂质无关，只与温度有关，这对任何半导体普遍适用；在温度一定的热平衡情况下，$n_0 p_0 = $ 常数，如果一种载流子浓度增加，则另一种载流子的浓度必然减小。

热平衡条件实质上是电"化学"反应质量作用定律在半导体中的应用：

$$\text{电子} + \text{空穴} \longleftrightarrow \text{完整的共价键}$$

$$n_0 \, p_0 = K \, N = \text{常数} \qquad (5.2.22)$$

K 是平衡常数，N 是共价键浓度（一般为 $10^{23} \, \text{cm}^{-3}$）。

（1）平衡态非简并半导体 $n_0 p_0$ 积与 E_F 无关；

（2）对确定半导体，m_n^*、m_p^* 和 E_g 确定，$n_0 p_0$ 积只与温度有关，与是否掺杂及杂质多少无关；

（3）一定温度下，材料不同，则 m_n^*、m_p^* 和 E_g 各不相同，其 $n_0 p_0$ 积也不相同。

（4）温度一定时，对确定的非简并半导体，$n_0 p_0$ 积恒定；

（5）平衡态非简并半导体不论掺杂与否，式（5.2.22）都是适用的。

5.3　本征半导体中的载流子浓度

5.3.1　本征载流子浓度 n_i 和 p_i

对于本征半导体，$n_0 = p_0 = n_i$，即

$$N_C \exp \frac{-(E_C - E_{Fi})}{kT} = N_V \exp \frac{-(E_{Fi} - E_V)}{kT}$$

则本征 Fermi 能级为

$$E_{Fi} = \frac{E_C + E_V}{2} + \frac{kT}{2} \ln \frac{N_V}{N_C} = \frac{E_C + E_V}{2} + \frac{3kT}{4} \ln \frac{m_p^*}{m_n^*} \approx \frac{E_C + E_V}{2} \tag{5.3.1}$$

即 E_{Fi} 基本上位于禁带中央，如图 5.14 所示。

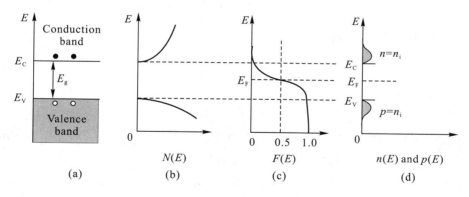

图 5.14　本征载流子浓度

因此有

$$n_i = N_C \exp \frac{-(E_C - E_{Fi})}{kT} = p_i = (N_C N_V)^{\frac{1}{2}} \exp \frac{-E_g}{2kT}$$

$$= 4.82 \times 10^{15} \frac{m_n^* m_p^*}{m_0^2}^{\frac{3}{2}} T^{\frac{3}{2}} \exp \frac{-E_g}{2kT} \tag{5.3.2}$$

代入 $E_g = E_g(0) + \dfrac{dE_g}{dT} T \equiv E_g(0) + \beta T$，得到

$$n_i = 4.82 \times 10^{15} \left(\frac{m_n^* m_p^*}{m_0^2}\right)^{\frac{3}{2}} T^{\frac{3}{2}} \exp \frac{-\beta}{2k} \exp \frac{-E_g(0)}{2kT}$$

$$\ln n_i = A + \frac{3}{2} \ln T - \frac{E_g}{2k} \frac{1}{T} \tag{5.3.3}$$

可见，高温时，$\ln n_i - 1/T$ 基本上是一条直线；如果通过 Hall 系数和电阻率的测量，得到 $n_i - T$ 的关系，则可作出 $\ln n_i \, T^{-\frac{3}{2}} - 1/T$ 关系直线，如图 5.15 所示。由直线的斜率就可求出 0K 时的禁带宽度：$E_g(0) = 2k \times$ 斜率。实验得到 Si、Ge、GaAs 的 $E_g(0)$ 分别为 1.21 eV、0.78 eV、1.53 eV。

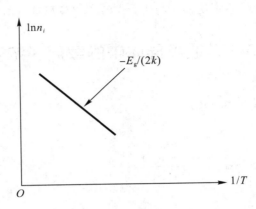

图 5.15　$\ln n_i \sim 1/T$ 关系曲线

热平衡条件可改写成

$$n_0 p_0 = n_i^2 = N_C N_V \exp \frac{-E_g}{kT} = 常数$$

载流子浓度表示式也可改写为

$$n_0 = n_i \exp \frac{-(E_F - E_{Fi})}{kT} \tag{5.3.4a}$$

$$p_0 = n_i \exp \frac{-(E_{Fi} - E_F)}{kT} \tag{5.3.4b}$$

在 $n_0 p_0 \neq n_i^2$ 时，即为非平衡状态；抽取载流子时为 $n_0 p_0 < n_i^2$，注入载流子时为 $n_0 p_0 > n_i^2$。表 5.2 给出了室温下三种常见半导体的实验值，也是公认数据。

表 5.2　$T = 300$ K 下，n_i 的公认值

Si	$n_i = 1.02 \times 10^{10}$ cm^{-3}
GaAs	$n_i = 1.1 \times 10^6$ cm^{-3}
Ge	$n_i = 2.33 \times 10^{13}$ cm^{-3}

例 5　计算 $T = 300$ K 时硅中的本征费米能级相对于禁带中央的位置。已知 Si 中载流子的有效质量分别为

$$m_n^* = 1.08 m_0, \quad m_p^* = 0.56 m_0$$

解　本征费米能级相对于禁带中央的位置为

$$E_{Fi} - E_{midgap} = \frac{3}{4} kT \ln \left(\frac{m_p^*}{m_n^*} \right) = \frac{3}{4} (0.0259) \ln \left(\frac{0.56}{1.08} \right)$$

$$= -0.0128 \text{ eV} = -12.8 \text{ meV}$$

说明：Si 的费米能级位于禁带中央以下 12.8 meV。12.8 meV 与 Si 的禁带宽度的一半（560 meV）相比可以忽略，所以在很多情况下，我们可以简单地近似认为本征费米能级位于禁带中央。

室温时，$kT=0.026$ eV。

- 对于 Ge：$m_{dp}=0.37m_0$，$m_{dn}=0.56\ m_0$，则有

$$E_F-E_i=\frac{3}{4}kT\ln\frac{m_{dp}}{m_{dn}}=-0.31kT=-0.081\ \text{eV}$$

$(E_g)_{Ge}=0.67$ eV $\gg 0.081$ eV，　故 $E_F\approx E_i$。

- 对于 GaAs：$E_F-E_i=-38.2$ meV，$E_F\approx E_i$。
- 对于 InSb，$E_g=0.17$ eV，$E_F\neq E_i$，禁带宽度小，电子、空穴和有效质量相差较大。

5.3.2　本征载流子浓度随温度的变化曲线图

在 $\log n_i\text{-}1000/T(0\text{K})$ 的 Arrhenius 图（见图 5.16）上，各条曲线基本上是一条直线，如果把纵坐标改为 $n_i/T^{\frac{3}{2}}$，则斜率（激活能）是 $E_g/2$，由此可求出 E_g。

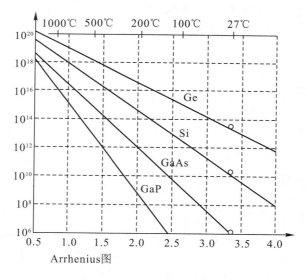

图 5.16　本征载流子浓度随温度变化的关系

5.3.3　半导体器件的工作温度范围

本征载流子浓度与温度的关系密切：在室温附近，当温度升高约 80℃，Si 的本征载流子浓度就增加一倍；当温度升高约 120℃，Ge 的本征载流子浓度就增加一倍。因此若要求器件能稳定工作，就必须保证其中的本征载流子浓度比杂质所提供的载流子浓度要低一个数量级；从而这就决定了器件的最高工作温度。可见：① 禁带宽度越大，工作温度越高；② 掺杂浓度越高，工作温度越高。

对 Si 平面器件：采用的半导体材料电阻率一般是 1 Ω•cm（相应的掺 Sb 浓度为 5×10^{15} cm^{-3}）；为了保证本征载流子浓度不超过 5×10^{14} cm^{-3}，就应该使器件的工作温度不超过 536 K。因此 Si 平面器件的最高工作温度是 250℃左右。

对 Ge 器件:因为 Ge 的禁带宽度较窄,则最高工作温度是 100℃左右。

对 GaAs 器件:因为禁带宽度较大,则最高工作温度可达到 450℃左右,适宜于制造大功率器件。

思考:

1. Si 的本征载流子浓度不大于 $n_i = 1 \times 10^{12}$ cm^{-3},假设 $E_g = 1.12$ eV,求 Si 中允许的最高温度。

2. 为什么禁带宽度越大的半导体以及掺杂浓度越高的半导体,其相应器件的工作温度就越高?

5.4　非简并掺杂半导体中的杂质和电荷

一块半导体相对于本征半导体总是含有一定量的杂质,这些杂质对半导体的导电性起着至关重要的作用。

在热平衡状态下(即没有外界作用的情况),需要研究掺杂后半导体内部载流子浓度,才可以计算出在外界作用下电流的产生情况。

一般地,浓度可以用下面的符号来标定:

N_D:施主杂质浓度。

N_D^+:电离的施主杂质浓度。

N_A:受主杂质浓度。

N_A^+:电离的受主杂质浓度。

n:导带中的电子浓度。

p:价带中的空穴浓度。

5.4.1　半导体中杂质的电离情况(非简并情况)

1. 杂质能级上的电子和空穴浓度

在杂质完全电离的情况下,多数载流子浓度也就等于杂质浓度,即

对 n 型半导体:$n_0 = N_D$(无补偿时);$n_0 = N_D - N_A$(有补偿时),$p_0 \approx N_D/n_0$。

对 p 型半导体:$p_0 = N_A$(无补偿时);$p_0 = N_A - N_D$(有补偿时),$n_0 \approx N_A/p_0$。

在一般情况下,杂质并不完全电离。令 N_D 和 N_A 中分别有 n_D 和 p_A 个杂质没有电离,则已经电离的杂质分别为 $n_D^+ = N_D - n_D$ 和 $p_A^- = N_A - p_A$。

而 n_D 和 p_A 可通过分布函数来把它们与 N_D 和 N_A 以及温度 T 联系起来:由于施主能级 E_D 和受主能级 E_A 被电子占据的几率分别为

电子占据 E_D 的几率:

$$f(E_D) = \frac{1}{\frac{1}{2}e^{\frac{E_D - E_F}{kT}} + 1} \qquad (5.4.1)$$

空穴占据 E_A 的几率:

$$f_p(E_A) = \frac{1}{\frac{1}{2}e^{-\frac{E_A - E_F}{kT}} + 1} \qquad (5.4.2)$$

若施主浓度和受主浓度分别为 N_D、N_A，则得到

施主能级上的电子浓度 n_D 为

$$n_D = N_D f(E_D) = \frac{N_D}{\frac{1}{2}e^{\frac{E_D - E_F}{kT}} + 1} \tag{5.4.3}$$

电离的施主浓度 n_D^+ 为

$$n_D^+ = N_D - n_D = \frac{N_D}{2e^{\frac{E_D - E_F}{kT}} + 1} \tag{5.4.4}$$

没有电离的受主浓度 p_A 为

$$p_A = N_A f_p(E_A) = \frac{N_A}{\frac{1}{2}e^{\frac{E_A - E_F}{kT}} + 1} \tag{5.4.5}$$

电离的受主浓度 p_A^- 为

$$p_A^- = N_A - p_A = \frac{N_A}{1 + 2e^{\frac{E_F - E_A}{kT}}} \tag{5.4.6}$$

可见，当 $(E_D - E_F) \gg kT$ 时，$n_D \approx 0$，$n_D^+ \approx N_D$；

当 $(E_D - E_F) \ll kT$ 时，$n_D \approx N_D$，$n_D^+ \approx 0$；

当 $E_D = E_F$ 时，$n_D = 2N_D/3$，$n_D^+ = N_D/3$。

同样，当 E_A 在 E_F 之下时，受主基本上未电离；当 E_A 在 E_F 之上时，受主基本上全电离，当 E_A 与 E_F 重合时，有 $1/3$ 受主电离，有 $2/3$ 未电离。

2. 非简并半导体的电中性条件

因为热平衡时，均匀的而且电中性的半导体中不存在空间电荷，即应该处处是"正电荷＝负电荷"，所以有电中性条件：

$$p_0 + n_D^+ = n_0 + p_A^-，\quad 即\quad p_0 + N_D + p_A = n_0 + N_A + n_D$$

对非简并半导体，电中性条件可表示为

$$N_D + N_V \exp\frac{-(E_F - E_V)}{kT} + \frac{N_A}{1 + \frac{1}{2}\exp\left(\frac{E_F - E_A}{kT}\right)}$$

$$= N_A + N_C \exp\frac{-(E_C - E_F)}{kT} + \frac{N_D}{1 + \frac{1}{2}\exp\left(\frac{E_D - E_F}{kT}\right)} \tag{5.4.7}$$

可见，由电中性条件可求出 E_F 与 T 的关系，因此也就可以确定出半导体中的载流子浓度。但实际上该方程的解析求解很困难，只能借助于数值计算或图解法来获得解答。下面讨论只有一种掺杂情况下的载流子浓度。

5.4.2　n 型非简并半导体中的载流子浓度

1. n 型半导体中的载流子浓度 (非简并情况)

电中性条件是 $n_0 = p_0 + n_D^+$，即

$$N_C \exp\frac{-(E_C - E_F)}{kT} = N_V \exp\left[\frac{-(E_F - E_V)}{kT}\right] + \frac{N_D}{1 + 2\exp\frac{E_D - E_F}{kT}} \tag{5.4.8}$$

由该式原则上可求出 E_F，但实际上难以进行。

下面按不同温度范围来近似分析：

（1）低温弱电离区。

这时只有少量施主电离（$n_D^+ \ll N_D$），E_F 必在 E_D 之上，如图 5.17(a) 所示，而且本征激发可忽略（$p_0 \approx 0$），则电中性条件可简化为 $n_0 \approx n_D^+$，即

$$N_C \exp\left[\frac{-(E_C - E_F)}{kT}\right] = \frac{N_D}{1 + 2\exp\left(\dfrac{E_D - E_F}{kT}\right)}$$

由于 $n_D^+ \ll N_D$，有 $\exp\left[\dfrac{-(E_D - E_F)}{kT}\right] \gg 1$，则上式简化为

$$N_C \exp\left[\frac{-(E_C - E_F)}{kT}\right] \approx \frac{N_D}{2} \exp\left(\frac{E_D - E_F}{kT}\right)$$

求得

$$E_F = \frac{E_D + E_C}{2} + \frac{kT}{2}\ln\left(\frac{N_D}{2N_C}\right) \tag{5.4.9}$$

$$n_0 = \left(\frac{N_C N_D}{2}\right)^{\frac{1}{2}} \exp\frac{-(E_C - E_D)}{2kT} = \left(\frac{N_C N_D}{2}\right)^{\frac{1}{2}} \exp\frac{-\Delta E_D}{2kT} \tag{5.4.10}$$

式中，$\Delta E_D = E_C - E_D$ 为施主电离能。

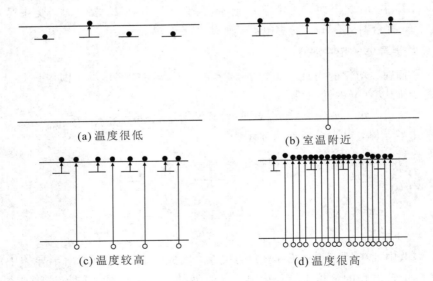

(a) 温度很低

(b) 室温附近

(c) 温度较高

(d) 温度很高

图 5.17　载流子在不同温度下激发状态

（2）强电离区。

这时大部分施主都已经电离，有 $n_D^+ \approx N_D$，E_F 必在 E_D 之下，如图 5.17(b) 所示，并且 $E_D - E_F \gg kT$，即 $\exp[(E_F - E_D)/kT] \ll 1$，则电中性条件是 $n_0 = p_0 + N_D \approx N_D$，则 $N_C \exp[-(E_C - E_F)/kT] \approx N_D$，从而得到

$$E_F = E_C + kT \ln\frac{N_D}{N_C} \tag{5.4.11}$$

可见，E_F 与 N_D 有关，N_D 越大，E_F 越靠近 E_C（因为一般是 $N_D < N_C$，$\ln(N_D/N_C)$ 为负），

如图 5.18 所示。

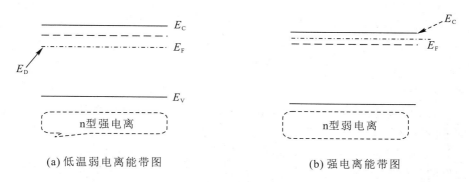

(a) 低温弱电离能带图　　　　　　　　　(b) 强电离能带图

图 5.18　能带图

当 N_D 一定时，T 越高，E_F 越靠近 E_{Fi}。这时电子浓度 $n_0 = N_D$ 与温度无关，故又称为饱和区，得到

$$p_0 = \frac{n_i^2}{n_0} \approx \frac{n_i^2}{N_D} \qquad (5.4.12)$$

例 6　在 Si 中掺入施主 $N_D = 10^{14}$ cm^{-3}，计算：① 室温下的载流子浓度；② 室温下的 E_F 位置。

解　因为室温下本征载流子浓度 $n_i = 1.02 \times 10^{10}$ cm$^{-3} \ll N_D$，则属于强（饱和）电离情况。

①　　　　　　　　　　　　$n_0 = N_D = 10^{14}$ cm^{-3}

$$p_0 = \frac{n_i^2}{N_D} = 2.3 \times 10^6 \text{ cm}^{-3}$$

②　　　　　　　　　$n_0 = n_i \exp \frac{-(E_F - E_{Fi})}{kT} = N_D$

$$(E_F - E_{Fi}) = kT \ln \frac{N_D}{n_i} = 0.026 \times 2.3 \log \frac{10^{14}}{10^{10}} = 0.23 \text{ eV}$$

（3）过渡区。

过渡区是从饱和区到完全本征激发的区域。如图 5.17(c) 所示，这时除了施主全电离 $(n_D^+ \approx N_D)$ 外，还有本征激发，则电中性条件是 $n_0 = p_0 + N_D$。

结合平衡条件 $n_0 p_0 = n_i^2$，即有 $n_0^2 - n_0 N_D - n_i^2 = 0$，解得

$$n_0 = \frac{1}{2} \left[N_D + (N_D^2 + 4 n_i^2)^{\frac{1}{2}} \right] = \frac{N_D}{2} \left[1 + \left(1 + \frac{4 n_i^2}{N_D^2} \right)^{\frac{1}{2}} \right] \qquad (5.4.13a)$$

另外得到

$$p_0 = \frac{n_i^2}{n_0} = \frac{n_i^2}{N_D} \left[1 + \left(1 + \frac{4 n_i^2}{N_D^2} \right)^{\frac{1}{2}} \right] \qquad (5.4.13b)$$

① 对于 $N_D \gg n_i$，有

$$\begin{cases} n_0 \approx N_D + \dfrac{n_i^2}{N_D} \\ p_0 \approx n_0 - N_D = \dfrac{n_i^2}{N_D} \end{cases} \qquad (5.4.14)$$

这时 $n_0 \gg p_0$。

② 对于 $N_D \ll n_i$，有

$$
\begin{cases}
n_0 = \dfrac{N_D}{2} + n_i \left(1 + \dfrac{N_D{}^2}{4n_i{}^2}\right)^{\frac{1}{2}} \approx \dfrac{N_D}{2} + n_i \\[3mm]
p_0 \approx -\dfrac{N_D}{2} + n_i
\end{cases}
\tag{5.4.15}
$$

这时 $p_0 \approx n_0 \rightarrow n_i$。

例 7　设 n 型硅的掺施主浓度 $N_D = 1.5 \times 10^{14}$ cm^{-3}，试分别计算温度在 500 K 时电子和空穴的浓度以及费米能级的位置。

解　$T = 500$ K 时，从图 5.16 查得 $n_i \approx 2.6 \times 10^{14}$ cm^{-3}，由于 n_i 与 N_D 很接近，不能忽略本征激发的作用，属于过渡区情况。

$$
n_0 = \frac{N_D + \sqrt{N_D^2 + 4n_i^2}}{2}
$$

$$
n_0 = 3.46 \times 10^{14} \text{ cm}^{-3}
$$

$$
p_0 = \frac{n_i^2}{n_0} = \frac{(2.6 \times 10^{14})^2}{3.46 \times 10^{14}} = 1.95 \times 10^{14} \text{ cm}^{-3}
$$

$$
E_F = E_i + k_0 T \ln \frac{n_0}{n_i} = E_i + 8.62 \times 10^{-5} \times 500 \ln \frac{3.46 \times 10^{14}}{2.6 \times 10^{14}} = E_i + 0.012 \text{ eV}
$$

这个例子说明 $T = 500$ K 时，多数载流子浓度 n_0 与少数载流子浓度 p_0 差别不大，杂质导电特性已不明显。

（4）高温本征区。

这就是本征半导体的情况，$n_0 \gg N_D$，$p_0 \gg N_A$，电中性条件也就是 $n_0 = p_0 = n_i$。

2. 少数载流子浓度

对 n 型半导体，电子是多数载流子，在全电离情况下，$n_0 = N_D$；而少数载流子空穴的浓度与本征激发有关。$p_0 = n_i^2 / n_0 = n_i^2 / N_0 \propto n_i^2$，即在饱和区内，少数载流子的浓度将随着温度的升高而迅速增大。

表 5.3 对 n 型半导体在不同温区的载流子浓度表达式进行了总结。在实际应用中，可根据掺杂的浓度的大小（一般小于 10^{17} cm^{-3} 室温下均能完全电离）以及载流子浓度与本征载流子浓度的关系，来初步判断杂质是否完全电离。

表 5.3　一种施主杂质的 n 型半导体 E_F 及载流子浓度区域公式

温度区域	电中性条件	n_0，p_0
低温弱电离区	$n_0 \approx n_D^+$	$n_0 = (N_C N_D / 2)^{1/2} \exp(-\Delta E_D / 2kT)$
饱和电离	$n_0 = p_0 + N_D \approx N_D$	$n_0 = N_D$ $p_0 = n_i^2 / N_D$
过渡区	$n_0 = p_0 + N_D$	$n_0 = (N_D / 2) \times [1 + (1 + 4 n_i^2 / N_D^2)^{1/2}]$
强本征	$n_0 = p_0 = n_i$	$n_0 = p_0 = n_i$

3. 掺杂半导体的载流子浓度与温度的关系

由图 5.19 可以看出，随温度的增加，杂质开始部分电离，电子浓度逐渐增大，当达到 90% 时，杂质已经电离，进入强电离区，这时电子浓度不再随温度变化，这属于器件的工作温

区。此时,本征载流子浓度和杂质浓度相比是个小量,变化影响不大,而对于少子来讲是逐渐增大的。随温度进一步增加,进入本征激发区,器件不再正常工作,临界点处 $N_D = 10n_i$。

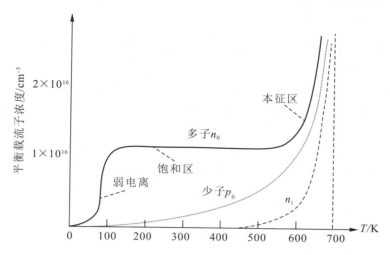

图 5.19　n 型 Si 中的载流子浓度与温度的关系

思考:在 Ge 中掺入施主 $N_D = 10^{14}$ cm^{-3},计算室温下的载流子浓度。室温下 Ge 本征载流子浓度 $n_i = 2.4 \times 10^{13}$ cm^{-3}。

4. p 型半导体载流子浓度

和 n 型半导体类似,把 N_D 换成 N_A 即可。

如在常温下,已知受主浓度 N_A,并且全部电离,求导带电子浓度 n_0 和价带空穴浓度 p_0,因杂质全电离,有 $p_0 = N_A$,少子浓度为

$$n_0 = \frac{n_i^2}{p_0} = \frac{n_i^2}{N_A} \tag{5.4.16}$$

思考:在 Ge 中掺入施主 $N_D = 10^{14}$ cm^{-3},计算室温下的载流子浓度。室温下 Ge 本征载流子浓度 $n_i = 2.4 \times 10^{13}$ cm^{-3}。

5.4.3　补偿半导体

1. 电中性条件(Charge Neutrality Relationship)(正电荷=负电荷)

杂质半导体中的带电粒子有电子、空穴、电离的施主和电离的受主。处于电中性状态的半导体,单位体积内的正电荷数(即价带中空穴浓度和电离施主杂质浓度之和)等于该体积内的负电荷数(即导带中电子浓度和电离的受主杂质浓度之和)。

$$N_C e^{-\frac{E_C - E_F}{kT}} + \frac{N_A}{1 + 2e^{\frac{E_F - E_A}{kT}}} = N_V e^{-\frac{E_E - E_V}{kT}} + \frac{N_D}{2e^{\frac{E_D - E_F}{kT}} + 1} \tag{5.4.17}$$

如果能确定 E_F,对于半导体同时含施主和受主杂质的一般情况下,导带中的电子、价带中的空穴以及杂质能级上的电子的统计分布问题就能完全确定。

(1)对于确定的半导体处于温度 T 的热平衡状态下,由于 N_D、N_A、E_C、E_V、E_D、E_A、及 k 均为已知,N_C、N_V 可以计算出来,由上式可以计算出费米能级 E_F。但要得到 E_F 的解析表达式有困难,通常利用图解法或者电子计算机计算。

（2）在不同的温度范围内，本征激发和杂质电离对载流子浓度的贡献不同，使式中各浓度值之间存在很大差别，因而可以忽略其中某些项，使求解费米能级问题得以简化。

2. 不同温区下载流子浓度

考虑含少量受主杂质的 n 型半导体，即 $N_D > N_A$ 情况。

1）低温弱电离区（Freeze Out）

当温度很低时，$kT < \Delta E_D \ll E_g$，杂质电离很弱，本征激发很小可忽略，含有 N_D、N_A 两种杂质，但 $N_D > N_A$，价带空穴主要来源于本征激发，而本征激发很小，所以 p_0 可忽略。

电中性条件可简化为

$$n_0 + p_A^- = n_D^+$$

施主部分电离，E_F 在 E_D 附近，$E_F \gg E_A$，受主全电离，$p_A^- = N_A$。

因为 $n_D^+ = N_D - n_D$，所以

$$n_0 = N_D - n_D - N_A \tag{5.4.18}$$

将式（5.4.3）代入式（5.4.15）并移项后，得

$$\frac{N_D}{N_D - N_A - n_0} = 1 + \frac{1}{2} e^{\frac{E_D - E_F}{kT}}$$

$$N_A + n_0 = (N_D - N_A - n_0)\frac{1}{2} e^{\frac{E_D - E_F}{kT}} \tag{5.4.19}$$

式（5.4.16）两边同乘 $n_0 = N_C e^{\frac{E_C - E_F}{kT}}$，令 $N_C' = \frac{1}{2} N_C e^{-\frac{\Delta E_D}{kT}}$，则

$$n_0^2 + (N_C' + N_A)n_0 - N_C'(N_D - N_A) = 0$$

$$n_0 = -\frac{1}{2}(N_C' + N_A) + \frac{1}{2}\left[(N_C' + N_A)^2 + 4N_C'(N_D - N_A)\right]^{\frac{1}{2}} \tag{5.4.20}$$

施主杂质未完全电离情况时，在极低温条件下，N_C' 很小，$N_C' \ll N_A$，则

$$n_0 = \frac{N_C'(N_D - N_A)}{N_A} = \frac{(N_D - N_A)N_C}{2N_A}\exp\left(-\frac{\Delta E_D}{kT}\right) \tag{5.4.21a}$$

$$E_F = E_D + kT\ln\frac{N_D - N_A}{2N_A} \tag{5.4.21b}$$

对于只有一种杂质情况，$N_A = 0$，可得

$$n_0 \approx (N_D N_C')^{\frac{1}{2}} = \left(\frac{N_D N_C}{2}\right)^{\frac{1}{2}} e^{-\frac{\Delta E_D}{2kT}} = C \times T^{\frac{3}{4}} e^{-\frac{\Delta E_D}{2kT}} \tag{5.4.22a}$$

相应费米能级：

$$E_F = E_C + kT\ln\frac{n_0}{n_C} = \frac{E_C + E_D}{2} + \frac{kT}{2}\ln\frac{N_D}{N_C} \tag{5.4.22b}$$

2）饱和电离区（Extrinsic T-region）

在饱和电离区，杂质全部电离，本征激发仍很小可忽略，同时含有 N_D 和 N_A，且 $N_D > N_A$。

电中性条件为

$$m_0 + p^- = n_D^+$$

$$p^- = N_A, \quad n_D^+ = N_D$$

$$n_0 = N_D - N_A \tag{5.4.23a}$$

杂质有补偿作用，导带中电子浓度取决于两种杂质浓度之差，且与温度无关，即

$$N_D - N_A = n_i e^{-\frac{E_F - E_i}{kT}}$$

$$E_F = E_i + kT \ln \frac{N_D - N_A}{n_i} \qquad (5.4.23b)$$

例 8　计算给定费米能级位置下所需的施主杂质浓度。假设 $T = 300$ K，n 型 Si 的掺杂浓度为 $N_A = 10^{16}$ cm^{-3}，求使半导体变为 n 型且费米能级位于导带下 0.2 eV 处的 N_D。

解
$$E_C - E_F = kT \ln \left(\frac{N_C}{n_0} \right)$$

$$N_D - N_A = n_0 = N_C \exp \left[\frac{-(E_C - E_F)}{kT} \right]$$

$$N_D = 2.24 \times 10^{16} \text{ cm}^{-3}$$

说明：生产上可以制造补偿半导体，以获得特殊的费米能级。

3) 过渡区

在过渡区，本征激发的载流子浓度 n_i 可与已电离的杂质浓度相比拟，同时含有 N_D、N_A，且 $N_D > N_A$。

电中性条件：
$$n_0 + p_A = p_0 = n_D^+$$

$$\begin{aligned} p_A &= N_A \\ n_D^+ &= N_D \end{aligned} \Longrightarrow \begin{aligned} n_0 &= p_0 + N_D - N_A \\ n_0 p_0 &= n_i^2 \end{aligned}$$

$$n_0 = \frac{N_D - N_A}{2} + \frac{\left[(N_D - N_A)^2 + 4n_i^2 \right]^{\frac{1}{2}}}{2} \qquad (5.4.24a)$$

$$p_0 = -\frac{N_D - N_A}{2} + \frac{\left[(N_D - N_A)^2 + 4n_i^2 \right]^{\frac{1}{2}}}{2} \qquad (5.4.24b)$$

$$E_F = E_i + kT \ln \frac{n_0}{n_i} = E_i + kT \ln \frac{N_D - N_A + \left[(N_D - N_A)^2 + 4n_i^2 \right]^{\frac{1}{2}}}{2n_i} \qquad (5.4.24c)$$

当 $N_D \gg n_i$ 时，有

$$\left(1 + \frac{4n_i^2}{N_D^2} \right)^{\frac{1}{2}} = 1 + \frac{1}{2} \frac{4n_i^2}{2N_D^2} + \cdots$$

略去更高次项，可得

$$n_0 \approx N_D + \frac{n_i^2}{N_D}$$

$$p_0 \approx \frac{n_i^2}{N_D} \qquad (5.4.24d)$$

靠近饱和区一边。

式(5.4.21d)中电子浓度不再等于杂质浓度，即第二项不能忽略，要求误差不超过 1%，有

$$N_D \geqslant 100 \frac{n_i^2}{N_D} \quad 或 \quad N_D \geqslant 10 n_i \qquad (5.4.24e)$$

这是器件即将进行本征激发区的临界点。

当 $N_D \ll n_i$ 时，有

$$n_0 = \frac{N_D}{2} + n_i$$

$$p_0 = -\frac{N_D}{2} + n_i \tag{5.4.24f}$$

靠近本征区一边。

4）本征激发区

在本征激发区，本征激发产生的载流子数远大于杂质电离产生的载流子数，且有

$$\begin{cases} n_0 = p_0 = n_i = (N_C N_V)^{\frac{1}{2}} e^{-\frac{E_g}{2kT}} \\ E_F \approx E_i \end{cases} \tag{5.4.25}$$

注意：计算掺杂半导体的载流子浓度时，需首先考虑属于何种温区。

一般地，$T = 300$ K 左右，且掺杂浓度 $\gg n_i$，属于饱和电离区。此时：

n 型：$n_0 = N_D - N_A$，或 $n_0 = N_D$。

p 型：$p_0 = N_A - N_D$，或 $p_0 = N_A$。

3. E_F 的位置与掺杂浓度和温度的关系

1）E_F 随掺杂浓度的变化

$$E_F = E_C + kT \ln \frac{n_0}{N_C}$$

考虑一块 n 型半导体，$N_D \gg n_i$，$n_0 \approx N_D$，则

$$E_C - E_F = kT \ln \frac{N_C}{N_D}$$

随着施主杂质浓度的增加，费米能级向导带移动。

2）E_F 随温度的变化

由 n_i 表达式可以推出：

$$E_F - E_i = kT \ln \frac{n_0}{n_i}$$

由图 5.20 所示，随 $T \uparrow$，$n_i \uparrow$，$E_F \to E_i$。

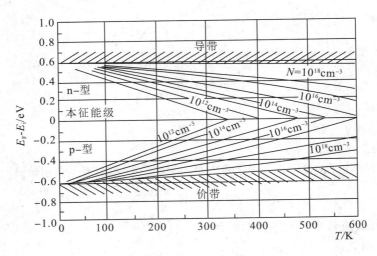

图 5.20　Si 的费米能级与温度和杂质浓度的关系

杂质浓度一定时，随温度的升高，n 型半导体的费米能级逐渐下降，接近本征 E_F；

极低温下，出现束缚态，E_F 分别位于 E_D 之上（n 型）或者 E_A 之下（p 型）；

高温下，非本征特性消失。

5.4.4　利用掺杂半导体的载流子浓度与温度的关系来确定器件工作温区

1. 已知工作温度 $(T_{\min} - T_{\max})$ 确定掺杂范围 $(N_D)_{\min} - (N_D)_{\max}$

1）由 $T_{\max}$ 确定 $(N_D)_{\min}$

根据 $T_{\max}$，由 $\ln n_i \sim 1/T$ 曲线查出 $T_{\max}$ 对应的 n_i；

根据 n_i 的公式计算出 $T_{\max}$ 所对应的 n_i：

$$(N_D)_{\min} = 10 n_i (T_{\max}) \tag{5.4.26a}$$

2）由 $T_{\min}$ 确定 $(N_D)_{\max}$

未电离的施主浓度：

$$n_D = N_D f(E_D) = \frac{N_D}{\frac{1}{2} e^{\frac{E_D - E_F}{kT}} + 1} \tag{5.4.26b}$$

要达到全电离，要求 $E_D \gg E_F$，式(5.4.23b)可化简为

$$n_D \approx 2 N_D e^{-\frac{E_D - E_F}{kT}} \tag{5.4.26c}$$

在强电离区：

$$E_F = E_C + kT \ln \frac{n_0}{N_C} = E_C + kT \ln \frac{N_D}{N_C}$$

$$n_D = 2 N_D e^{\frac{E_C - E_D}{kT}} \frac{N_D}{N_C} \tag{5.4.26d}$$

代入上式，得

$$\frac{n_D}{N_D} = 2 e^{\frac{E_C - E_D}{kT}} \frac{N_D}{N_C} = 2 e^{\frac{\Delta E_D}{kT}} \frac{N_D}{N_C} = D_- \tag{5.4.26e}$$

一般认为 $D_- = 0.1$，达到全电离。

$$N_D = \frac{D_- N_C}{2} e^{-\frac{\Delta E_D}{kT}} \tag{5.4.26f}$$

$T = 300$ K 附近，属饱和电离范围的杂质浓度：

Si：$1.5 \times 10^{11} \sim 3 \times 10^{17} / \text{cm}^3$

Ge：$2.4 \times 10^{14} \sim 4 \times 10^{17} / \text{cm}^3$

例 9　计算工作温度在室温到 500 K 的掺 P 的 Si 半导体的施主浓度范围。

$$\text{工作温区} = \text{强电离区}$$

$$T_{\min} = 300 \text{ K}, \ T_{\max} = 500 \text{ K}, \ N_{D\max} = \frac{D_- N_C}{2} e^{-\frac{\Delta E_D}{kT}}$$

室温时：

$$N_C = 2.8 \times 10^{19} / \text{cm}^3, \ \Delta E_D = 0.044 \text{ eV}$$

$$(N_D)_{\max} = 3 \times 10^{17} / \text{cm}^3, \ (N_D)_{\min} = 10 n_i (500\text{K})$$

查表得 $T = 500$ K 时，有

$$n_i = 5 \times 10^{14} \text{ cm}^{-3}$$

$$(N_D)_{min} = 5 \times 10^{15} \text{ cm}^{-3}$$

2. 已知杂质范围，确定工作温区

（1）由最小的 $(N_D)_{min}$ 来确定 T_{max}，$(N_D)_{min} = 10 n_i$。

（2）由最大的掺杂浓度 $(N_D)_{max}$ 来确定 T_{min}。

$$2 e^{\frac{\Delta E_D}{kT}} \frac{N_D}{N_C} = 0.1$$

$$e^{\frac{\Delta E_D}{kT}} = \frac{N_C}{20 N_D}$$

$$f_1(T) = f_2(T)$$

解题思路：

① 由掺入的杂质类型和数量，判断材料的极性。

② 由温度和掺入的杂质数量判断材料所处的温区。

③ 根据相应的温区公式进行计算。

5.5 简 并 半 导 体

5.5.1 简并半导体中的载流子浓度

当掺杂浓度很高、E_F 靠近能带边时，能带中载流子的数目已经很多，则 $f(E) \ll 1$ 条件和 $[1 - f(E)] \ll 1$ 条件不能成立，就必须考虑 Pouli 不相容原理。这时 Boltzmann 分布不能应用，必须采用 Fermi 分布来计算载流子浓度，就是载流子简并化的情况。

对简并半导体有

$$n_0 = \int \frac{dN}{V} = \frac{4\pi}{h^3} (2 m_n^*)^{\frac{3}{2}} \int \left(1 + \exp \frac{E - E_F}{kT}\right)^{-1} (E - E_C)^{\frac{1}{2}} \, dE$$

$$= \frac{2}{\sqrt{\pi}} N_C \, F_{\frac{1}{2}} \frac{E_F - E_C}{kT}$$

式中 $F_{\frac{1}{2}} \dfrac{E_F - E_C}{kT} = F_{\frac{1}{2}}(\xi) = \displaystyle\int_0^\infty [1 + \exp(x - \xi)]^{-1} x^{\frac{1}{2}} \, dx$ 是 Fermi 积分，同样有

$$p_0 = \frac{2}{\sqrt{\pi}} N_C \, F_{\frac{1}{2}} \frac{E_V - E_F}{kT}$$

5.5.2 简并化条件

由 n_0-$(E_F - E_C)/kT$ 关系曲线可见，当 $E_F = E_C$ 时，经典分布的计算结果已经明显偏离 Fermi 分布；实际上，在 E_F 接近 E_C（相差 $2kT$）时，就已经开始出现差别，即出现简并化效果，所以判断简并化的标准是：

$(E_C - E_F) \gg 2kT$：非简并；

$0 < (E_C - E_F) \leqslant 2kT$：弱简并；

$(E_C - E_F) \leqslant 0$：简并。

5.5.3　简并化效应

1. 杂质能带导电和禁带宽度变窄

禁带宽度变窄对多数载流子浓度没有影响(可认为多数载流子浓度＝杂质全电离的浓度),但对少数载流子浓度有很大影响,从而对半导体器件的影响严重。

在室温下,Si 中掺杂浓度 N_D 使禁带宽度变窄的量为

$$\Delta E_g = 22.5 \frac{N_D^{\frac{1}{2}}}{10^{18}} \text{ meV}$$

这将使本征载流子浓度大大增加:

$$n_i^2 = N_C N_V \exp\frac{E_g - \Delta E_g}{kT} = n_{i0}^2 \exp\frac{\Delta E_g}{kT}$$

所以,少数载流子浓度为

$$p_0 = \frac{n_i^2}{N_D} = \frac{n_{i0}^2}{N_D}\exp\frac{\Delta E_g}{kT}$$

2. 载流子屏蔽杂质的效应

在电子浓度大于施主杂质浓度时,每一个施主都可被很多电子包围,从而减弱了施主对电子的束缚势能;当电子浓度足够高时,就会造成 Schrödinger 方程没有束缚态解,即杂质的激活能降到 0,由此给出了产生屏蔽效应的临界电子浓度(为 10^{19}cm^{-3} 数量级)。

载流子的屏蔽效应将使得杂质离子的 Coulomb 势能 $V(1/r)$ 变化为指数函数的关系 $V(\exp[-k_s r])$,$k_s^{-1} = r$ 是势能降低到 $1/e$ 的距离,称为屏蔽长度。这种屏蔽效应就大大减小了 Coulomb 势能的作用范围(受到屏蔽后的势能形状类似方势阱)。载流子屏蔽杂质的效应,在低掺杂半导体和稀释电解质中称为 Debye-Huckle 屏蔽效应,在简并半导体和金属中称为 Fermi-Thomas 屏蔽效应。

此外,在出现载流子屏蔽效应时,杂质散射载流子的作用也将大大减弱,使载流子的迁移率得到了明显提高。

5.6　过剩载流子的注入与复合

5.6.1　非平衡载流子的产生

1. 什么是非平衡载流子?

(1) 平衡载流子:$n_0 p_0 = n_i^2$(热平衡条件)。

对 n 型半导体:

$$n_0 \approx N_D, \qquad p_0 \approx \frac{n_i^2}{N_D}$$

(2) 非平衡载流子:偏离平衡态时,$n_0 p_0 \neq n_i^2$。

$np > n_i^2$,有过剩载流子,$(n_0 + \Delta n)(p_0 + \Delta p) > n_i^2$

$np < n_i^2$,欠缺载流子,$(n_0 - \Delta n)(p_0 - \Delta p) < n_i^2$

电中性条件要求 $\Delta n = \Delta p$。

一般地，非平衡载流子是指过剩载流子（Δn 和 Δp）。

非平衡载流子，有非平衡多子和非平衡少子之分：

对 n 型半导体，非平衡多子浓度 $n = n_0 + \Delta n$；

非平衡少子浓度 $p = p_0 + \Delta p$。

2. 半导体中非平衡载流子的产生

半导体中通常存在的注入形式有光注入、电注入、高能粒子辐照等。

使非平衡载流子增加的运动，称为非平衡载流子的产生。使非平衡载流子减少的运动，称为非平衡载流子的复合。

在光注入时：要求光子的能量 $h_\nu \geqslant E_g$；注入的非平衡载流子浓度为 $\Delta n = \Delta p$。

半导体中总的载流子浓度为 $n = n_0 + \Delta n$；$p = p_0 + \Delta p$。

（1）非平衡条件：$n_0 p_0 \neq n_i^2$，注入时，$n_0 p_0 > n_i^2$；　抽取时 $n_0 p_0 < n_i^2$。

（2）注入半导体内部的非平衡载流子主要是指非平衡少数载流子，因为多数载流子难以注入，而只有少数载流子才可能注入。

（3）当注入的非平衡载流子浓度远小于多数载流子浓度时，即为"小注入"；否则为"大注入"。

小注入的条件是：

① n 型半导体：$\Delta p \ll n_0 \approx N_D$，$n = n_0 + \Delta p \approx N_D$；$\Delta p \gg p_0$，$p \approx \Delta p$；

② p 型半导体：$\Delta n \ll p_0 \approx N_A$，$p = p_0 + \Delta p \approx N_A$；$\Delta n \gg n_0$，$n \approx \Delta n$。

5.6.2　非平衡载流子的特性

（1）光注入时，因为是本征激发，故有 $\Delta n = \Delta p$。

（2）注入半导体内部的非平衡载流子主要是非平衡少数载流子。因为多数载流子的注入比较困难（注入的多数载流子将很快［在所谓弛豫时间以内］消失而达到电中性）；而少数载流子注入以后，可很快地被多数载流子屏蔽而达到电中性，从而非平衡少数载流子能够形成很大的浓度梯度。

（3）小注入时，

对 n 型：$\Delta p \ll n_0$，$\Delta p \gg p_0$；

对 p 型：$\Delta n \ll p_0$，$\Delta n \gg n_0$。

虽然注入的非平衡少数载流子浓度比平衡多数载流子浓度小得多，但是它却比平衡少数载流子浓度大得多；而且又只能注入非平衡少数载流子，因此非平衡少数载流子在半导体器件等问题中可以起很大的作用。

（4）非平衡载流子可引起附加电导（在光注入时称为光电导）。

$$\Delta\sigma = \Delta n q \mu_n + \Delta p q \mu_p = \Delta p q (\mu_n + \mu_p)$$

从而，通过对半导体附加电导的测量可以得到 Δn 和 Δp。

（5）当产生非平衡载流子的外部作用去除后，系统将通过内部作用而恢复到平衡状态，即非平衡载流子逐渐消失（称为复合），载流子浓度恢复到平衡值。从而，非平衡载流子具有一定的平均生存时间，称为非平衡载流子的寿命。一般半导体中，非平衡载流子的

寿命大约是 $10^{-8} \sim 10^{-3}$ 秒。

（6）当存在非平衡载流子时，半导体即处于非平衡状态，但可认为是与热平衡相近的"准平衡状态"。因为从能量的观点来看，非平衡载流子对系统能量的影响并不大：由于载流子与晶格交换能量的弛豫时间（能量弛豫时间）通常 $< 10^{-10}$ 秒，则非平衡载流子在复合之前就已经与晶格发生了很多次碰撞，充分交换能量而达到了平衡。所以即使存在非平衡载流子，也可以认为电子与晶格，以及空穴与晶格分别处于热平衡状态。

在一个能带（导带或价带）内载流子的热跃迁很频繁，迅速达到了平衡，与热平衡状态相近，这种状态称为准平衡状态。但是导带与价带之间，因热跃迁很难发生，所以不能认为是准平衡的。

5.6.3　非平衡载流子的寿命

非平衡载流子在半导体中的平均生存时间称为非平衡载流子的寿命，用 τ 表示。因为相对于非平衡多数载流子，非平衡少数载流子的影响处于主导的、决定的地位，因而常称为少数载流子寿命，简称少子寿命。

$1/\tau$ 表示了单位时间内每个非平衡载流子复合的可能性，称为复合概率。如果非平衡载流子的浓度为 Δp，则非平衡载流子的复合率为 $\Delta p/\tau$（单位时间、单位体积内净复合消失的电子-空穴对数目）。

寿命 τ：$(1/\tau) \rightarrow$ 单位时间内非平衡载流子的复合几率，τ 称为寿命。

例如：$(1/\tau_n)$ 是非平衡电子的复合几率；

$(1/\tau_p)$ 是非平衡空穴的复合几率。

则单位时间内非平衡载流子复合的数目，即复合率为 $(\Delta n/\tau)$：

$(\Delta n/\tau_n)$ 是非平衡电子的复合率；

$(\Delta p/\tau_p)$ 是非平衡空穴的复合率。

1. 非平衡载流子随时间的变化规律、少数载流子寿命

（1）非平衡载流子的产生率 G 和复合率 R 是单位时间、单位体积内产生或消失的电子-空穴对数目。

（2）对 n 型半导体，非平衡载流子的时间变化率为

$$\frac{\mathrm{d}\Delta p}{\mathrm{d}t} = G - R = -\frac{\Delta p}{\tau_p}$$

如果 τ_p 与 Δp 无关，则 Δp 有指数衰减规律：

$$\Delta p = (\Delta p)\exp{-\frac{t}{\tau_p}}$$

实验表明，在小注入条件（$\Delta p \ll n_0 + p_0$）下，非平衡载流子浓度确实有指数衰减规律。这说明：① $\Delta p(t+\tau_p) = \Delta p(t)/e$，$\Delta p(t)\,|_{t=\tau_p} = \Delta p_0$，$\tau_p$ 即非平衡载流子浓度减小到原来值的 $1/e$ 时所经历的时间；② 在小注入条件下，τ_p 的确是与 Δp 无关的常数；③ 利用这种简单的指数衰减规律可测量出 τ_p 的值。

（3）τ_p 确实就是非平衡载流子的平均生存时间 $\langle t \rangle$（积分限为 $0 \sim \infty$）：

$$\langle t \rangle = \frac{\int t\,\mathrm{d}\Delta p(t)}{\int \mathrm{d}\Delta p(t)} = \frac{\int t \exp\dfrac{-t}{\tau_p}\mathrm{d}t}{\int \exp\dfrac{-t}{\tau_p}\mathrm{d}t} = \tau_p$$

因为少数载流子 $p=\Delta p$，故非平衡少数载流子的寿命也称为少数载流子寿命。

说明：

① 非平衡载流子主要是指非平衡少数载流子，故非平衡载流子寿命也就是少数载流子寿命；

② 只有在小注入时，非平衡载流子寿命才为常数，净复合率才可表示为 $-\Delta p/\tau_p$。

③ 在小注入下才有

$$稳定状态的寿命＝瞬态寿命$$

2. 非平衡载流子寿命的测量

非平衡载流子寿命的测量有多种方法，例如：

(1) 光电导衰减法：用脉冲光照射样品，用示波器直接观察附加光电导 $\Delta\sigma$（即非平衡载流子）随时间的衰减规律（$\Delta\sigma=\Delta pq\left[\mu_n+\mu_p\right]\propto\Delta p$）；再通过指数衰减的观测曲线来确定非平衡少数载流子的寿命。

另外，还有高频光电导衰减法（加在样品上的是高频电场）。

(2) 光磁电法：利用半导体的光磁电效应来测量较短的寿命，在化合物半导体中用得较多。

(3) 其他方法：扩散长度法、双脉冲法、漂移法等。

① 单晶 Si 和 Ge 的少子寿命较长：对完整而纯净的 Si，可以 $>10^3\ \mu s$；对完整而纯净的 Ge，可以 $>10^4\ \mu s$。

② 单晶 GaAs 的少子寿命很短：一般 $\leqslant 10^{-8}\sim 10^{-9}\ \mu s$。

5.6.4 准费米能级和非平衡载流子浓度

非平衡状态时不存在统一的费米能级。半导体系统处于一种所谓准平衡态：通过热跃迁，导带电子和价带空穴分别和晶格达到平衡，具有平衡态时的能量分布和速度分布。

电子在导带和价带之间，由于中间隔着禁带，热跃迁就要稀少得多，使得电子在导带和价带之间处于不平衡状态。

准费米能级：在有非平衡载流子存在的这种准平衡态，由于导带和价带各自的内部是基本平衡的，可以用费米能级和费米分布函数分别描述导带和价带中的载流子分布。导带和价带之间是不平衡的，表现在描述导带中电子分布的费米能级和描述价带中空穴分布的费米能级不相同。通常称它们为准费米能级。

1. 准平衡和准 Fermi 能级

有非平衡载流子存在时，由于在一个能带（导带或价带）内载流子的热跃迁很频繁，在复合之前（寿命为 $10^{-8}\sim 10^{-3}$ s）就与晶格达到了热平衡（即不再交换能量，因为能量弛豫时间 $<10^{-10}$ s），该能带系统与热平衡状态相近，这种状态称为准平衡状态。因此，这时可认为导带电子系统或价带空穴系统各自仍然符合费米-狄拉克（F-D）分布或 Boltzmann 分布，分别具有各自的"准 Fermi 能级"（分别称为电子准 Fermi 能级 E_{Fn} 和空穴准 Fermi 能级 E_{Fp}）。

但是导带与价带之间的载流子不能随意交换，不能实现准平衡状态，所以 E_{Fn} 与 E_{Fp} 不重合。

2. 非平衡状态下的载流子浓度

对于非简并半导体，引入准 Fermi 能级后，可以仿照平衡载流子浓度的表达式，写出非平衡状态下载流子浓度的表示式：

$$n = N_C \exp \frac{-(E_C - E_{Fn})}{kT} = n_i \exp \left[\frac{-(E_{Fn} - E_i)}{kT} \right]$$

$$p = N_V \exp \frac{-(E_{Fp} - E_V)}{kT} = n_i \exp \left[\frac{-(E_i - E_{Fp})}{kT} \right]$$

并且有

$$n_p = n_0 \, p_0 \exp \frac{E_{Fn} - E_{Fp}}{kT} = n_i^2 \exp \frac{E_{Fn} - E_{Fp}}{kT}$$

可见：

（1）非平衡载流子越多，准 Fermi 能级就偏离平衡的 E_F 越远。

（2）多数载流子的准 Fermi 能级偏离平衡 E_F 不大，而少数载流子的准 Fermi 能级偏离平衡 E_F 却很大（因为在小注入时，多数载流子浓度≫平衡浓度，则多数载流子的准 Fermi 能级≈E_F，但更加靠近能带边；而非平衡少数载流子浓度≫平衡少数载流子浓度，总的少数载流子浓度≈非平衡少数载流子浓度，故少数载流子的准 Fermi 能级明显偏离平衡 E_F）。例如，对 n 型半导体，E_{Fn} 与 E_F 靠近，但比 E_F 更加接近导带底，而 E_{Fp} 偏离 E_F 较远。

（3）准 Fermi 能级越靠近某能带边，则该能带中的非平衡载流子浓度就越大。

（4）E_{Fn} 与 E_{Fp} 相差的大小反映了系统偏离平衡状态的程度（即 n_p 偏离 $n_0 \, p_0 = n_i^2$ 的程度）。

5.7　非平衡载流子的复合理论

本节主要根据各种复合机构的复合率得出非平衡载流子寿命与哪些因素有关。

5.7.1　非平衡载流子复合的机理

在非平衡的情形下，产生和复合之间的相对平衡就被打破了。由于多余的非平衡载流子的存在，电子和空穴的数目比热平衡时增多了，它们在热运动中相互遭遇而复合的机会也将成比例地增加，因此，这时复合将要超过产生而造成一定的净复合：

净复合＝复合－产生

正是这种净复合的作用控制着非平衡载流子数目的增减，例如，在一定外界作用下（如 p-n 结加偏压，光照射等），产生了一定数目的非平衡载流子，当去掉外界作用后，正是由于这种净复合的作用，使非平衡载流子逐渐减少，以致最后消失。这一节所要讨论的非平衡载流子的复合，就是指这种净复合作用。

对于载流子比热平衡时少的情形（p-n 结加反向偏压时就发生这种情况），往往也用非平衡载流子的概念加以描述。这种情况的非平衡载流子浓度为

$$\Delta n = n - n_0, \quad \Delta p = p - p_0$$

是负值。对于这种情形，电子和空穴由于数目比热平衡时少，它们相遇而复合的机会也比热平衡减少，电子和空穴的产生将超过复合，即

净复合＝复合－产生

将是负值。所以，负值的净复合实际上是代表净产生的作用。

寿命的大小由什么决定呢？要回答这样的问题，就需要进一步研究非平衡载流子是怎样复合的。讨论多子和少子的热平衡时曾具体分析过电子在导带和价带之间的热跃迁，在那里我们看到，导带电子可以直接落入价带的空穴而实现复合，这种电子在导带和价带之间的直接跃迁叫做直接复合。

实际上，电子空穴复合还可以来自许多其他的间接途径。

在讨论多子和少子热平衡时，因为热平衡状态是不受具体复合和产生方式影响的，所以，我们只讲了直接复合。但是，在实际使用的硅、锗单晶材料中，决定非平衡载流子寿命的显然主要不是直接复合。很早就发现，硅、锗单晶中少子寿命主要不是由材料本身性质决定的，而是由杂质和缺陷决定的。

随着材料含的杂质和晶体的完整性不同，少子寿命的差别可以很大。以生产用硅单晶为例：纯度和晶体完整性特别好的硅材料，寿命可以达到上千微秒；一般平面晶体管和集成电路用的硅，寿命约几十微秒；这样的衬底经过高温工艺后，寿命可以降到微秒以下；如果有意地扩散进原子，寿命可以降低到几个毫微秒。在这些实际硅、锗材料中，电子和空穴的复合显然主要是借助一些杂质和缺陷进行的。现在已经知道，这是因为硅和锗的导带和价带有一些特点使电子-空穴的直接产生和复合作用特别微弱。

能促使电子和空穴复合的杂质和缺陷称为复合中心，最单纯的复合中心是一个深能级杂质。在电子-空穴复合中，深能级起着一个台阶的作用。图 5.21 对比了直接复合和通过复合中心的复合（间接复合）。

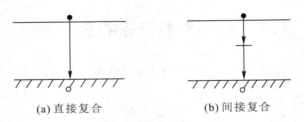

(a) 直接复合   (b) 间接复合

图 5.21 直接复合和间接复合

5.7.2 复合的分类

复合的具体分类如图 5.22 所示。

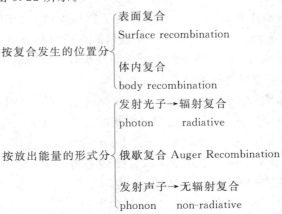

$$
\begin{cases}
\begin{array}{l}
\text{表面复合} \\
\text{Surface recombination} \\
\\
\text{体内复合} \\
\text{body recombination}
\end{array}
\end{cases}
$$

按复合发生的位置分

$$
\begin{cases}
\begin{array}{l}
\text{发射光子} \rightarrow \text{辐射复合} \\
\text{photon} \qquad \text{radiative} \\
\\
\text{俄歇复合 Auger Recombination} \\
\\
\text{发射声子} \rightarrow \text{无辐射复合} \\
\text{phonon} \qquad \text{non-radiative}
\end{array}
\end{cases}
$$

按放出能量的形式分

图 5.22 复合分类

1. 直接复合(带间复合)

一般来说,直接禁带半导体(如 GaAs、InSb、PbSb、PbTe)发生的复合为直接复合。

复合率$\propto n_p$(热产生率 $\propto n_0 \, p_0$);

净复合率$\propto (n_p - n_0 \, p_0)$,能量以光或热发出。

2. 间接复合

间接复合是通过复合中心(浓度 N_t)的复合,引入复合中心能级 E_t。间接禁带半导体(如 Si、Ge)即为间接复合。

(1) E_t 俘获电子的俘获率 $\propto n(N_t - n_t)$;E_t 俘获空穴的俘获率 $\propto p \, n_t$。

(2) E_t 俘获电子的俘获率$\propto n(N_t - n_t)$,E_t 产生电子的热产生率$\propto n_t$;

(3) E_t 俘获空穴的俘获率$\propto p \, n_t$,E_t 产生空穴的热产生率$\propto (N_t - n_t)$。

能量以光、热或 Auger 过程发出。

3. 表面复合

表面复合:表面处的杂质和缺陷也起复合中心的作用。因此,表面有促进非平衡载流子复合的作用;并且表面复合的本质是间接复合。

表面复合率$\propto$表面附近的过剩载流子浓度$(\Delta p)_0$或$(\Delta n)_0$,即有

$$\text{表面复合率} = S(\Delta p)_0 \text{ 或 } S(\Delta n)_0$$

表面复合的快慢用表面复合速度 S 来表征。

4. 俄歇(Auger)复合

Auger 复合是 3 粒子过程;可以是直接复合,也可以是间接复合。

(1) 对直接 Auger 复合,复合率 $\propto n^2 \, p$ 或 $p^2 \, n$。

(2) 高掺杂时存在;直接 Auger 复合的逆过程?——碰撞电离!

5.8 陷阱效应

(1) 杂质能级积累非平衡载流子的作用,称为陷阱效应。

(2) 有显著陷阱效应的杂质能级称为陷阱。而把相应的杂质和缺陷称为陷阱中心。

陷阱效应也是在有非平衡载流子的情况下发生的一种效应。当半导体处于热平衡状态时，无论是施主、受主、复合中心或是任何其他的杂质能级上，都具有一定数目的电子。它们由平衡时的费米能级及分布函数所决定。实际上，能级中的电子是通过载流子的俘获和产生过程与载流子之间保持着平衡的。当半导体处于非平衡态，出现非平衡载流子时，这种平衡遭到破坏，必然引起杂质能级上电子数目的改变。如果电子增加，说明能级具有收容部分非平衡电子的作用。若电子减少，则可以看成能级具有收容空穴的作用。从一般意义上讲，杂质能级的这种积累非平衡载流子的作用就称为陷阱效应。

从这个角度看，所有杂质能级都有一定的陷阱效应。而实际上，需要考虑的只是那些有显著积累非平衡载流子作用的杂质能级，例如，它所积累的非平衡载流子的数目可以与导带和价带中非平衡载流子数目相比拟。

习　　题

1. 什么是载流子的简并和非简并？在什么情况下 Fermi 分布可以用 Boltzmann 分布来近似？

2. Fermi 能级 E_F 代表什么意义？为什么热平衡时半导体中有统一的 E_F 能级？

3. 平衡载流子浓度 $n_0 = N_C \exp[-(E_C - E_F)/kT]$ 和 $p_0 = N_V \exp[-(E_F - E_V)/kT]$ 分别是怎样计算得来的？式中的 N_C 和 N_V 各代表什么物理意义？

4. 热平衡条件 $n_0 p_0 = N_C N_V \exp[-(E_C - E_V)/kT] = n_i^2$，为什么对任何非简并半导体都适用？当增加掺杂浓度时，为什么少数载流子浓度会减小？

5. 室温下，一 n 型样品掺杂浓度为 N_D，全部电离。当温度升高后，其费米能级如何变化？为什么？一本征半导体，其费米能级随温度升高如何变化？为什么？

6. 室温下，常用半导体 Ge、Si、GaAs 的禁带宽度分别是多少？说明为什么不同的半导体材料制成的器件或集成电路其最高工作温度各不相同？要获得在较高温度下能够正常工作的半导体器件的主要途径是什么？

7. 现有 3 块 Si 材料，已知在 300 K 时它们的空穴浓度分别 $p_{01} = 2.25 \times 10^{16} \, \mathrm{cm}^{-3}$，$p_{02} = 2.25 \times 10^{10} \, \mathrm{cm}^{-3}$，$p_{03} = 2.25 \times 10^4 \, \mathrm{cm}^{-3}$，

(1) 分别计算 3 块 Si 材料的电子浓度；

(2) 判别这 3 块材料的导电类型；

(3) 分别计算这 3 块材料的费米能级位置。

8. 考虑室温下的两块 Si 样品，分别掺入浓度为 N_1 和 N_2 的 B 杂质，且有 $N_1 > N_2 \gg n_i^2$。

问：(1) 哪个样品的少子浓度低；

(2) 哪个样品的费米能级 E_F 离价带顶近；

(3) 如果再掺入少量 P(P 的浓度为 N_3，且 $N_3 < N_2$)，两块样品的费米能级又将如何变化(要求通过公式计算得出结论)？

9. 当 $E - E_F$ 分别为 $10kT$，$4kT$ 时，分别用费米分布函数和波尔兹曼分布函数计算电子占据该能级的几率，并讨论计算结果。

10. 在室温下，Si 的空穴浓度为 $1 \times 10^{18} \, \mathrm{cm}^{-3}$(本征载流子浓度为 $1.5 \times 10^{10} \, \mathrm{cm}^{-3}$，介电常数为 12，禁带宽度为 1.12 eV)，求此时的电子浓度和 E_F 的值。

11. 某晶格常数为 a 的二维正方格子，其面积为 S，电子的 $E-K$ 关系为

$$E(k_x k_y) = \frac{h^2}{2m_n^*}(k_x^2 + k_y^2)$$

（1）该晶体的电子有效质量是否为各向异性的？

（2）该晶体的量子态密度（计入自旋）是多少？

（3）求出该晶体的电子状态密度表达式。

12. Si 的本征载流子浓度不大于 $n_i = 1 \times 10^{12}\,\mathrm{cm}^{-3}$，假设 $E_g = 1.12\,\mathrm{eV}$，求 Si 中允许的最高温度。

13. 在 Si 中掺入施主 $N_D = 10^{14}\,\mathrm{cm}^{-3}$，计算：

（1）室温下的载流子浓度；

（2）室温下的 E_F 位置。

14. 在室温下，锗的有效态密度 $N_C = 1.04 \times 10^{19}\,\mathrm{cm}^{-3}$，$N_V = 6.0 \times 10^{18}\,\mathrm{cm}^{-3}$，$E_g = 0.67\,\mathrm{eV}$，求室温下含施主浓度 $N_D = 5 \times 10^{15}\,\mathrm{cm}^{-3}$、受主浓度 $N_A = 2 \times 10^{9}\,\mathrm{cm}^{-3}$ 的锗中的电子浓度和本征载流子浓度为多少。

15. 画出下列情况下 Si 的费米能级的位置，并对结果进行讨论：

（1）强 p 型；（2）强 n 型；（3）弱 p 型；（4）弱 n 型；（5）本征

16. 定性画出 n 型半导体样品的载流子浓度 n 随温度变化的曲线（全温区），讨论各段的物理意义，并标出本征激发随温度的曲线。设该样品的掺杂浓度为 N_D，比较两曲线，论述宽带隙半导体材料器件工作温度范围。

17. 画出一定杂质浓度的 Si 样品的电阻率随温度的变化关系图形，并给出定性解释。

第6章　半导体的输运性质

前面介绍了电子、空穴在一定温度下，处于热平衡状态时载流子的统计分布情况。热平衡表现为每一种粒子(电子、空穴和晶格振动或称为声子)的平均动能的时空不变性，这种时空不变性是存在于粒子之间的。

6.1　载流子迁移率和半导体电导率

一般来说，半导体中载流子主要有三种运动模式，电场作用下的漂移运动、浓度差产生的扩散运动和一定温度下的热运动。载流子热运动不是一种定向运动，因此不会产生电流。本节讨论载流子在电场中的运动形成的电流。下面是几个基本的概念。

(1) 漂移运动：由电场作用而产生的、沿电场力方向的运动为漂移运动。

(2) 漂移电流：由载流子的漂移运动所引起的电流称为漂移电流。

(3) 漂移速度：载流子在电场作用下的定向运动速度。

6.1.1　漂移电流和迁移率

1. 微分欧姆定律

对于低场运动中的载流子，电阻不随电压变化的情况下，比如金属导体，导电是均匀的，I-V 呈线性关系，满足通常的欧姆定理，即

$$I = \frac{V}{R}$$

其中，V 为加在两端的电压，I 为材料两端产生的电压，R 为电阻，与材料的长度 l 成正比，与截面积 s 成反比，即

$$V = El, \quad I = sJ, \quad R = \rho \frac{l}{s}$$

ρ 为电阻率，单位为 $\Omega \cdot m$ 或 $\Omega \cdot cm$。电阻率的倒数称为电导率，用 σ 来表示，即

$$\sigma = \frac{1}{\rho}$$

σ 的单位为西门子/米，或西门子/厘米，用 S/m 或 S/cm 表示。

对于上述的式子中电压和电流分别用场强和电流密度来替换，而电阻用电阻率来表示的情况下，可以推出，欧姆定律的微分形式为

$$J = \sigma |E| \tag{6.1.1}$$

式(6.1.1)表示的微分形式的欧姆定律同样适用于非均匀情况。因为对于非均匀材料，可以取一个小体积元，当其足够小时，便可看成是均匀的。把通过导体中某一点的电流密度和该处的电导率及电场强度直接联系起来。半导体中某点的电流密度正比于该点的电场

强度，比例系数为电导率 σ。

2. 漂移速度和迁移率

（1）在外电场作用下，半导体中的电子获得一个和外场反向的速度，用 V_{dn} 表示，空穴则获得与电场同向的速度，用 V_{dp} 表示。

（2）V_{dn} 和 V_{dp} 分别为电子和空穴的平均漂移速度。

下面以柱形 n 型半导体为例，分析半导体的电导现象，如图 6.1 所示。

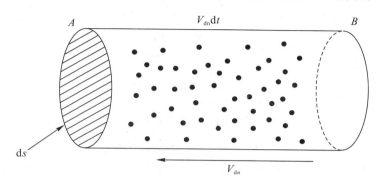

图 6.1　半导体导电载流子输运情况

ds 表示 A 处与电流垂直的小面积元，小柱体的高为 $V_{dn}dt$，在 dt 时间内通过 ds 的截面电荷量，就是 A、B 面间小柱体内的电子电荷量，即

$$dQ = -nqV_{dn}dsdt \tag{6.1.2}$$

其中，n 是电子浓度，q 是电子电荷。

1）漂移电流密度（Drift Current Density）

漂移电流密度定义为单位时间内流过单位截面积的电荷量，可得

电子漂移电流密度 J_n 为

$$J_n = \frac{dQ}{dsdt} = -nqV_{dn} \tag{6.1.3}$$

同样，空穴漂移电流密度 J_p 为

$$J_p = \frac{dQ}{dsdt} = pqV_{dp} \tag{6.1.4}$$

其中，p 是空穴浓度。

2）平均漂移速度（Drift velocity）

在电场不太强时，漂移电流遵守欧姆定律，即 $J = \sigma|\boldsymbol{E}|$。

对于电子，将上式联立式（6.1.3）得

$$\sigma|\boldsymbol{E}| = nqV_{dn} \tag{6.1.5}$$

有

$$V_{dn} = \mu_n|\boldsymbol{E}| \tag{6.1.6}$$

μ_n 和 μ_p 分别称为电子和空穴迁移率，表示在单位电场下电子和空穴的平均漂移速度，单位为 $cm^2/V \cdot s$。

迁移率是半导体材料的重要参数，它表示电子或空穴在外电场作用下作定向运动的难易程度。

在不同的半导体材料中，μ_n 和 μ_p 是不相同的，就是在同一种材料中，μ_n 和 μ_p 也是不

同的，一般来说，$\mu_n \gg \mu_p$。

6.1.2 半导体的电导率

若在半导体两端加上电压，内部就形成电场，电子和空穴漂移方向相反，但所形成的漂移电流密度都是与电场方向一致的，因此总漂移电流密度是两者之和(见图 6.2)。

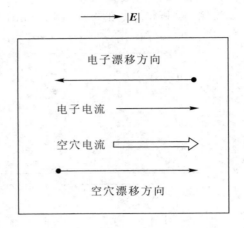

图 6.2 电子和空穴漂移电流密度

由于电子在半导体中作"自由"运动，而空穴运动实际上是共价键上电子在共价键之间的运动，所以两者在外电场作用下的平均漂移速度显然不同，用 μ_n 和 μ_p 分别表示电子和空穴的迁移率。

电导率 σ 表示半导体材料的导电能力。

导体：遵循欧姆定律，电子导电，对某一种材料，在一定温度下 σ 为常数。

半导体：在电场不太强时依然遵循欧姆定律，电子和空穴导电，而且载流子浓度随着温度和掺杂的不同而不同，导电机构比导体复杂。

将式(6.1.5)代入式(6.1.3)可得总的漂移电流密度为

$$J = J_n + J_p = (nq\mu_n + pq\mu_p)|\boldsymbol{E}| \tag{6.1.7}$$

相应的电导率得

$$\sigma = nq\mu_n + pq\mu_p \tag{6.1.8}$$

对 n 型半导体，$n \gg p$，空穴漂移电流可以忽略，则有

$$J_n = nq\mu_n|\boldsymbol{E}| \tag{6.1.9}$$

对 p 型半导体，$p \gg n$，电子漂移电流可以忽略，则有

$$J_p = pq\mu_p|\boldsymbol{E}| \tag{6.1.10}$$

6.2 半导体中载流子的散射

6.2.1 载流子散射的概念

1. 无外加电场

在一定温度下，半导体内部的大量载流子即使没有电场作用，也在永不停息地作着无

规则的、杂乱无章的运动，称为热运动。

2. 有外加电场

散射：载流子发生碰撞，碰撞后载流子速度的大小及方向发生改变，用波的概念，就是说电子波在半导体中传播时遭到了散射。

散射概率：单位时间内一个载流子被散射的次数。

载流子在外电场作用下的实际运动轨迹应该是热运动与漂移运动的叠加。在外力和散射的双重影响下，使得载流子以一定的平均速度沿力的方向漂移，这个速度为恒定的平均漂移速度。

两个概念：

（1）平均自由程：连续两次散射之间的自由运动的平均路程。

（2）平均自由时间：连续两次散射之间的自由运动的平均时间。

6.2.2　半导体中载流子遭受散射的机构

对周期性势场的破坏因素就是散射载流子的机构，一般地，半导体中主要的散射机构是晶格振动散射和电离杂质散射。

1. 晶格振动散射

（1）声学波形变势散射：在 Si 和 Ge 等非极性半导体中起重要作用。

（2）声学波压电散射：在没有中心对称的极性半导体（如闪锌矿和纤锌矿结构）中存在着压电效应，声学波可引起交替变化的极化，从而产生附加的静电势而散射载流子，这种散射对压电半导体在低温下可能起着重要作用。

（3）极性光学波极化电场散射：在极性化合物半导体中起着重要作用。

2. 电离杂质散射

电离杂质散射是各向异性的弹性散射，在低温下起着主要作用。

3. 中性杂质散射

在低温下，未电离的中性杂质较多，有可能散射载流子；散射几率与中性杂质浓度成正比，与温度无关。这种散射只有在低温、高掺杂、晶格振动和电离杂质的散射作用很微弱时才重要。

4. 位错散射

位错的晶格畸变和电荷管道（施主或受主）都可散射载流子，但在位错密度$<10^4\,\mathrm{cm}^{-2}$时影响不大，对高位错密度的半导体这种散射不可忽略。

5. 载流子之间的散射

载流子之间的散射只有在强简并时，单电子近似失效时才重要。

6. 等价能谷之间的散射

这种散射将使电子的波矢发生很大变化。在高温下，散射是通过发射或吸收波矢大、波长短的高能量声子来进行的，因此是非弹性散射。在低温下，因声子数很少，这种散射的几率很小，所以等价能谷之间的散射只有在高温时才重要。

7. 合金散射

在混晶半导体中，当不同种类而同族的原子是随机排列时，将对晶体的周期性势场产生微扰，从而使载流子发生散射，这是合金所特有的，称为合金散射。

例如 $Al_xGa_{1-x}As$，当 $x=0.5$ 时，其中的两种Ⅲ族原子是有序排列的（由一层 GaAs 和一层 AlAs 交替排列而组成晶体），否则是随机排列的，将产生散射作用。

6.2.3　晶格热振动的规律

1. 格波

晶体原子的热振动形成复杂的波，而复杂的波可以分解为若干个基本波，每一个基本波即称为一个格波（振动模式）；格波用其波矢 q 来表征。对有 N 个原胞的晶体，就有 N 个 q；若每个原胞中含有 n 个原子，则每个 q 相应有 $3n$ 个不同频率的格波；于是晶体中共有 $3nN$ 个不同的振动模式格波。而每一个格波又可区分为纵格波（L）或横格波（T）；还可区分为声学波（A）或光学波（O），所以晶体中的 $3nN$ 个格波可分为 4 大类：LA、LO、TA、TO。

例如 Ge、Si、GaAs，$n=2$，对应于每一个 q 就有 6 个频率不同的格波：频率最低的 3 个格波是声学波（A），其余 3 个格波是光学波（O）；TA 和 TO 是两重简并的波。

（1）格波的能量是量子化的：频率为 ω 的格波具有谐振子一样的分离能量：

$$E=\left(n+\frac{1}{2}\right)\hbar\omega, \quad n=0,1,2,3,\cdots \tag{6.2.1}$$

则当格波与载流子相互作用时，格波能量的改变只能是 $\hbar\omega$ 的整数倍；该 $\hbar\omega$ 称为声子。当格波能量减少 $\hbar\omega$ 时，就说晶格放出一个声子；如格波能量增加 $\hbar\omega$ 时，就说晶格吸收一个声子。因此晶格与载流子的相互作用可看成是格波对载流子的散射（碰撞）。

（2）声子的平均自由程：决定于遭受的散射，在简谐近似下所得到的格波是完全独立的，互相不散射，这时声子的平均自由程为∞。

但实际上声子的平均自由程并不为∞，因为：① 由于晶格振动的非简谐性，将使得声子之间有散射；② 杂质、缺陷和表面等都将散射声子。

2. 晶格振动散射载流子的特点

1）散射过程遵守准动量守恒和能量守恒定律

$$\hbar k'-\hbar k=\pm\hbar q, \quad \frac{\hbar^2 k'^2}{2m^*}-\frac{\hbar^2 k^2}{2m^*}=\pm\hbar\omega \tag{6.2.2}$$

（1）对长声学波，q 很小，则散射前后电子波矢的变化约为零，从而散射前后电子能量的变化约为零，所以是弹性散射。但对光学波散射，则相反，因为光学波声子能量较大（$\approx kT$），使散射前后电子能量的变化较大，所以是非弹性散射。

（2）起散射作用的主要是长格波，因为电子的能量变化不可能很大，波矢的变化也很小；当电子与声子相互作用时，按照准动量守恒，声子的动量应与电子的动量具有相同数量级的大小。因此，起散射作用的主要是波长在数十个原子间距以上的长格波。

（3）散射是各向同性的。

2）纵长声学波对载流子的散射

长声学波因频率 $\omega \propto$ 波数 $k=1/\lambda$，即有波速 $u=\lambda v=$ 常数，这实际上就是弹性波，即声波。

　　长声学波散射载流子的机理有两种：畸变势散射和压电散射。对 Si 和 Ge 主要是畸变势散射，而且在长声学波中主要是纵波起散射作用。

　　纵长声学波在半导体中产生畸变势的机理：因为纵长声学波将造成原子分布的疏密变化，使得在一个波长中，一半压缩，一半膨胀（疏处膨胀，密处压缩），相应地原子间距也随着减小或增大，从而造成禁带宽度变化（疏处变窄，密处变宽），所以能带边发生周期性的起伏，这就相当于使晶格周期性势场产生了一个周期性的畸变，叠加了一个附加势场，这个附加势场就称为畸变势。畸变势就是散射载流子的因素。

　　纵长声学波散射载流子的几率 P_s：声学波所引起的导带底的变化 ΔE_C 与体积的改变量 $\Delta V/V_0$ 成比例，即有

$$\Delta E_C = \zeta_C \frac{\Delta V}{V_0}$$

式中，ζ_C 称为畸变势常数（表示单位体变引起的导带底能量的变化）。对于单一极值和球形等能面的半导体，畸变势对导带电子的散射几率为

$$P_s = \frac{16\pi^3 \ \zeta_C^2 \ k \ T \ m_n^{*\,2} \ v}{\rho h^4 u^2} \propto T^{\frac{3}{2}} \tag{6.2.3}$$

其中，ρ 为晶格密度，u 为纵弹性波速度，v 为电子的热运动速度（$\propto T^{1/2}$）。

　　对 Si 等具有多极值和旋转椭球形等能面的半导体，上式中的 m_n^* 应该取电子的状态密度有效质量。

　　横长声学波的散射作用：横长声学波将引起一定的切变，这将使得 Si 等具有多极值和旋转椭球形等能面的半导体的能带极值发生变化，因此有一定的散射作用。

　　3）纵长光学波对载流子的散射

　　（1）散射机理。在离子性半导体中，纵长光学波使每个原胞内的正负两个离子振动位移相反，将产生局部极化电场，从而由对载流子的 Coulomb 作用而引起散射，称为极性光学波散射。

　　（2）散射几率 P_0：几率与温度的关系基本上决定于平均光学波声子的数目，即

$$P_0 \propto m_n^{*\,\frac{1}{2}} \left[\exp\frac{\hbar\omega}{kT} - 1 \right]^{-1} \tag{6.2.4}$$

式中，$\hbar\omega$ 是光学波声子的能量，一般比较大（与 kT 同数量级）。如对 n - GaAs，光学波的最高振动频率 $\omega \approx 8.7 \times 10^{12}\,\mathrm{s}^{-1}$，$\hbar\omega \approx 0.036\,\mathrm{eV}$。因此，极性光学波散射是非弹性散射。而且，如果载流子的能量低于 $\hbar\omega$，则不会出现吸收声子的散射，而只能有发射声子的散射。

　　当温度较低（$T \ll \hbar\omega/k$）时，平均声子数将迅速减少，使散射几率很快降低，因此极性光学波散射在低温时作用不大。对 n - GaAs，$\hbar\omega/k \approx 417\,\mathrm{K}$，当 $T = 100\,\mathrm{K}$ 时即已达到低温条件：$T \ll \hbar\omega/k$。

　　随着温度的升高，平均光学波声子数增加，则散射几率很快增大。

　　① 光学波散射对非极性半导体的影响：不等价原子之间的相对位移所引起的形变势，也对载流子有一定的散射作用，称为光学波形变势散射，但一般这种散射作用很小。

　　② 横光学波的影响：因为不引起原子疏密的变化（则无明显的形变势），又不会产生明显的极化电场，所以横光学波散射载流子的作用不大。

3. 电离杂质散射

　　（1）散射的特点是 Coulomb 作用，类似于原子核散射，载流子的运动轨道是一条双曲

线；散射只改变运动的方向，并不改变载流子的速度大小（即能量），因此是弹性散射；载流子被散射后的运动方向与入射方向密切有关，因此是各向异性散射（偏向于小角度散射）。

（2）散射几率 P_i 主要决定于电离杂质浓度 N_I 和载流子速度 v，即有 $P_i \propto N_I/v^3 \propto N_I T^{-3/2}$。

这种散射几率与温度的关系，与晶格振动散射几率与温度的关系恰巧相反，随着温度的上升，散射几率是下降的，电离杂质散射在较低温下显得较为重要。

6.3　电阻率与杂质浓度和温度的关系

6.3.1　电导率、迁移率与平均自由时间的关系

1. 多种散射机构同时存在时的总迁移率

因为总的散射几率 $P = \sum P_i$，相应的动量弛豫时间关系为 $1/\tau = \sum 1/\tau_i$，则总的迁移率关系为 $1/\mu = \sum 1/\mu_i$。

2. 不同散射机构下的迁移率

不同散射机构的 P_i 与温度的关系为

$$\text{声学波散射} \quad P_s \propto T^{\frac{3}{2}} \tag{6.3.1}$$

$$\text{光学波散射} \quad P_o \propto \left[\exp\left(\frac{\hbar\omega}{kT}\right) - 1\right]^{-1} \tag{6.3.2}$$

$$\text{电离杂质散射} \quad P_i \propto N_I T^{-\frac{3}{2}} \tag{6.3.3}$$

相应地，不同散射机构的动量弛豫时间 τ_i 与温度的关系为

$$\text{声学波散射} \quad \tau_s \propto T^{-\frac{3}{2}} \tag{6.3.4}$$

$$\text{光学波散射} \quad \tau_o \propto \left[\exp\left(\frac{\hbar\omega}{kT}\right) - 1\right] \tag{6.3.5}$$

$$\text{电离杂质散射} \quad \tau_i \propto N_I^{-1} T^{\frac{3}{2}} \tag{6.3.6}$$

3. 载流子的动量弛豫时间 τ

$\tau \equiv 1/P$ 表示沿电场方向的动量损失（即定向运动消失）过程的快慢，称为动量弛豫时间。如果散射是各向同性的，则散射几率 P 可看成是每个载流子在单位时间内平均遭受到散射的次数，而且每一次散射都将使载流子失去漂移速度和相应的动量，则这时 τ 就是一个载流子相继两次散射之间的平均自由时间。但实际上，有的散射并不是各向同性的。

例如，电离杂质散射，载流子被散射后的速度方向是与散射前的入射方向有关的，这时 τ 就不再等于平均自由时间了。

4. 电导率 σ 和电导率有效质量的概念

在电场 E 作用下，载流子将沿电场方向漂移而被加速（k 变化，使准动量和能量变化），但漂移速度（即沿电场方向的平均附加速度）不会无限制地增大。这是由于晶体中总是存在有散射载流子的机构，使得漂移速度保持有一个平均值 v_d。

在欧姆定律 $j = \sigma |E|$ 成立（弱电场）的条件下，载流子的迁移率（电导迁移率）定义为 $\mu = v_d / |E|$，μ 是表示载流子迁移能力的重要参数（单位是 $cm^2 / s \cdot V$）。

载流子遭受散射的程度用散射几率 $P \equiv 1/\tau$ 表示，则载流子总动量的变化决定于从电场获得的动量和散射失去的动量：

$$\frac{d(n m_n^* v_d)}{dt} = nqE - P_n m_n^* v_d \tag{6.3.7}$$

稳定状态时总动量的变化为 0，于是有 $qE - m_n^* v_d / \tau = 0$，得到 $v_d = q\tau E / m_n^*$，所以，

$$\mu_n = \frac{q\tau_n}{m_n^*}$$

同样有

$$\mu_p = \frac{q\tau_p}{m_p^*} \tag{6.3.8}$$

在弱电场下的漂移电流又可表示为 $j = nq v_d$（欧姆定律），则 n 型半导体的电导率为

$$\sigma_n = n_q \mu_n = \frac{nq^2 \tau_n}{m_n^*} \tag{6.3.9}$$

对 p 型半导体有

$$\sigma_p = pq\mu_p = \frac{pq^2 \tau_p}{m_p^*} \tag{6.3.10}$$

对混合型半导体有

$$\sigma = nq\mu_n + pq\mu_p = \frac{nq^2 \tau_n}{m_n^*} + \frac{pq^2 \tau_p}{m_p^*} \tag{6.3.11}$$

对本征半导体有

$$\sigma_i = n_i (q\mu_n + q\mu_p) = n_i \left(\frac{q^2 \tau_n}{m_n^*} + \frac{q^2 \tau_p}{m_p^*} \right) \tag{6.3.12}$$

（1）由于晶体的各向异性，载流子的有效质量是各向异性的（为有效质量张量），则电导率也是各向异性的（为电导率张量），这时欧姆定律应该为

$$j_i = \sum \sigma_{ij} E_j \quad (i, j = x, y, z) \tag{6.3.13}$$

但是，对于 Si 和 Ge 等立方结构的半导体，电导率仍然是各向同性的，σ 为一个标量。

例如 Si，在电场 E_x 作用下，2 个 [100] 导带底中电子的迁移率（纵向迁移率）为 $\mu_1 = q\tau_n / m_1$，其余 4 个 $\langle 100 \rangle$ 导带底中电子的迁移率（横向迁移率）为 $\mu_2 = \mu_3 = q\tau_n / m_t$；若导带电子的总浓度是 n，则每个导带底中电子的浓度为 $n/6$。于是 x 方向的电流可表示为

$$j_x = \frac{n}{3} q\mu_1 E_x + \frac{n}{3} q\mu_2 E_x + \frac{n}{3} q\mu_3 E_x = nq \left(\frac{q\tau_n}{3m_1} + \frac{2q\tau_n}{3m_t} \right) E_x \equiv n q\mu_{eff} E_x \tag{6.3.14}$$

式中

$$\mu_{eff} = \frac{q\tau_n}{3m_1} + \frac{2 q\tau_n}{3m_t} = q\tau_n \left(\frac{1}{3} m_1 + \frac{2}{3} m_t \right)$$

如果写成 $\mu_{eff} = q\tau_n / m_{cn}$，则有 $m_{cn} = 3m_1 m_t / (2m_1 + m_t)$，$m_{cn}$ 称为导带电子的电导率有效质量，对 E_y 和 E_z 作用的情况类似。

因此，对任意方向的电场 $E = iE_x + jE_y + kE_z$，有 $j_n = nq\mu_{eff} E \equiv \sigma E$。可见，在引入电导率有效质量之后，电导率可看成是各向同性的，σ 为一个标量。对价带空穴的电导率，考虑

到轻、重空穴，同样可引入空穴的电导率有效质量。

$$m_{cp} = \frac{m_{ph}^{\frac{3}{2}} + m_{pl}^{\frac{3}{2}}}{m_{ph}^{\frac{1}{2}} + m_{pl}^{\frac{1}{2}}} \approx m_{ph}$$

（2）电导率有效质量的数值：

Si：$m_{cn} = 0.26m_0$，$m_{cp} = 0.38m_0$；

Ge：$m_{cn} = 0.12m_0$，$m_{cp} = 0.23m_0$；

GaAs：$m_{cn} = 0.968m_0$，$m_{cp} \approx 0.29\,m_0$

5. 与其他几种有效质量的比较

（1）能带有效质量。

Si：$m_l = 0.97\,m_0$，$m_t = 0.19\,m_0$；$m_{pl} = 0.16\,m_0$，$m_{ph} = 0.53\,m_0$（4K）

Ge：$m_l = 0.12m_0$，$m_t = 0.0819m_0$（4K）；$m_{pl} = 0.044m_0$，$m_{ph} = 0.28m_0$（1K）

GaAs：$m_n = 0.067\,m_0$；$m_{pl} = 0.082\,m_0$，$m_{ph} = 0.45\,m_0$

（2）状态密度有效质量。

导带底电子状态密度有效质量：

$$m_n^* = m_{dn} = s^{\frac{2}{3}}(m_l\,m_t^2)^{\frac{1}{3}} \tag{6.3.15a}$$

价带顶空穴的状态密度有效质量：

$$m_p^* = m_{dp} = \left[(m_p)_l^{\frac{2}{3}} + (m_p)_h^{\frac{2}{3}}\right]^{\frac{2}{3}} \tag{6.3.15b}$$

Si：$s = 6$，$m_{dn} = 1.08m_0$；$m_{dp} = 0.59m_0$

Ge：$s = 4$，$m_{dv} = 0.56m_0$；$m_{dp} = 0.37m_0$

6.3.2 迁移率与杂质浓度、温度的关系

不同散射机构的迁移率 $\mu_i = q\tau_i/m^*$ 与温度的关系为

$$声学波散射 \quad \mu_s = \frac{q}{m^*}(AT)^{-\frac{3}{2}} \propto T^{-\frac{3}{2}} \tag{6.3.16a}$$

$$光学波散射 \quad \mu_o \propto \left[\exp\left(\frac{\hbar\omega}{kT}\right) - 1\right] \tag{6.3.16b}$$

$$电离杂质散射 \quad \mu_i = \frac{q}{m^*}\frac{T^{\frac{3}{2}}}{BN_I} \propto N_I^{-1}\,T^{\frac{3}{2}} \tag{6.3.16c}$$

可见，在低温下电离杂质散射对载流子迁移率的影响比较大；在较高温度下晶格振动散射将起主要作用。

1. Si 和 Ge 等原子半导体中载流子的迁移率

这里的主要散射机构是声学波散射和电离杂质散射：

$$\mu = \frac{q}{m^*}\left[(A\,T)^{\frac{3}{2}} + \frac{BN_I}{T^{\frac{3}{2}}}\right]^{-1} \tag{6.3.17}$$

当温度较低时，含有 N_I 的项比较大，电离杂质散射起主要作用，则随着温度的上升，迁移率增大；当温度较高时，$(AT)^{\frac{3}{2}}$ 项比较大，声学波散射起主要作用，则随着温度的上升，迁移率降低。

当掺杂浓度较低时，$BN_I/T^{\frac{3}{2}}$ 项可以略去，则声学波散射起主要作用，因此迁移率随着温

度的上升而降低；当掺杂浓度提高时，电离杂质散射的作用越来越大；当掺杂浓度很高（如 $10^{19}\,\mathrm{cm}^{-3}$）且在低温下时，迁移率反而随着温度的上升而增大，直到较高温度时才下降。

对于一般的 Si 样品，在室温下，迁移率随着温度的上升通常是降低的；并且掺杂浓度越高，迁移率就越低。

2. GaAs 等极性半导体中载流子的迁移率

在极性半导体中，光学波散射也很重要，因此这里需要考虑的散射机构主要有三种：

$$\frac{1}{\mu}=\frac{1}{\mu_\mathrm{i}}+\frac{1}{\mu_\mathrm{s}}+\frac{1}{\mu_\mathrm{o}}$$

(6.3.18)

在室温以上的较高温度下，因为光学波散射几率与温度有指数关系，因此一般比声学波散射更加重要，故迁移率与温度近似有指数关系；在低温下，还应该考虑声学波压电散射的作用。

不过对于 GaP，其中载流子的有效质量比较大，而散射几率 $P_\mathrm{s}\propto m_\mathrm{n}^{*2}$，$P_\mathrm{o}\propto m_\mathrm{n}^{*\frac{1}{2}}$，故在较高温度下起主要散射作用的不是光学波散射，而是声学波畸变势散射；并且谷间散射占主要地位。

6.3.3　半导体电阻率及其与杂质浓度和温度的关系

1. 半导体的电阻率与掺杂浓度的关系

电阻率 $\rho=1/\sigma=(nq\mu)^{-1}$ 主要由 n 和 μ 决定。

（1）在室温下，轻掺杂（$10^{16}\sim10^{18}\,\mathrm{cm}^{-3}$）半导体的电阻率基本上与掺杂浓度有线性关系（则可通过测量电阻来求得掺杂浓度），因为杂质已经全电离（$n\approx N_\mathrm{D}$，$p\approx N_\mathrm{A}$），而且迁移率随掺杂浓度变化不大。

但是在高掺杂时，半导体成为简并的，电阻率将偏离线性关系，因为：这时杂质在室温下也不能全电离；迁移率随掺杂浓度的增加将显著降低。

（2）对于高度补偿的半导体，电阻率与掺杂浓度没有简单的关系，这时不能用电阻率的高低来衡量掺杂浓度。

2. 半导体的电阻率与温度的关系

（1）低温区（①段）。载流子浓度随着温度的上升使得杂质电离而增加（本征激发可忽略）；迁移率也随着温度的上升使得杂质散射而增加（晶格散射可忽略），所以电阻率下降。

（2）杂质全电离区（②段）。载流子浓度随着温度的上升基本上不变化（杂质全电离，本征激发可忽略）；但迁移率随着温度的上升而降低（因为以晶格散射为主），所以电阻率升高。

（3）本征区（③段）。由于本征载流子浓度 n_i 急剧增加，电阻率主要决定于 n_i，使得电阻率随着温度的上升而单调下降：对 Si，温度每上升 8℃，n_i 就增加一倍，则电阻率约降低一半左右（因为迁移率只稍有降低）。对 Ge，温度每上升 12℃，n_i 就增加一倍，则电阻率约降低一半。

注意：进入本征区的温度与掺杂浓度和禁带宽度有关，掺杂浓度越大、禁带越宽，则进入本征导电为主的温度也就越高。这个温度就限制了器件的最高工作温度。一般地，Si 器件为 250℃，Ge 器件为 100℃，GaAs 器件为 250℃。

6.3.4　四探针法测电阻率

电阻率的测量是半导体材料常规参数测量项目之一。

测量电阻率的方法很多，如三探针法、电容-电压法、扩展电阻法等。四探针法是一种被广泛采用的标准方法，在半导体工艺中最为常用，其主要优点在于设备简单、操作方便、精确度高，对样品的几何尺寸无严格要求。四探针法除了用来测量半导体材料的电阻率以外，在半导体器件生产中，广泛使用四探针法来测量扩散层薄层电阻，以判断扩散层质量是否符合设计要求，如图 6.3 所示。因此，薄层电阻是工艺中最常需要检测的工艺参数之一。

在半无穷大样品上的点电流源上，若样品的电阻率 ρ 均匀，引入点电流源的探针，其电流强度为 I，则所产生的电力线具有球面的对称性，即等位面为一系列以点电流为中心的半球面，如图 6.4 所示。在以 r 为半径的半球面上，电流密度 j 的分布是均匀的。

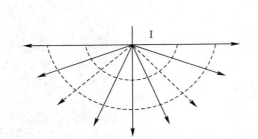

图 6.3 点电流源的电力线分布

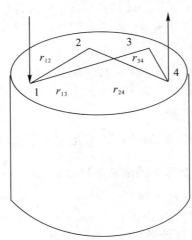

图 6.4 任意位置的四探针

若 E 为 r 处的电场强度，则

$$E = -\frac{\mathrm{d}\psi}{\mathrm{d}r} \tag{6.3.19}$$

由电场强度和电位梯度以及球面对称关系，得

$$\int_0^{\psi(r)} \mathrm{d}\psi = \int_\infty^r -E\mathrm{d}r = \frac{-I\rho}{2\pi}\int_\infty^r \frac{\mathrm{d}r}{r^2} \tag{6.3.20}$$

取 r 为无穷远处的电位为零，则

$$\mathrm{d}\psi = -E\mathrm{d}r = -\frac{I\rho}{2\pi r^2}\mathrm{d}r \tag{6.3.21}$$

上式就是半无穷大均匀样品上离开点电流源距离为 r 的点的电位与探针流过的电流和样品电阻率的关系式，它代表了一个点电流源对距离 r 处的点的电势的贡献。

6.4 半导体的 Boltzmann 输运方程

6.4.1 分析载流子输运的分布函数法

前述载流子的输运是根据载流子具有一定的平均速度来讨论的，但是这有些不合理：
① 前述把弛豫时间 τ 看成是一个常数，但实际上载流子速度具有一定的统计分布，τ 应该

与速度有关；② 前述认为散射以后载流子的速度是无规则的，即运动在各个方向的几率相等。但实际上这只适用于各向同性散射（格波散射），而对电离杂质散射则否。

因此，在精确分析载流子的输运时，必须考虑载流子的速度分布和散射的方向性。

平衡时，载流子的分布函数是 F-D 分布函数（简并半导体）或 Boltzmann 分布函数（非简并半导体）；在非平衡时（存在电场或温度梯度等外场的情况），载流子的分布函数将发生改变。若 $f(\boldsymbol{k}, \boldsymbol{r}, t)$ 是非平衡状态时电子的分布函数，则在 t 时刻、处在相空间体积元 $(\mathrm{d}\boldsymbol{k}\,\mathrm{d}\boldsymbol{r})$ 中的电子数为

$$\mathrm{d}N(\boldsymbol{k}, \boldsymbol{r}, t) = 2f(\boldsymbol{k}, \boldsymbol{r}, t)\mathrm{d}\boldsymbol{k}\mathrm{d}\boldsymbol{r} \tag{6.4.1}$$

在 t 时刻、在 $\boldsymbol{r}$ 处、在 $\mathrm{d}\boldsymbol{k}$ 内的电子数为

$$\mathrm{d}n = 2f(\boldsymbol{k}, \boldsymbol{r}, t)\mathrm{d}\boldsymbol{k} \tag{6.4.2}$$

如果知道了一定条件下的分布函数 $f(\boldsymbol{k}, \boldsymbol{r}, t)$，就可以计算出以速度 $\boldsymbol{v}(\boldsymbol{k})$ 运动的电子所产生的电流密度和能流密度：

$$\boldsymbol{j} = -q\int \boldsymbol{v}(\boldsymbol{k})\mathrm{d}n = -2q\int \boldsymbol{v}(\boldsymbol{k})f(\boldsymbol{k}, \boldsymbol{r}, t)\mathrm{d}\boldsymbol{k} \tag{6.4.3}$$

$$\boldsymbol{W} = \int E(\boldsymbol{k})\boldsymbol{v}(\boldsymbol{k})\mathrm{d}n = 2\int E(\boldsymbol{k})\boldsymbol{v}(\boldsymbol{k})f(\boldsymbol{k}, \boldsymbol{r}, t)\mathrm{d}\boldsymbol{k} \tag{6.4.4}$$

从而可以求出不同输运过程的参数。这种采用分布函数来研究载流子输运过程的方法称为分布函数法。

而分布函数随时间的变化将引起电子数的变化：因为经过 $\mathrm{d}t$ 时刻、处在相同空间体积元 $(\mathrm{d}\boldsymbol{k}\mathrm{d}\boldsymbol{r})$ 中的电子数变为

$$\mathrm{d}N(\boldsymbol{k}, \boldsymbol{r}, t+\mathrm{d}t) = 2f(\boldsymbol{k}, \boldsymbol{r}, t+\mathrm{d}t)\mathrm{d}\boldsymbol{k}\mathrm{d}\boldsymbol{r}$$

$$\approx 2\left[f(\boldsymbol{k}, \boldsymbol{r}, t+\mathrm{d}t) + \frac{\partial f}{\partial t}\mathrm{d}t \right]\mathrm{d}\boldsymbol{k}\mathrm{d}\boldsymbol{r} \tag{6.4.5}$$

则相空间体积元中电子数的增长率是 $2(\partial f/\partial t)\mathrm{d}\boldsymbol{k}\mathrm{d}\boldsymbol{r}$，所以了解分布函数随时间的变化是很重要的。

6.4.2　Boltzmann 方程

（1）Boltzmann 方程就是非平衡分布函数 $f(\boldsymbol{k}, \boldsymbol{r}, t)$ 所满足的方程，由此可以求得不同条件下的 $f(\boldsymbol{k}, \boldsymbol{r}, t)$，引起分布函数随时间发生变化的原因有二：

① 电场、磁场、温度梯度等外场所引起的漂移变化。单位时间、体积元 $\mathrm{d}\boldsymbol{k}\mathrm{d}\boldsymbol{r}$ 内电子数增加：

$$2\frac{\partial f}{\partial t}\mathrm{d}\boldsymbol{k}\mathrm{d}\boldsymbol{r} = 2\left\{ f\left(\boldsymbol{k}-\frac{\mathrm{d}\boldsymbol{k}}{\mathrm{d}t}, \boldsymbol{r}-\boldsymbol{v}\mathrm{d}t, t\right) - f(\boldsymbol{k}, \boldsymbol{r}, t) \right\}\frac{\mathrm{d}\boldsymbol{k}\mathrm{d}\boldsymbol{r}}{\mathrm{d}t}$$

$$= -2\left[\frac{\mathrm{d}\boldsymbol{k}}{\mathrm{d}t} \cdot \nabla_{kf} + v \cdot \nabla_{rf} \right]\mathrm{d}\boldsymbol{k}\mathrm{d}\boldsymbol{r} \tag{6.4.6}$$

其中 $\nabla_r f$ 项是由于温度梯度引起的，因为 f 与温度有关，则当存在温度梯度时，f 将与 $\boldsymbol{r}$ 有关，这种空间分布的不均匀性将使载流子以速度 v 在坐标空间运动。

② 散射所引起的变化。由于散射会使 $\boldsymbol{k}$ 变化，则散射将使 f 变化，单位时间、$\mathrm{d}\boldsymbol{k}\mathrm{d}\boldsymbol{r}$ 内因散射而造成电子数的增加可表示为 $2(\partial f/\partial t)_s\mathrm{d}\boldsymbol{k}\mathrm{d}\boldsymbol{r}$。

（2）单位时间、体积元 $\mathrm{d}\boldsymbol{k}\mathrm{d}\boldsymbol{r}$ 内电子数的总增加数为

$$2\,\frac{\partial f}{\partial t}\mathrm{d}\boldsymbol{k}\mathrm{d}\boldsymbol{r}=2\left\{\frac{\partial f}{\partial t_\mathrm{d}}+\frac{\partial f}{\partial t_\mathrm{s}}\right\}\mathrm{d}\boldsymbol{k}\mathrm{d}\boldsymbol{r}$$

即

$$\frac{\partial f}{\partial t}=-\boldsymbol{v}\cdot\nabla_r f-\frac{\mathrm{d}\boldsymbol{k}}{\mathrm{d}t}\cdot\nabla_k f+\frac{\partial f}{\partial t_\mathrm{s}} \tag{6.4.7}$$

在稳定、但是非平衡状态时，$\partial f/\partial t=0$，则得到所谓 Boltamann 方程：

$$\frac{\mathrm{d}\boldsymbol{k}}{\mathrm{d}t}\cdot\nabla_k f+\boldsymbol{v}\cdot\nabla_r f=\frac{\partial f}{\partial t_\mathrm{s}} \tag{6.4.8}$$

由于 $(\partial f/\partial t)_\mathrm{s}$ 应是一个对散射几率的积分，所以 Boltamann 方程是一个微分-积分方程，其求解很复杂，通常采用近似方法。常用的一种近似方法就是弛豫时间近似。

6.4.3　Boltzmann 输运方程的弛豫时间近似

该近似就是认为散射项可以用弛豫时间 τ 表示为

$$\frac{\mathrm{d}f}{\mathrm{d}t}=-\frac{f-f_0}{\tau}$$

式中，f_0 是平衡分布函数，f 是在外场作用下的非平衡分布函数。外场使分布偏离平衡分布，而散射又使分布恢复到平衡；由非平衡分布 f 恢复到平衡分布 f_0 的过程称为弛豫过程，该过程所需要的时间就是弛豫时间 τ。

因为

$$\frac{\partial(f-f_0)}{\partial t_\mathrm{s}}=-\frac{f-f_0}{\tau}$$

所以

$$(f-f_0)_t=(f-f_0)_{t=0}\,\exp-\frac{t}{\tau} \tag{6.4.9}$$

可见，弛豫时间近似也就是假定因散射作用使得由非平衡分布 f 恢复到平衡分布 f_0 的过程是一个指数式变化过程。

在球形等能面、各向同性散射、弹性散射情况下，τ 就等于两次散射之间的平均自由时间。

在弛豫时间近似下的稳态 Boltzmann 方程：

$$\frac{\mathrm{d}\boldsymbol{k}}{\mathrm{d}t}\cdot\nabla_k f+v\cdot\nabla_r f=\frac{\partial f}{\partial t_\mathrm{s}}=-\frac{f-f_0}{\tau} \tag{6.4.10}$$

在温度梯度为 0 时，f 与 $\boldsymbol{r}$ 无关，$\nabla_r f=0$，则稳态 Boltzmann 方程变为

$$\frac{\mathrm{d}\boldsymbol{k}}{\mathrm{d}t}\cdot\nabla_k f=-\frac{f-f_0}{\tau} \tag{6.4.11}$$

6.4.4　半导体电导率的统计计算

当有电场 $\boldsymbol{E}$ 时，$(\mathrm{d}\boldsymbol{k}/\mathrm{d}t)=-q\boldsymbol{E}/h$，则稳态 Boltzmann 方程为

$$\frac{q}{h}\big[\boldsymbol{E}\cdot\nabla_k f\,\big]=\Big[\frac{f(\boldsymbol{k})-f_0(\boldsymbol{k})}{\tau(\boldsymbol{k})} \tag{6.4.12}$$

(1) 计算分布函数。

f 是 $\boldsymbol{E}$ 的函数，把 f 按 $\boldsymbol{E}$ 的幂级数展开：

$$f = f_0 + f_1 + f_2 + f_3 + \cdots$$

f_0 是 $\boldsymbol{E} = 0$ 时（即热平衡时）的分布函数。

在弱电场下，欧姆定律成立，可以只考虑到 $\boldsymbol{E}$ 的一次幂，即令 $f = f_0 + f_1$；代入到输运方程中，得到

$$\frac{q}{h}\left[\boldsymbol{E} \cdot \nabla_k f_0\right] + \frac{q}{h}\left[\boldsymbol{E} \cdot \nabla_k f_1\right] = \frac{f_1}{\tau} \tag{6.4.13}$$

等式两边 $\boldsymbol{E}$ 的同次幂项应该相等，即有

$$\frac{q}{h}\left[\boldsymbol{E} \cdot \nabla_k f_0\right] = \frac{f_1}{\tau}$$

再考虑到 $\nabla_k f_0 = (\partial f_0/\partial E)\nabla_k E$ 和 $\boldsymbol{v}(\boldsymbol{k}) = (1/h)\nabla_k E$，则得

$$f_1 = q\tau \frac{\partial f_0}{\partial E}\left[\boldsymbol{E} \cdot \boldsymbol{v}\right] \tag{6.4.14}$$

（2）电流密度的计算。

$$\boldsymbol{j} = -2q\int \boldsymbol{v}(\boldsymbol{k})f(\boldsymbol{k}, t)\mathrm{d}\boldsymbol{k} = -2q\int \boldsymbol{v}(\boldsymbol{k})\left[f_0 + f_1\right]\mathrm{d}\boldsymbol{k} \tag{6.4.15}$$

由于 f 是 $\boldsymbol{E}$ 的偶函数，$\boldsymbol{v}$ 是 $\boldsymbol{k}$ 的奇函数，则 $\int \boldsymbol{v}(\boldsymbol{k})f_0\,\mathrm{d}\boldsymbol{k} = 0$。这表明平衡状态下的电流为 0，电流是由分布函数的偏离 f_1 来决定的：

$$\boldsymbol{j} = -2q\int \boldsymbol{v}(\boldsymbol{k})f_1\,\mathrm{d}\boldsymbol{k} = -2q^2\int \frac{\partial f_0}{\partial E}\tau(\boldsymbol{k})\boldsymbol{v}(\boldsymbol{k})\left[\boldsymbol{E} \cdot \boldsymbol{v}(\boldsymbol{k})\right]\mathrm{d}\boldsymbol{k} \tag{6.4.16}$$

即有欧姆定律

$$\boldsymbol{j} = \sum \sigma_{ij}\boldsymbol{E}_{ij} \quad (i = 1, 2, 3)$$

式中

$$\sigma_{ij} = -2q^2\int \frac{\partial f_0}{\partial E}\tau v_i\,v_j\,\mathrm{d}\boldsymbol{k} \tag{6.4.17}$$

对各向同性散射或散射几率只与散射角有关的弹性散射，τ 只是能量的函数 $[\tau(\boldsymbol{k}) = \tau(E)]$，这时 $(\partial f_0/\partial E)\tau$ 是 $\boldsymbol{k}$ 的偶函数，而 v_i 和 v_j 是 $\boldsymbol{k}$ 的奇函数，因此只要 $i \neq j$，则 $\sigma_{ij} = 0$，即 $\sigma_{ij} = \sigma_{ij}\delta_{ij}$。

6.4.5　球形等能面均匀半导体在弱电场和无温度梯度时的电导率

1. 电导率和迁移率

如果等能面是球面，则 $(\partial f_0/\partial E)$ 也是球对称的，于是有

$$\int \frac{\partial f_0}{\partial \boldsymbol{E}}\tau v_{12}\,\mathrm{d}\boldsymbol{k} = \int \frac{\partial f_0}{\partial \boldsymbol{E}}\tau v_{22}\,\mathrm{d}\boldsymbol{k} = \int \frac{\partial f_0}{\partial \boldsymbol{E}}\tau v_{32}\,\mathrm{d}\boldsymbol{k} \tag{6.4.18}$$

即电导率是一个标量：

$$\sigma_{11} = \sigma_{22} = \sigma_{33}$$

从而

$$\boldsymbol{j} = \sigma\boldsymbol{E}, \quad \sigma = \frac{\sigma_{11} + \sigma_{22} + \sigma_{33}}{3} = -\left(2q^{\frac{2}{3}}\right)\int \frac{\partial f_0}{\partial \boldsymbol{E}}\tau v^2\,\mathrm{d}\boldsymbol{k} \tag{6.4.19}$$

对于非简并半导体，代入 $f_0 = \exp\left(-\dfrac{E - E_F}{kT}\right)$，$\dfrac{\partial f_0}{\partial E} = -\dfrac{f_0}{kT}$，得到

$$\sigma = \frac{2q^2}{3kT}\int \tau v^2 \, f_0 \, \mathrm{d}\boldsymbol{k} = \frac{q^2}{3kT}\int \tau v^2 \, \mathrm{d}n，\text{这里 } 2\,f_0\,\mathrm{d}\boldsymbol{k} = \mathrm{d}n \tag{6.4.20}$$

由于电子的平均动能为

$$\frac{m_n^*}{2}\langle v^2 \rangle = \frac{m_n^*}{2}\frac{\int v^2 \, \mathrm{d}n}{\int \mathrm{d}n} = \frac{3kT}{2} \tag{6.4.21}$$

所以得到

$$\text{电导率 } \sigma = \frac{n_q^2}{m_n^*}\frac{\langle \tau v^2 \rangle}{\langle v^2 \rangle} \tag{6.4.22}$$

$$\text{电导迁移率 } \mu = \frac{q}{m_n^*}\frac{\langle \tau v^2 \rangle}{\langle v^2 \rangle} \tag{6.4.23}$$

式中，统计平均值为

$$\langle \tau v^2 \rangle = \frac{\int \tau v^2 \, \mathrm{d}n}{\int \mathrm{d}n}，\quad \langle v^2 \rangle = \frac{\int v^2 \, \mathrm{d}n}{\int \mathrm{d}n} \tag{6.4.24}$$

可见，对电导率和迁移率，在考虑到速度的统计分布条件下，只要将 τ 用统计平均值代替即可。

2. 迁移率与温度的关系分析

（1）对声学波畸变势散射：

$$\tau = \frac{1}{P_s} = \frac{\rho h^4 \ u^2}{16\pi^3 \ \zeta c^2 \ k \ T \ m_n^{*\,2} \ v} = \frac{l_n}{v} \tag{6.4.25}$$

其中载流子的平均自由程为

$$l_n = \frac{\rho h^4 \ u^2}{16\pi^3 \ \zeta c^2 \ k \ T \ m_n^{*\,2}} \propto \frac{1}{T} m_n^{*\,2}$$

则

$$\mu_a = \frac{q l_n}{m_n^*}\frac{\langle v \rangle}{\langle v^2 \rangle} \tag{6.4.26}$$

而对球形等能面的非简并半导体

$$\langle v_n \rangle = \frac{2}{\sqrt{\pi}}\frac{n+1}{2}!\ \frac{\dfrac{2kT}{m_n^*}n}{2}$$

得到

$$\mu_a = \frac{4q \ l_n}{3}\left[\ 2\pi \ m_n^* \ kT \ \right]^{-\frac{1}{2}}$$

从而

$$\mu_a \propto T^{-\frac{3}{2}}(m_n^*)^{-\frac{5}{2}} \tag{6.4.27}$$

（2）对电离杂质散射：

$$\tau = \frac{1}{P_i} = B v^3$$

可得到

$$\mu_i = \frac{B \langle v^5 \rangle}{\langle v^2 \rangle} \propto T^{\frac{3}{2}} \tag{6.4.28}$$

6.5　强 电 场 效 应

6.5.1　强电场/窄尺寸效应

在强电场中，迁移率随电场的增加而变化，平均漂移速度随外电场的增加速率开始趋于缓慢，最后趋于一个不随场强变化的定值，称为饱和漂移速度。这种效应就是强电场效应。

1. 电流密度（平均漂移速度）、迁移率与电场强度的关系

（1）当 $\varepsilon < 10^3$ V/cm 时，$J \propto \varepsilon$，μ 与 ε 无关；

（2）当 10^3 V/cm $< \varepsilon < 10^5$ V/cm 时，$J \propto \varepsilon^{\frac{1}{2}}$，$\mu \propto \varepsilon^{-\frac{1}{2}}$；

（3）当 $\varepsilon > 10^5$ V/cm 时，J 与 ε 无关，$\mu \propto \varepsilon^{-1}$。

2. 强电场效应的理论依据

1）定性解释

假设载流子在两次碰撞之间的自由路程为 l，自由时间为 t，载流子的运动速度为 V，则 $t = \frac{l}{V}$。

在电场中，$V = V_d + V_T$，V_d 为电场中的漂移速度，V_T 为热运动速度，即饱和速度。

（1）弱电场。通常，在电场 $\varepsilon < 10^3$ V/cm 时，载流子的饱和速度 $V_T = 10^7$ cm/s，这时 V_T 远大于 V_d，且 V_d 随电场强度的增加而呈线性增加。

（2）较强电场。电场强度在 10^3 V/cm $< \varepsilon < 10^5$ V/cm 之间，平均自由时间：$t = \frac{l}{V_d + V_T}$，且 $\varepsilon \uparrow$，$V_d \uparrow$，$t \downarrow$，$\tau \downarrow$，$\mu \downarrow$，从而平均漂移速度 V_d 随电场增加而缓慢增大。

（3）强电场。在强电场情况下，电场强度 $\varepsilon > 10^5$ V/m。这时，载流子的平均能量 $\geqslant kT/2$，即载流子的漂移速度接近于热运动速度：

$$V_d \approx V_T$$

这种情况下，平均漂移速度 V_d 则与电场无关。

这时的载流子称为热载流子，其运动的平均能量可采用热载流子温度 T_e 来表示

$$T = \frac{3k T_e}{2}$$

所谓热载流子，是指比零电场下的载流子具有更高平均动能的载流子。零电场下，载流子通过吸收和发射声子与晶格交换能量，并与之处于热平衡状态，其温度与晶格温度相等。在有电场作用存在时，载流子可以从电场直接获取能量，而晶格却不能。晶格只能借

助载流子从电场直接获取能量，在从电场获取并积累能量又将能量传递给晶格的稳定之后，载流子的平均动能将高于晶格的平均动能，自然也高于其本身在零电场下的动能，成为热载流子。

2）散射理论

无电场时，载流子与晶格散射时，将吸收声子或发射声子，与晶格交换动量和能量，最终达到热平衡，载流子的平均能量与晶格相同，两者处于同一温度。

有电场时，载流子从电场中获得能量，随后又以声子的形式将能量传给晶格。平均地说，载流子发射的声子数多于吸收的声子数。单位时间载流子从电场中获得的能量同给予晶格的能量相同。

3. 强电场效应

（1）强电场效应之一：非线性的速度-电场关系。

① Si：高电场时 → 热电子 → 发射光学波声子（约 0.05 eV）→ 速度饱和。

② GaAs：当热电子能量 kT_e → 0.31 eV 时，从主能谷跃迁到次能谷 → 负阻。

（2）强电场效应之二：强电场下产生碰撞电离。

过程：载流子电离 → 倍增 → 雪崩击穿。

① 碰撞电离：热电子与晶格碰撞，打破一个价键，从而产生一个电子-空穴对。

② 电离能 E_i 必须满足能量和动量守恒，且 $E_i > E_g$。

③ 碰撞电离程度用电离率 α 来表示。

α 与产生率的关系：

$$产生率\ G = n\alpha_n\, v_n + p\alpha_p\, v_p \tag{6.5.1}$$

α 与电场 E 的关系：

$$\alpha = A\, \exp\left(-\frac{E_i}{kT_e}\right) = A\, \exp\left(-\frac{B}{E}\right) \tag{6.5.2}$$

④ 应用：例如，IMPATT 二极管。

（3）强电场效应之三：隧道效应。

对 Si 和 GaAs 的 p-n 结通常是：击穿电压 $< 4\,E_g/q$ 者为隧道击穿，击穿电压 $> 6\,E_g/q$ 者为雪崩击穿，其间则为隧道击穿和雪崩击穿共同起作用的范围。

实际上，一般低于 4 V 的是隧道击穿；在 $4\sim6$ V 之间的是混合击穿，在 6 V 以上时则为雪崩击穿。

隧道击穿的应用：反向二极管和稳压二极管。

4. 高、低电场下载流子的特性比较

1）低电场

（1）非平衡载流子的统计分布用准 Fermi 能级来描述；

（2）载流子的运输是定态的，迁移率和扩散系数均为常数；

（3）迁移率的值总为正，欧姆定律成立。

2）高电场

（1）非平衡载流子是热载流子（能量上处于非平衡态）；

（2）载流子的运输是瞬态的，迁移率和扩散系数均不为常数；

（3）迁移率的值有可能是负的，欧姆定律不成立（非线性的速度-电场关系）。

高、低电场下各类参数的区别如表 6.1 所示。

表 6.1　高、低电场下各类参数的区别

参　　数	低电场特性	高电场特性
载流子统计	非平衡载流子：准 E_F，复合（τ，L）；多子难注入，能量有涨落：弛豫（τ，L）	热载流子：高能量，非平衡状态，发射光学波声子
输运性质	定态（动量弛豫时间≈能量弛豫时间）	瞬态（弹道运输，速度过冲）
扩散运动	D＝常数，满足 Fick 定律	瞬态扩散，$D\neq$常数（高浓度梯度时 Fick 定律失效）
漂移运动	μ＝常数，在抛物线能带内运动	$\mu\neq$常数，非抛物线区→负阻；带间跃迁→负阻
漂移速度 v_d	$v_d\propto E$，正电阻	非线性，$v_d\to$饱和，可有负电阻
迁移率 μ	$\mu＝q\tau/m^*＝$常数；"＋"	$\mu\to 0$，$v_d＝(\mu E)$；"＋，－"
效应	连续性方程（含漂移、扩散、产生、复合）	还有碰撞电离（α_n，α_p）→倍增，击穿

6.5.2　多能谷散射

1963 年，耿氏发现，在如图 6.5 所示耿氏二极管的 n 型砷化镓两端电极上加以电压，当半导体内电场超过 3×10^3 V/cm 时，半导体内的电流便以很高的频率振荡，振荡频率约为 $0.47\sim 6.5$ GHz，这个效应称为耿氏效应（Gunn Effect）。1964 年克罗默指出：这种效应与 1961 年里德利（Ridley）和沃特金斯（Watkins）以及 1962 年希尔萨（Hilsum）分别发表的微分负阻理论相一致，从而解决了耿氏效应的理论问题。

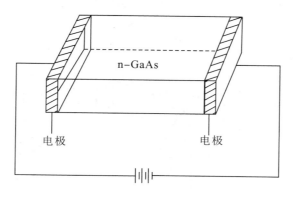

图 6.5　耿氏二极管

图 6.6 为砷化镓能带结构，导带最低能谷 1 和价带极值均位于布里渊区中心 $k=0$ 处，在[111]方向，布里渊区边界处还有一个极值约高出 0.29 eV 的能谷 2，称为卫星谷。当温度不太高、电场不太强时，导带电子大部分位于能谷 1。能谷 2 的曲率比能谷 1 小，所以，能谷 2 的电子有效质量较大（$m_1=0.067m_0$，$m_2=0.55m_0$）。两能谷状态密度之比约为 94。由于能谷 2 有效质量大，所以两能谷中电子迁移率不同（$\mu_1=6000\sim 8000$ cm²/V · s，$\mu_2=$

920 cm²/V·s），视纯度而异。

当样品两端加以电压时，样品内部便产生电场 E。n 型砷化镓中电子的平均漂移速度随电场的变化如图 6.6 所示，在 $E=3\times10^3\sim2\times10^4$ V/cm 范围内出现微分负电导区，迁移率为负值；当 E 再增大时，平均漂移速度趋于饱和值 10^7 cm/s。

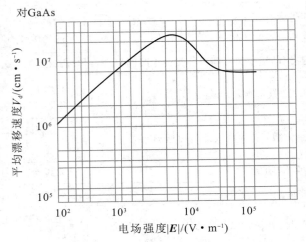

图 6.6　砷化镓能带结构

之所以会产生负微分电导，是由于当电场达到 3×10^3 V/cm 后，能谷 1 中的电子可从电场中获得足够的能量而开始转移到能谷 2 中，发生能谷间的散射。电子的准动量有较大的改变，伴随散射就发射或吸收一个光学声子，如图 6.7 所示。但是，这两个能谷不是完全相同的，进入能谷 2 的电子，有效质量大为增加，迁移率大大降低，平均漂移速度减小，电导率下降，产生负阻效应。

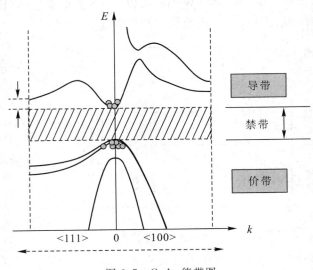

图 6.7　GaAs 能带图

思考：

(1) 由欧姆定律 $I=V/R$，推出 $\sigma=-nq\mu$。

(2) 在简单情况下，试根据迁移率来计算载流子的平均自由程。

6.6 载流子的扩散运动

6.6.1 载流子的扩散运动

在金属导体和一般半导体的导电中，载流子是依靠电场的作用而形成电流，这就是我们在上一节中详细讨论过的漂移电流，半导体中的非平衡载流子同样可以在电场作用下形成漂移电流。例如，在半导体光敏电阻中，利用光照产生非平衡载流子来增加电导率。这就是说，非平衡载流子的作用和原来的载流子一样，都是在外加电压下产生漂移电流。但是，非平衡载流子还可以形成另一种形式的电流，叫作扩散电流。在很多情况下，扩散电流是非平衡载流子电流的主要形式。

扩散电流不是由于电场的推动而产生的，扩散电流的产生是由载流子浓度不均匀而造成的扩散运动。在半导体生产中，我们对杂质原子的扩散比较熟悉，我们都知道，那里原子的扩散是在浓度不均匀条件下由它们无规则的热运动引起的。

电子、空穴等载流子的运动和原子的运动当然有极大的差别，然而，发生扩散的根本原因是一样的，也是在浓度不均匀的条件下由无规则的热运动引起的。下面我们结合一个加有正向偏压的 p^+-n 结，定性说明非平衡载流子怎样形成扩散电流。

图 6.8 是形象地描绘这种情况下非平衡载流子热运动的示意图。在这样的结里，空穴被源源不断地"注入"到 n 区的边界。它们在 n 区中是非平衡载流子，迟早要被复合掉。但是，在尚未复合前的时间里（平均时间即少于寿命 τ），它们并不是静止的，而是不停顿地作无规则的热运动。因此，进入 n 区的一部分空穴将不同程度地深入 n 区，然后被复合。它们从边界向 n 区内移动就是代表了一股电流。很明显这个电流不是电场所造成的载流子的漂移电流，它是载流子无规则热运动的结果，其特点是载流子从高浓度（空穴注入处）向低浓度（n 区内部空穴因复合而减少）移动，这就是非平衡载流子的扩散电流。

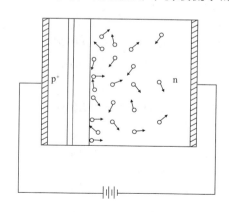

图 6.8 载流子的扩散运动

从以上分析看到，浓度梯度增大一倍，扩散也增强一倍，即扩散流与载流子浓度梯度成正比：

$$\text{扩散流密度} = -\frac{D\mathrm{d}n}{\mathrm{d}x}$$

这里的扩散流密度是指单位时间,由于扩散运动通过单位横截面积的载流子的数目(再乘以载流子电荷才得到电流密度)。D 是描述载流子扩散能力强弱的一个常数,称为载流子的扩散系数,单位是厘米²/秒。一般表示扩散的方向都是以所采用的坐标为准的,以上公式以 x 为坐标,所以朝着正方向的扩散流是正值的,反方向为负值。上式中的负号实际上是表明,扩散总是从高浓度向着低浓度进行的,或者说,扩散是沿浓度下降的方向进行的。

6.6.2 扩散电流

半导体中的基本方程是载流子在电磁场中运动的基本规律,在一维情况下有:

外磁场为 0 时,电流密度方程为

(1) 总电子电流密度为

$$J_{\mathrm{n}} = nq\mu_{\mathrm{n}}E + qD_{\mathrm{n}}\frac{\mathrm{d}n}{\mathrm{d}x}$$

(2) 总空穴电流密度为

$$J_{\mathrm{p}} = nq\mu_{\mathrm{p}}E + qD_{\mathrm{p}}\frac{\mathrm{d}p}{\mathrm{d}x}$$

(3) 总电流密度为

$$J = J_{\mathrm{n}} + J_{\mathrm{p}}$$

6.6.3 爱因斯坦关系式

电子和空穴的扩散系数在不同材料中是不同的,而且和迁移率一样,扩散系数还随温度和材料的掺杂浓度而变化。实际上,在载流子的扩散系数和迁移率之间存在着下列确定的比例关系:$D/\mu = kT/q$,称为爱因斯坦关系。

以上讨论的问题,概括起来最主要是以下几个结论:

(1) 非平衡载流子的浓度是不均匀的,存在浓度梯度 $\mathrm{d}n/\mathrm{d}x$ 时,就要产生扩散流,其基本规律为:扩散流密度 $= -D\mathrm{d}n/\mathrm{d}x$,乘以载流子的电荷(空穴为 q,电子为 $-q$)就得到扩散电流密度。

(2) 载流子的扩散系数和迁移率之间存在着内在联系,具体表现在下列比例关系上:kT/q,单位是伏。

(3) 从半导体的一面($x=0$)稳定注入非平衡载流子,在半导体内将形成下列的浓度分布:

$$N(x) = N_0 \mathrm{e}^{-\frac{x}{L}}$$

N_0 代表注入处的浓度;$L = \sqrt{D\tau}$ 代表非平衡载流子在未复合前扩散进半导体的平均深度,称为非平衡子的扩散长度。

注入载流子电流密度,即 $x=0$ 处的扩散电流密度为 $N_0 q(D/L)$。

6.7　半导体的磁阻效应

6.7.1　半导体的 Hall 效应

1. Hall 效应

（1）现象。在半导体中，当沿 x 方向通过电流 j_x（有电场 E_x），在 z 方向加上弱磁场 B_z 时，则将在 y 方向上产生一个横向的所谓 Hall 电场 E_y：$E_y = R_H j_x B_z$。式中，R_H 称为 Hall 系数（Hall 电场 E_y 的方向可由右手定则来确定）。

（2）产生 Hall 效应的机理。在 x 方向以平均漂移速度 $\boldsymbol{v}_d$ 运动的载流子，会受到 Lorentz 力的作用：$\boldsymbol{F} = \pm q\,\boldsymbol{v}_d \times \boldsymbol{B}$，于是载流子的运动方向发生偏转，电子和空穴分别往 y 方向的两侧积累，即产生电场 E_y。

（3）Hall 系数。在 E_y 的电场力与 Lorentz 力互相抵消（$j_y = 0$）时系统即达到稳定状态：$q E_y = q v_d B_z$。

对于 p 型半导体，$j_x = pq v_d$，有 $E_y = \dfrac{1}{pq} j_x B_z$，得到

$$R_{Hp} = \frac{1}{pq} \tag{6.7.1}$$

对于 n 型半导体，$j_x = -nq v_d$，有 $E_y = -(1/nq) j_x B_z$，得到

$$R_{Hn} = -\frac{1}{nq} \tag{6.7.2}$$

这里没有考虑载流子速度的分布（Boltzmann 分布），实际上，速度的分布将影响到载流子的散射弛豫时间，对 Hall 效应是有影响的；计入这种影响，需要引入系数 A_p 和 A_n（与散射机构和能带结构有关）：$R_{Hp} = A_p/pq$；$R_{Hn} = -A_n/nq$。可以看出，半导体的 Hall 效应要比金属的强得多。

Hall 效应也与晶体的对称性有关，因此 Hall 效应可能是各向异性的，但对 Si 等立方晶体，Hall 效应仍然可近似为各向同性的。

2. Hall 迁移率 μ_H

$|R_H|\sigma$ 具有迁移率的量纲，故特别称为 Hall 迁移率：$\mu_H = |R_H|\sigma$。

Hall 迁移率 μ_H 实际上不一定等于前述的电导迁移率 μ，因为载流子的速度分布会影响到电导迁移率，所以只有在简单情况（不考虑速度分布）下才有 $\mu_H = \mu$。

对于混合型半导体，设 $\dfrac{\mu_H}{\mu} = \dfrac{\mu_{Hn}}{\mu_n} = \dfrac{\mu_{Hp}}{\mu_p}$，由 $j_y = 0$ 条件可得到

$$R_H = \frac{\mu_H}{\mu_p} \frac{p\mu_p^2 - n\mu_n^2}{(p\mu_p + n\mu_n)^2} \tag{6.7.3}$$

3. Hall 角 θ

在 Hall 效应中，半导体中的总电场 $\boldsymbol{E}$ 应该是 $\boldsymbol{E}_x$ 和 $\boldsymbol{E}_y$ 的矢量和，则总电场 $\boldsymbol{E}$ 的方向将偏离 x 方向一个角度 θ，称为 Hall 角。显然，对 p 型半导体，$\boldsymbol{E}$ 偏向 y 的正方向，Hall 角为正；对 n 型半导体，$\boldsymbol{E}$ 偏向 y 的负方向，Hall 角为负。

对 p 型和 n 型半导体，分别有

$$\tan\theta_p = \frac{E_x}{E_y} = RH_p\sigma_p B_z = \mu H_p B_z$$

$$\tan\theta_n = \frac{E_x}{E_y} = RH_n\sigma_n B_z = -\mu H_n B_z \tag{6.7.4}$$

即有

$$\tan\theta = R_H \sigma B_z = \pm\mu_H B_z = \frac{q\tau}{m^*}B_z = \pm\omega\tau$$

式中，$\omega = qB_z/m^*$ 是载流子在磁场作用下作回旋运动的角频率。

在弱磁场下，有 $\omega\tau \ll 1$，则 $\tan\theta \approx \theta = \pm\omega\tau$，可见 Hall 角就等于在弛豫时间内载流子由于回旋运动而引起的运动方向的偏转。同时，在弱磁场下有

$$\tan\theta \approx \theta = \pm\mu_H B_z$$

则 $\mu_H = |\theta|/B_z$，可见 Hall 迁移率就是单位磁感应强度下 Hall 角的大小，其值取决于散射机构。

4. Hall 效应的实验应用

(1) 由 Hall 电场的方向来判断半导体的导电类型；

(2) 由 Hall 系数的测量来确定载流子浓度；

(3) 通过 Hall 系数和电导率的联合测量来确定半导体的 Hall 迁移率；

(4) 通过测量 Hall 系数与温度的关系，来得到载流子浓度和迁移率与温度的关系，并进一步确定施主能级、受主能级、禁带宽度等参数和分析不同温度下半导体中的散射机构。

5. 量子 Hall 效应

1) 整数量子 Hall 效应

1980 年，von Klitzing 在低温（1.5 K）和强磁场（18 T）下，测量 Si - MOSFET 沟道中 2 - DEG 的 Hall 效应，得知：

当沟道电导上升时，横向的 Hall 电压 V_y 下降，而且呈现一系列平台（量子台阶）。

在各个平台处的 Hall 电导为

$$G = \frac{I_x}{V_y} = n\frac{q^2}{h}, \ n = 1, 2, 3, 4, 5, \cdots(正整数) \tag{6.7.5}$$

其中，$(q^2/h) \approx 80\ \mu S$ 是量子电导，$R_K = h/q^2 = 25\ 812.807\ \Omega$ 称为 Klitzing 常数。

$$量子 Hall 电阻：R = \frac{R_K}{n} = \frac{25\ 812.807}{n}\ \Omega \tag{6.7.6}$$

(1) 产生的原因：二维电子气在强磁场中回旋轨道的量子化，使动能量子化。这是单电子的量子化效应。

(2) 重要意义。

① Klitzing 常数从 1990 年开始，确定为全球统一的电阻标准（记为 RK - 90）；

② 把可测量的 R_K 与基本物理常数 q 和 h 联系起来了。

实际的测量方法：固定 2 - DEG 的密度 n_d，在维持电流恒定条件下来测量 Hall 电压 V_y 随外加磁场 B 的变化，即得到 Hall 电阻 R 的一系列平台：如样品厚度 d 很小，可引入 2 - DEG 的密度 $n = n_d$，则 Hall 电阻为

$$R = \frac{V_y}{I} = \frac{B}{n_d q} = \frac{R_K}{n} \tag{6.7.7}$$

这是由于随着 B 的增加，每个朗道能级的简并度（$= qB/h$）相应增加，使总数一定的电子填充的朗道能级的数目下降；因为局域化能级的存在，使 Hall 电阻 R 呈阶梯上升，每个平台区域相当于一个朗道能级出空到下一个朗道能级电子数减小之前的磁场范围。

2）分数量子 Hall 效应

1982 年崔琦和 Stomer 等在更低温度（0.5 K）和更强磁场（250 T）下，对 AlGaAs/GaAs 异质结中的 2 - DEG 测得量子化的 Hall 电导为

$$G = n \frac{q^2}{h}, \ n = \frac{1}{3}, \ \frac{2}{5}, \ \frac{3}{5}, \ \cdots \tag{6.7.8}$$

这是电子与电子之间相互作用的结果：2 - DEG 凝集成了新的量子液体状态（多体效应，电子之间的相互作用）。

6.7.2　半导体的磁阻效应

1. 磁阻现象

磁场使样品电阻增大的现象称为磁阻效应，所增加的电阻 $\Delta \rho$ 称为磁阻。通常用相对值来表示磁阻（磁电阻率）：

$$\frac{\Delta \rho}{\rho} = \frac{\rho_B - \rho_0}{\rho_B}$$

ρ_B 和 ρ_0 分别是有、无磁场时的电阻率。

磁场 B_z 与电流 j_x 垂直时所产生的磁阻称为横向磁阻；平行时的磁阻称为纵向磁阻。

2. 磁阻产生的机理

在半导体加有电流 j_x 和磁场 B_z 时，载流子将受到 Lorentz 力和 Hall 电场 E_y 这两个力的作用；在稳态时这两个力相互平衡，载流子即以此平衡漂移速度一直沿 x 方向运动而不发生偏转，从而不出现磁阻效应。但是，由于载流子的热运动存在速度分布，其漂移速度也存在一定的速度分布，则速度小于平衡漂移速度的载流子所受到的 Lorentz 力将低于 Hall 电场力，要往 Hall 电场力方向偏转；而速度大于平衡漂移速度的载流子所受到的 Lorentz 力将超过 Hall 电场力，要逆 Hall 电场力方向偏转。结果造成沿 x 方向的电流减小，即电阻增大，这就是磁阻。

显然，横向磁阻是明显的，但对纵向磁阻，m^* 为标量时应该为 0。

3. 磁阻的特点

（1）与电导率和 Hall 系数不同，磁阻具有明显的各向异性。当 m^* 为张量时，纵向磁阻将不会为 0，磁阻的大小也与电流-磁场之间的夹角有很大关系。

（2）磁阻的大小与样品形状有关，即几何磁阻效应。

上面的讨论实质上是假定 $j_y = 0$，这对细长的样品可以成立，但对扁平的样品则否，因为总电场要与两个端电极的等位面垂直，而电流又与总电场偏离 Hall 角，所以电流的路径倾斜并增长，结果使电阻增大，即产生了磁阻。这种磁阻的大小与样品的长宽比（L/W）有关，特称为几何磁阻效应。L/W 越小，几何磁阻越大。

具有最大几何磁阻的是 Corbino 圆盘，两个端电极分别制作在中心圆孔和边缘上。等

位面是一系列同心圆，电场总是沿着半径的方向。电流在到达边缘的电极之前，则总是形成与半径成 θ Hall 角的弯曲路径，结果使电流路径加长，这相当于 L/W 很小的扁平样品。

6.7.3 半导体的热传导

1. 半导体的热导率

（1）热导率 k。单位时间通过单位面积的热量（热流密度）为 $W=-\kappa dT/dx$，κ 表征物体本身的导热性质，单位是 W/m · K。

（2）导热机理。金属主要是载流子导热；绝缘体主要是晶格振动（声子）导热；而半导体则是二者都导热，不过一般是声子导热为主，只有在简并半导体中声子导热和载流子导热都需要考虑。

2. 载流子导热

载流子的热导率与电导率有直接的关系（Wiedemann-Franz 定律）：$\kappa/\sigma=LT$，L 为 Lorentz 常数。因此，优良的导电体（金属）也就是优良的导热体。

（1）简并载流子（金属或强简并半导体）的热导：只有处在 Fermi 能级附近的那些载流子才对热导有贡献，可有

$$\kappa=\frac{\pi^2 k^2 \sigma T}{3\ q^2}, \quad L=\frac{\pi^2\ k^2}{3\ q^2}$$

（2）非简并半导体中载流子的热导：因载流子服从 Boltzmann 分布，则需要求解存在有温度梯度的 Boltzmann 输运方程才能得到载流子的热导率。结果是

$$\kappa=\frac{\left(r+\dfrac{5}{2}\right)k^2 \sigma T}{q^2}, L=\frac{r+\dfrac{5}{2}k^2}{q^2}$$

r 取决于散射机构（纵长声学波畸变势散射时，$r=-1/2$；电离杂质散射时，$r=3/2$）。

（3）两种载流子（n 和 p）混合导电时的热导：

$$\kappa=\left\{\frac{\left(r+\dfrac{5}{2}\right)k^2}{q^2}+\left[2\left(r+\frac{5}{2}\right)+\frac{E_g}{kT}\right]^2\frac{k^2 \sigma_n \sigma_p}{q^2(\sigma_n+\sigma_p)^2}\right\}\sigma T \tag{6.7.9}$$

3. 声子导热

热端声子多，冷端声子少，则声子的运动可输运热能。按照气体分子运动论，声子热导率为 $\kappa=(1/3)C_v lv$，C_v 是单位体积的定容热容量，v 和 l 分别是声子的平均速度和平均自由程。这时热导率反映了声子的平均自由程，而平均自由程取决于声子的散射因素（非简谐性、杂质、缺陷和表面等）。在 Debye 温度 $\theta_D=\hbar\omega/k$ 以上时，声子数量很大，声子之间的散射加剧，有 $L\propto 1/T$。

几种高纯材料的热导率与温度的关系，基本上由声子热导率决定：

① 在高温（$T\gg\theta_D$）下：这时 $C_v\approx$ 常数，则 $\kappa\propto L\propto 1/T$（下降）。

② 在低温（$T\gg\theta_D$）下：这时声子的数量小，声子之间的散射很弱，主要是晶体边界的散射决定了声子的平均自由程，使 L 不随温度而变，则 $\kappa\propto C_v\propto T^3$（上升）。

在某个中间温度下，κ 呈现出极大值。

Ag、Cu 等金属的电子热导率很高（Ag 为 433 W/m · K），但 Si 的声子热导率也仅为

Ag 的 1/3(144 W/m·K)。在室温下，热导率最高的材料是金刚石。

6.7.4　半导体的热电效应

1. 热电效应之一：Seebeck 效应(温差电效应)

（1）现象。金属或半导体的两种不同材料 a 和 b，若两端相连接，并且两端接触点之间存在温度差 ΔT，则其间会产生电动势(开路时，称为温差电动势)或出现电流(闭路时)，这就是 Seebeck 效应。热电偶和温差发电就是根据 Seebeck 效应来工作的。

（2）温差电动势 Θ。温差电动势只与两端的温差有关，则可定义温差电动势率(Seebeck 系数)为 $\alpha = \mathrm{d}\Theta/\mathrm{d}T$ [V/K]。

如果将一种材料 a 与另外一种没有热电效应的材料 b 组成热电偶，则相应的 $\alpha_{ab} = \mathrm{d}\Theta/\mathrm{d}T$ 就是 a 材料的绝对温差电动势率 α_a；若把两种绝对温差电动势率分别为 α_a 和 α_b 的材料组成热电偶时，则该热电偶的温差电动势率为 $\alpha_{ab} = \alpha_b - \alpha_a$。

一般地，半导体的温差电动势为数百 μV/K，比金属的($0\sim10\ \mu$V/K)要大得多。因此，由半导体和金属组成热电偶的温差电动势率，实际上可认为就是半导体的绝对温差电动势率。

用作温差发电的材料要求有较大的 α 值。

温差电动势的产生机理：考虑半导体-金属热电偶。

① 载流子扩散。在半导体中，高温端载流子的动能大(若杂质未全电离，则浓度也增大)，载流子将向低温端扩散；从而在半导体的两端形成空间电荷，即产生一个内建电场；当这个温差所引起的内建电场对载流子的漂移作用与载流子本身的扩散作用平衡时，在半导体的两端所形成的电势差就是由温度梯度所引起的温差电动势。半导体的型号不同，温差电场和温差电动势的方向恰巧相反。

② 声子牵引。半导体高温端的声子数较多，将向低温端流动，当与载流子碰撞时即把能量传递给载流子，使载流子发生与声子同方向的运动，即"声子牵引"；这也将造成在低温端积累载流子，而在半导体中产生内建电场和电势差，这种作用将增强 Seebeck 效应。

2. 热电效应之二：Peltier 效应

（1）现象。当有电流通过两种不同材料(A 和 B)的接触处时，将在该接触处发生吸热或放热的现象，这就是 Peltier 效应。该效应是可逆的：当电流从 A 到 B 是吸热时，则电流从 B 到 A 时是放热。因此，当电流通过 A 和 B 的闭合回路(电偶)时，即在一个接触处吸热，在另一个接触处放热，这也就是电致冷的根据。

（2）Peltier 系数 π。单位面积、单位时间所吸收(或放出)的热量与电流密度成正比：$\mathrm{d}Q/\mathrm{d}t = \pi j$。

系数 π(单位是 V)只与两种材料的性质和接触处的温度有关；当吸热时，π 为正，放热时，π 为负，用作电致冷的材料要求有较大的 π 值。

（3）热电材料的优值 Z。半导体具有较大 α 和 π 值，适宜用作热电器件(电致冷器和温差发电器)的材料；同时为了降低器件的热损耗和电损耗，还应该要求材料具有低的热导率和高的电导率，因此采用所谓优值 $Z = \alpha_2\ \sigma/\kappa$ 来表征热电材料的好坏。重要的半导体热电材料有 Bi_2Te_3、Bi_2Sb_3、$SiGe$、GaP 等。

（4）Peltier 效应的产生原因。例如，M-S 接触，当电子由金属进入半导体时，需要克服高度为(E_C-E_F)的势垒,并且进入半导体后的运动也要一定的能量,所以会发生吸热现象;相反,当电子由半导体进入金属时,就会放出相同的能量。

3. 热电效应之三:Thomson 效应

(1)现象。当电流通过存在有温度梯度的半导体时,除了因电阻而产生的 Joule 热外,还要吸收或放出热量 Thomson 热。

(2)Thomson 系数 σ_T。单位时间、单位体积所吸收或放出的热量与电流密度和温度梯度成正比 $dQ/dt = \sigma_T j \, dT/dx$,Thomson 系数 σ_T 的大小决定于材料和温度,Thomson 效应也是可逆效应。

(3)Thomson 效应的产生原因。由于在样品中温度梯度会引起温差 Seebeck 电场,则载流子在移动时其动能和位能都将发生变化,为了补偿这种能量的变化,即出现吸热或放热现象。

4. 三种热电效应之间的关系

对一个可逆循环过程,系统吸收的热量 Q(包括接头处的 Peltier 热量 $\pi_{ab}(T)I$ 和 $\pi_{ba}(T_0)I$,以及材料上的 Thomson 热量 $I\int\sigma_a \, dT$ 和 $I\int\sigma_b \, dT$),将全部转换为对外界所做的功 W(为 $-I\Theta_{ab}$),而保持系统的内能 U 不变:

$$\sum\Delta U = \sum(Q+W) = 0$$

同时系统的熵不变

$$\sum\Delta S = 0$$

则有

$$-I\Theta_{ab} + \pi_{ab}(T)I + \pi_{ba}(T_0)I + I\int\sigma_a \, dT + I\int\sigma_b \, dT = 0$$

即

$$\Theta_{ab} = \pi_{ab}(T) - \pi_{ba}(T_0) + I\int(\sigma_b - \sigma_a)dT$$

于是

$$\alpha_{ab} = \frac{d\Theta_{ab}}{dT} = \frac{d\pi_{ab}}{dT} + \sigma_a - \sigma_b \qquad (6.7.10)$$

又

$$\sum\Delta S = \sum\frac{Q}{T} = 0$$

即

$$\frac{\pi_{ab}(T)}{T} - \frac{\pi_{ab}(T_0)}{T} + \int\frac{\sigma_b - \sigma_a}{T}dT = 0$$

于是

$$\frac{d\frac{\pi_{ab}(T)}{T}}{dT} + \frac{\sigma_a - \sigma_b}{T} = 0 \qquad (6.7.11)$$

比较式(6.7.10)和式(6.7.11),得到开尔芬关系式:

$$\pi_{ab} = \alpha_{ab}T$$

$$\frac{d\Theta_{ab}}{dT} = \frac{\sigma_b - \sigma_a}{T} \qquad (6.7.12)$$

6.7.5 半导体的热磁效应

1. 热磁效应之一:Nernst 效应

当在 x 方向存在温度梯度 dT/dx 和在 z 方向加上磁场 B_z 时,则将在 y 方向产生电场

$E_y = -\eta B_z \mathrm{d}T/\mathrm{d}x$，$\eta$ 称为 Nernst 系数（单位：$\mathrm{m}^2/\mathrm{K} \cdot \mathrm{s}$）。

产生 E_y 的原因：类似 Hall 效应，只是用热能流代替了电流，这里温差电动势的相反作用可以忽略。

2. 热磁效应之二：Ettinghausen 效应

现象：当在 x 方向通过电流 j_x 和在 z 方向加上磁场 B_z 时，则将在 y 方向产生温度梯度 $\partial T/\partial x = P j_x B_z$，$P$ 称为 Ettinghausen 系数（单位：$\mathrm{m}^2 \cdot \mathrm{K}/\mathrm{J}$）。

产生温度梯度的原因：由于载流子存在一定的速度分布，当载流子的 Lorentz 力与 Hall 电场力平衡时即不偏转，当 Lorentz 力大于 Hall 电场力时即沿 Lorentz 力方向偏转，否则往相反方向偏转；这样，沿 y 方向的载流子的能量有所不同，则就产生了温度梯度。

y 方向的温度梯度也产生温差电动势，而叠加在 Hall 电势上，这对 Hall 效应的测量将带来误差，不过影响很小，可以忽略。

Ettinghausen 系数与 Nernst 系数有正比关系。

3. 热磁效应之三：Rrighi-Leduc 效应

现象：当在 x 方向存在温度梯度 $\mathrm{d}T/\mathrm{d}x$ 和在 z 方向加上磁场 B_z 时，则将在 y 方向产生温度梯度：$\partial T/\partial y = S(\partial T/\partial x)B_z$，$S$ 称为 Rrighi-Leduc 系数〔单位：$\mathrm{m}^2/(\mathrm{V} \cdot \mathrm{s})$〕。

产生温度梯度的原因：与 Ettinghausen 效应类似，只是用热能流代替了电流。由于载流子的速度分布关系，使得沿 y 方向的载流子的速度（能量）有所不同，从而产生温度梯度。

习　　题

1. 半导体中的载流子在外加电场作用下，为什么会具有一个平均漂移速度？什么是载流子的迁移率？迁移率与载流子的动量弛豫时间有何关系？

2. 什么是载流子的电导率有效质量？与能带有效质量和状态密度有效质量有何不同？

3. 散射载流子的格波为什么主要是长格波？并且主要是纵格波？

4. 格波散射载流子的机理是什么？与电离杂质相比，各有何特点？

5. 在不同的散射机构下，载流子迁移率与温度的关系怎样？比较 Si 中和 GaAs 中载流子迁移率与温度的关系，载流子迁移率与掺杂浓度的关系是什么？

6. 半导体的电阻率与掺杂浓度和与温度的关系分别怎样？

7. 什么是 Hall 效应？是怎样产生的？为什么半导体的 Hall 效应比金属要显著？Hall 效应的实验有什么重要的作用和价值？

8. 什么是 Hall 迁移率？与电导迁移率有何不同？

9. 什么是磁阻？是怎样产生的？什么形状的样品磁阻效应最显著？

10. 采用热探针来检测半导体导电型号的原理和方法是什么？

11. 主要的热电效应和热磁效应有哪些？有何重要应用？

参 考 文 献

［1］　刘恩科，等．半导体物理学．7 版．北京：电子工业出版社，2013.

［2］　钱伯初．量子力学．北京：高等教育出版社，2016.

［3］　周世勋．量子力学教程．北京：人民教育出版社，1979.

［4］　曾谨言．量子力学．北京：科学出版社，2000.

［5］　黄昆．固体物理学．北京：北京大学出版社，2009.

［6］　王巍，等．微电子物理基础导论．北京：科学出版社，2015.

［7］　Donald A N. 半导体物理与器件．4 版．北京：电子工业出版社，2017.